MINÉRIO DE FERRO
Geologia e Geometalurgia

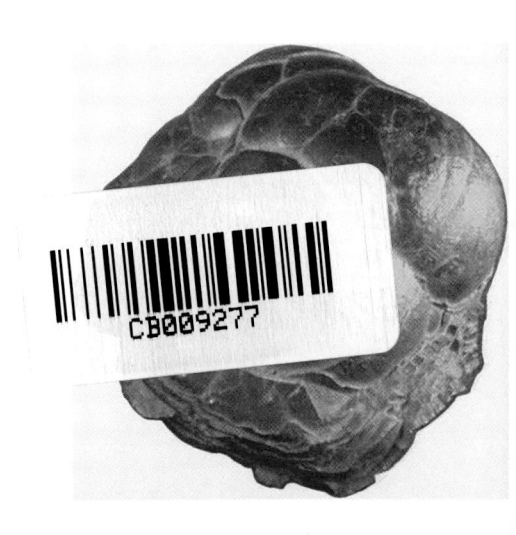

Blucher

FARID CHEMALE JUNIOR
LUCY TAKEHARA

MINÉRIO DE FERRO
Geologia e Geometalurgia

Projeto Ciência e Engenharia dos Materiais
Série Fundamentos

Minério de ferro, geologia e geometalurgia
© 2013 Farid Chemale Junior
Lucy Takehara
Editora Edgard Blücher Ltda.

A fotografia da capa é um itabirito dobrado da Mina de Conceição, Distrito Ferrífero de Itabira, Quadrilátero Ferrífero, que apresenta uma mineralogia simples (quartzo e hematita) com relações estruturais e texturais complexas. Esses aspectos, que são abordados no presente livro, são cada vez mais importantes na geração dos produtos metalúrgicos.

Blucher

Rua Pedroso Alvarenga, 1245, 4º andar
04531-012 - São Paulo - SP - Brasil
Tel 55 11 3078-5366
contato@blucher.com.br
www.blucher.com.br

Segundo Novo Acordo Ortográfico, conforme 5. ed. do *Vocabulário Ortográfico da Língua Portuguesa*, Academia Brasileira de Letras, março de 2009.

FICHA CATALOGRÁFICA

Chemale Junior, Farid
    Minério de ferro: geologia e geometalurgia / Farid Chemale Junior, Lucy Takehara. - São Paulo: Blucher, 2013. (Coleção de Livros Metalurgia, Materiais e Mineração. Série Fundamentos)

    Bibliografia
    ISBN 978-85-212-0741-2

    1. Minérios de ferro 2. Geologia I. Título II. Takehara, Lucy

13-0198   CDD 669.1

Índice para catálogo sistemático:
1. Minérios de ferro

Aos nossos pais, por serem nossos exemplos.

Aos nossos filhos Iara, Yuri e Yasmin, para sermos seus exemplos.

Agradecimentos

A preparação do livro demandou um esforço significativo de muitas pessoas do meio acadêmico (professores e alunos de graduação e pós-graduação) e de profissionais de empresas de mineração e metalurgia, da ABM e a da editora Blucher. Aos nossos colegas de academia Carlos Alberto Rosiére (UFMG) e Fernando Flecha de Alkmim, Issamu Endo e Claudio Batista Vieira (UFOP), pelo desenvolvimento de trabalhos conjuntos e discussões proveitosas sobre a formação de depósitos de ferro e estudos de geometalurgia. Ao prof. Horst Quade (Technische Universität Clausthal), por sua orientação em nossos primeiros estudos de minério de ferro. O nosso conhecimento sobre os depósitos de minério de ferro foi, sem sombra de dúvidas, ampliado pelos trabalhos integrados com empresas de mineração, como Vale, MBR e Samitri, em situações distintas de orientação de trabalhos de graduação e pós-graduação e projetos de pesquisa individualizados. Profissionais dessas empresas, como Fernando Carbonari Santana, Nelson Borges, Oscar Tessari, Leandro Amorim, entre outros, apoiaram muito nos estudos de minério de ferro tanto para facilitar o acesso às informações das diversas minas de ferro no Brasil, como nas discussões técnico-científicas sobre depósitos de ferro. Os estudos de interação de geologia e metalurgia tiveram um forte apoio da USIMINAS, com especial atuação dos engenheiros Hamilton Porto Pimenta, Edilson Honorato e Luís Scudeller, em especial naqueles estudos de sinterização em escala de laboratório no Centro de Pesquisa e Desenvolvimento da USIMINAS. Na parte da confecção das ilustrações devemos agradecer Janaína Nunes Ávila, Klaus Castro Ferreira e Danilo Lima e Silva por terem redesenhado ilustrações de forma que fossem publicadas com qualidade. Em termos da finalização da diagramação do livro a partir do manuscrito inicial, devemos ressaltar o trabalho incansável de revisão formal do Fernando Alves e sua equipe da Editora Blucher, que viabilizaram a versão final do presente livro. Devemos também destacar a dedicação da ABM para tornar real projeto tão importante para áreas de metalurgia e geologia. Em especial agradecemos aos membros de editoração Raquel Maria Giancolli Sturlini, Cristina Fleury Pereira Leitão e José Carlos D'Abreu.

Coleção de Livros Metalurgia, Materiais e Mineração

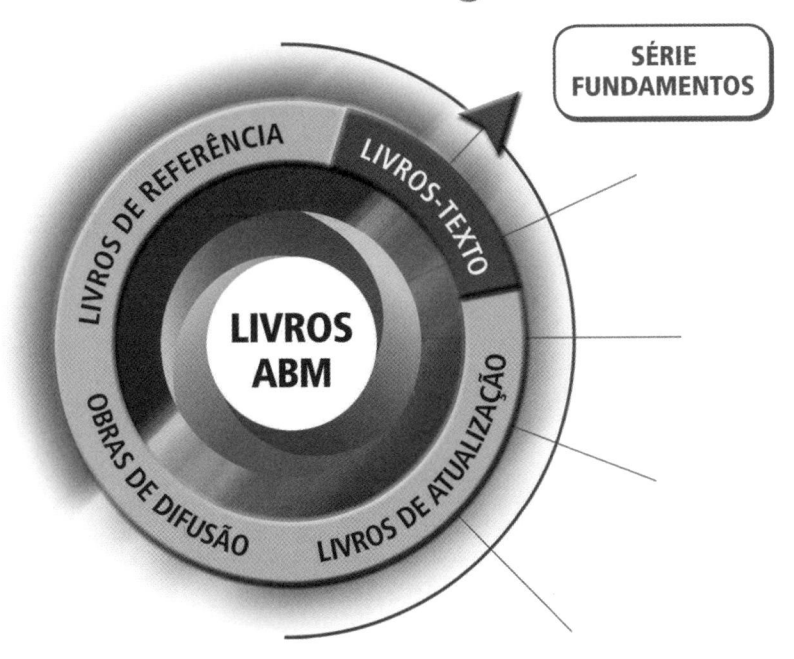

SÉRIE FUNDAMENTOS

LIVROS DE REFERÊNCIA

LIVROS-TEXTO

LIVROS ABM

OBRAS DE DIFUSÃO

LIVROS DE ATUALIZAÇÃO

Nota sobre os autores

Farid Chemale Junior

Possui graduação em Geologia pela Universidade do Vale do Rio dos Sinos (1978), mestrado em Geociências pela Universidade Federal do Rio Grande do Sul (1982) e doutorado em Ciências Naturais pela Technische Universität Clausthal, Alemanha (1987). Trabalhou na Docegeo-CVRD e no DNPM-RS, na área de pesquisa mineral. Atuou na Unisinos (1980-1982 e 1991-1994), na Escola de Minas da UFOP (1987-1991) e no Instituto de Geociências da UFRGS (1994-2009), nas áreas de Geologia e Engenharia de Minas. Atualmente, é pesquisador, professor titular no Instituto de Geociências da Universidade de Brasília (UnB) e professor do Programa de Pós-Graduação em Geociências da Universidade Federal do Rio Grande do Sul (UFRGS). Tem experiência na área de Geociências, com ênfase em Geotectônica, atuando principalmente nos seguintes temas: geologia estrutural, geologia isotópica, tectônica de bacias sedimentares e metalogênese, com desenvolvimento de projetos de cunho científico e tecnológico em mineração, siderurgia e indústria de petróleo.

Lucy Takehara

Possui graduação em Engenharia Geológica (1989) pela Universidade Federal de Ouro Preto e mestrado (1998) e doutorado (2004) em Geociências pela Universidade Federal do Rio Grande do Sul (UFRGS). Atuou como profissional no Laboratório de Microssonda Eletrônica da UFRGS (1994-1996 e 2002-2004) e no Instituto de Física (2005-2008) e Geociências da UFRGS (2008-2009) como pesquisadora pós-doutora pelo CNPq e Capes. De 2007 a 2008, atuou como professora do curso de engenharia de biotecnologia e bioprocessos na Universidade Estadual do Rio Grande do Sul (UERGS). No doutorado e pós-doutorado (Institutos de Geociências e Física da UFRGS) desenvolveu tese sobre caracterização geometalúrgica dos principais minérios de ferro brasileiros – Fração *sinter feed* – e tem produção científica sobre geologia do minério de ferro e geometalurgia. De 2009 a 2010, atuou no Núcleo de Geologia da Universidade Federal de Sergipe, como professora adjunta nas áreas de mineralogia e geologia econômica. Desde 2010 atua como pesquisadora em geociências na Companhia de Recursos Minerais (CPRM).

Conteúdo

Prefácio

O minério de ferro é uma das matérias-primas de uso mais antigo e, desde a sua descoberta, durante o Período Neolítico, tem ampliado o seu leque de aplicação. Atualmente, é um produto essencial para a indústria moderna, visto que a indústria do aço continua a ser a espinha dorsal do desenvolvimento industrial de um país.

O Brasil possui 6,4% (21 bilhões de toneladas) das reservas mundiais e está em 5º lugar entre os países detentores de maiores quantidades de minério. Porém, os altos teores de ferro em seus minérios (60% a 67% nas hematitas e 50% a 60% nos itabiritos e jaspilitos, em termos de ferro contido no minério) levam o Brasil a ocupar um lugar de destaque no cenário mundial.

A produção mundial de minério de ferro tem ao longo das últimas décadas crescido sensivelmente, quando já em 2002 a produção era de 1,1 bilhões de toneladas/ano; enquanto em 2008 a produção anual atingiu mais de 2 bilhões de toneladas. Destaca-se que a participação da produção brasileira representou em torno de 20% da produção mundial. No Brasil, o minério de ferro é o metal explorado mais importante, tanto por sua reserva quanto por sua importância econômica na balança comercial. Nas últimas décadas, o Brasil se tornou um dos maiores produtores de ferro do mundo.

Em virtude da importância do minério de ferro no Brasil, faz-se necessária a publicação de um livro, em língua portuguesa, que discorra sobre os seguintes assuntos: (i) tipos de depósitos de minério de ferro; (ii) exemplos de depósitos de minérios de ferro de classe mundial; (iii) caracterização dos minerais de ferro; (iv) caracterização e comportamento geometalúrgico dos minérios de ferro brasileiro. Neste contexto, o livro abrange os diversos conhecimentos sobre minério de ferro, desde a sua formação até os procedimentos necessários para caracterizar, de forma adequada, o minério de ferro metalúrgico.

A disponibilização de uma obra sobre os temas mencionados aqui é fundamental para engenheiros de metalurgia, minas e geologia, bem como para tecnólogos que trabalham com minério de ferro nos seus diversos processos, ou seja, exploração, lavra e siderurgia. Como ainda não há livro que abranja esses conhecimentos de forma conjunta, este livro auxiliará os engenheiros e tecnólogos, de forma substancial, no desenvolvimento de suas atividades diárias, bem como atenderá os professores e alunos de cursos de graduação e pós-graduação em Engenharia e Geologia em relação ao tema minério de ferro.

1 Introdução

O aço é um produto essencial para a civilização moderna, cuja produção é considerada a espinha dorsal do desenvolvimento industrial de um país. O minério de ferro é uma das matérias-primas de uso mais antigo, tendo sido descoberto no período Neolítico e, desde então, ampliado o seu leque de aplicação.

A produção mundial do minério de ferro vem aumentando nos últimos anos e encontra-se bem distribuída entre os continentes (ver Tabela 1.1). A produção mundial de ferro atingiu 2,8 bilhões de toneladas, com grande contribuição da produção chinesa, que se tornou o maior produtor mundial, seguido da Austrália com 480 milhões de toneladas e em terceiro encontra-se o Brasil com 390 milhões de toneladas (USGS, 2011). A exportação brasileira de minério de ferro e pelotas vem aumentando nos últimos anos, em 2010 totalizaram 310,9 Mt, comparado com 2009 teve aumento de 16,9% na quantidade e 118,3% no valor (DNPM, 2011).

Os depósitos brasileiros e australianos são importantes, tanto por seu volume, quanto pelos altos teores médios de seus minérios, que são superiores a 62% de ferro, contra os 51,6% verificados pela média mundial (BDMG, 2002), o que os coloca como os dois maiores produtores de ferro contido no mundo. Além disso, essas reservas apresentam vantagens por suas características tecnológicas naturais, cujas jazidas são de fácil extração, produzindo grandes volumes a custos baixos.

As reservas brasileiras representam 6,4% (21 bilhões de toneladas) das reservas mundiais, ocupando o quinto lugar entre as maiores do mundo. Essas reservas estão distribuídas da seguinte maneira: Minas Gerais (70%), Pará (7,3%), Mato Grosso do Sul (21,5%) e outros estados (1,2%). Se considerarmos também as reservas inferidas, o Brasil tem o seu potencial significativamente aumentado, totalizando 62 bilhões de toneladas de minério de ferro. A produção brasileira vem acompanhando o crescimento mundial, conforme pode ser observado na Figura 1.1.

País	Produção (106 t)		
	2010	2011*	Teor de Fe
China	1.070	1.200	7.200
Austrália	433	480	17.000
Brasil	370	390	16.000
Índia	230	240	4.500
Rússia	101	100	14.000
Ucrânia	78	80	2.100
África do Sul	59	55	650
Estados Unidos	50	54	2.100
Canadá	37	37	2.300
Irã	28	30	1.400
Suécia	25	25	2.200
Cazaquistão	24	24	1.000
Venezuela	14	16	2.400
México	14	14	400
Mauritânia	11	11	700
Demais países	48	50	6.000
Total mundial	2.590	2.800	80.000

Tabela 1.1 – Os maiores produtores de Minério de Ferro em 2010-2011. (*) produção estimada. A produção chinesa é representada pelo minério não processado.

Fonte: USGS, 2011.

O minério de ferro é o mais importante metal explorado, tanto por sua reserva quanto por sua importância econômica na balança comercial brasileira (DNPM, 2008). O fato de o Brasil ser privilegiado com grandes depósitos de minério de alto teor de ferro faz que seja interessante a sua comparação com depósitos semelhantes encontrados em outros continentes, bem como conhecer as peculiaridades dos principais tipos de depósitos, tais como gênese, características dos minérios e formas de exploração. Esse conhecimento permite que seja alcançado um melhor entendimento da inserção do minério de ferro brasileiro dentro do contexto de produção do mercado mundial.

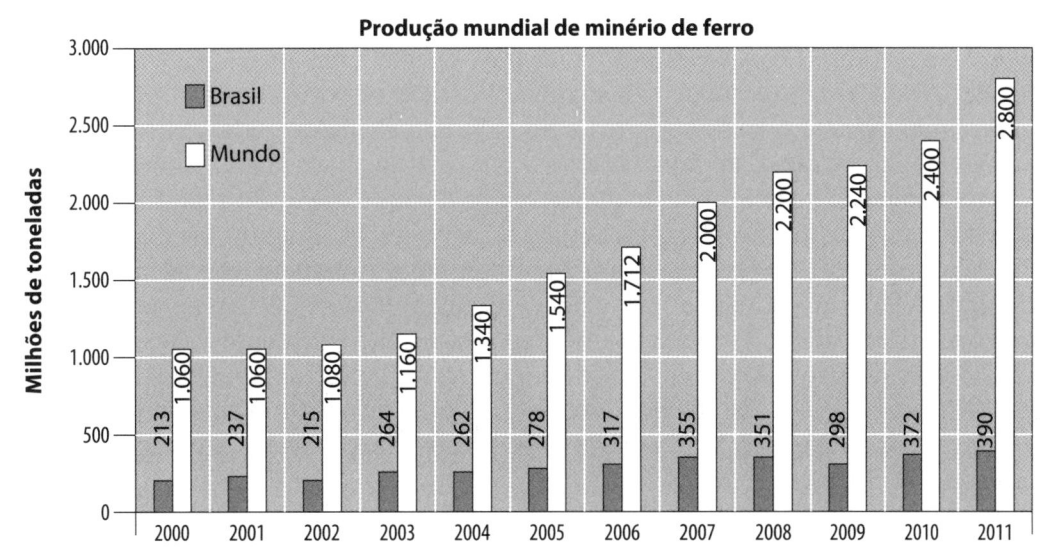

Figura 1.1 – Evolução da produção mundial e brasileira de minério de ferro entre 2000 e 2011.
Fonte: DNPM, 2011.

A característica do minério de ferro brasileiro faz que nosso produto entre no mercado de ferro mundial com grande vantagem competitiva, em razão de aspectos genéticos (minérios com alto teor de ferro e baixo teor de elementos deletérios) e de explotação (minas a céu aberto).

A prospecção do minério de ferro depende da correlação entre os fatores geológicos, técnicos e econômicos, interligados ao modelo industrial de fabricação do aço. Para isso, devem ser considerados: 1) tipo de minério de ferro disponível; 2) tratamento do minério (beneficiamento); 3) processamento metalúrgico da matéria-prima (preparação da carga para a alimentação no alto-forno e processo de redução); e 4) a infraestrutura regional – sistemas de transporte, mercado e mão de obra disponível (GROSS, 1993; HUNDERTMARK, 1996). Muitas vezes, essa correlação é inexistente, inviabilizando, assim, a extração do minério, em razão do custo de produção muito alto, principalmente, quando há falta de um sistema de transporte eficaz e barato, sendo este último o principal componente no custo do minério. Atualmente, a maior parte das jazidas possui um sistema de transporte mina/ferrovia/porto para viabilizar o escoamento da produção.

Assim, em busca por subsídios para o estudo do minério de ferro nos diversos segmentos de geologia, mineração e metalurgia, serão apresentados neste livro os conceitos de gênese dos principais depósitos de ferro, a distribuição dos principais tipos de depósitos de ferro, os tipos de minerais de ferro e métodos de preparação de amostras para caracterização geometalúrgica do minério de ferro.

Em termos de acumulação de ferro ao longo do tempo geológico, é extremamente importante abordar os processos e as épocas principais da formação dos depósitos de ferro explorados pelo homem. Destaca-se que as reservas de minério de ferro no planeta ocorrem em mais de 92% nas rochas geradas entre 2,7 e 2,0 bilhões de anos atrás. Este fato caracteriza uma situação geológica muito específica para formação de acumulação do ferro, que envolve: atmosfera muito pobre em oxigênio (estima-se que teria uma concentração de 1% quando comparada com a atmosfera atual); presença de um supercontinente (semelhante ao que surgiu no final do Paleozoico, com a formação do Pangea) e atividade excepcional de organismos unicelulares (ou cianobactérias), entre outros aspectos. Mesmo assim, no decorrer do Capítulo 2, que aborda a gênese de depósitos de minério de ferro, são também descritos os demais depósitos de minério de ferro, que, mesmo contendo reservas menores, apresentam aspectos relevantes sobre a geração desses depósitos na Terra.

No próximo capítulo, "Gênese dos depósitos de minério de ferro", são abordados os principais depósitos desse minério distribuídos no mundo, com a descrição da geologia das encaixantes e do minério de ferro, idade, tipos de minérios e dimensões dos corpos mineralizados e outras características relevantes. A abordagem é feita, em princípio, pelas formações ferríferas bandadas (BIFs), que incluem aqueles depósitos detentores das maiores reservas mundiais; e, na sequência, pelos depósitos relacionados a atividades magmáticas e/ou vulcano-sedimentares tipo Kiruna e Lahn Dill, depósitos sedimentares oolíticos e pisolíticos, depósitos de skarn e por alteração e acúmulo superficial. Neste capítulo, consegue-se, portanto, visualizar a complexidade das relações geológicas dos depósitos de minério de ferro pelo mundo afora, bem como ter uma ideia mais detalhada sobre a distribuição das principais reservas mundiais.

As descrições dos minerais de ferro e suas propriedades são apresentadas no Capítulo 4, visto que essas informações são fundamentais para a preparação e caracterização do minério de ferro. No Capítulo 5, há o detalhamento de preparação de amostras para o estudo do minério de ferro nas áreas de geologia e metalurgia, o que é também fundamental para sua caracterização.

O Capítulo 6 do livro discorre sobre a geometalurgia, ou seja, a caracterização do minério de ferro utilizada para estudos geológicos e metalúrgicos, que abrangem uma gama de características e propriedades do minério de ferro geológico e metalúrgico, tais como mineralógicas, texturais, estruturais e químicas, entre outras, as quais são fundamentais para definir e mesmo estabelecer modelos preditivos de comportamento do minério de ferro metalúrgico durante os processos de granulação, sinterização e pelotização, por meio de testes de qualidade dos produtos gerados.

2 Gênese dos depósitos de minério de ferro

Os depósitos de minérios de ferro foram gerados em um amplo período geológico e em ambientes diversos. Eles podem ser classificados, geologicamente, em cinco categorias principais:

- Depósitos sedimentares acamadados ou formações ferríferas bandadas (tipos Algoma, Carajás, Lago Superior e *Rapitan*);
- Depósitos relacionados a atividades magmáticas e/ou vulcano-sedimentar (tipo Kiruna e Lahn-Dill);
- Depósitos formados por metamorfismo de contato (tipo *Skarn*);
- Depósitos sedimentares oolíticos e pisolíticos (tipo Clinton-Minette); e
- Depósitos resultantes de alteração e acúmulo em superfície.

O depósito sedimentar acamadado constitui a mais importante de todas as classes de mineralizações ferríferas, principalmente, do ponto de vista econômico, pois são disparados os maiores depósitos de minério de ferro, contendo as maiores reservas de ferro do mundo, com teores médios de Fe que variam entre 20% a 35%, alguns chegam a mais de 55%. Os demais tipos de depósitos são menores, explorados para consumo local, e até exportados, como o caso dos depósitos do tipo Kiruna, da Suécia.

A gênese desses depósitos de minério de ferro continua a ser discutida, mas sem a grande ênfase das décadas anteriores. Atualmente, grande parte dos estudos de minério de ferro tem sido voltada ao conhecimento das características dos tipos de minérios e seus comportamentos no processo siderúrgico, de modo a aumentar o rendimento do processo industrial, colocando o estudo da gênese do minério no plano acadêmico, visto que as teorias existentes, não interferem no estudo atual do minério.

Entretanto, alguns autores têm realizado estudos sobre a gênese dos principais depósitos de minério de ferro, procurando compreender as condições geológicas que propiciaram as deposições de grandes depósitos durante o Proterozoico, como, por exemplo, os trabalhos de Trendall (2002), Beukes, Gutzmer e Mukhopadhayay, (2003) e Klein (2005), entre outros.

2.1 Depósito do tipo sedimentar acamadado ou formação ferrífera bandada (FFB)

As formações ferríferas são formalmente definidas como: "sedimento químico, tipicamente bandado ou laminado, contendo 15% ou mais de ferro de origem sedimentar, comumente, mas não necessariamente, contém camadas de chert" (páginas 239-240 de JAMES, 1954). Mais de 90% dessas rochas apresentam 25% a 35% de Fe; metade do peso da rocha corresponde a óxidos de ferro e outra metade é composta essencialmente por sílica. Apresentam, ainda, baixa quantidade de outros óxidos (Al_2O_3, MgO etc.), sendo consideradas rochas quimicamente muito limpas (TRENDALL, 2002). Os principais minerais de ferro são hematita e magnetita, alguns depósitos apresentam carbonatos (ankerita e siderita) e silicatos de ferro (stilpnomelana, greenalita e riebeckita), a sílica ocorre como quartzo microcristalino, usualmente denominado chert (TRENDALL, 2002).

As formações ferríferas bandadas ou sedimentares acamadados receberam diferentes denominações associadas às características locais de sua primeira definição, bem como pelas idades dos depósitos de tipo: Algoma, Carajás, Lago Superior e Rapitan. A terminologia "formação ferrífera bandada" recebe várias denominações locais, como, por exemplo: jaspelito, taconito, *ironstone*, itabirito, hematita jaspe bandado, hematita quartzito bandado, rocha zebra, barras de jaspe (JAMES, 1954). As formações ferríferas podem ser divididas nos tipos litológicos Formações Ferríferas Bandadas (FFB) e Formação Ferrífera Granular (FFG) e também ser utilizadas como unidades litológicas Trendall (2002). As FFG são consideradas equivalentes de águas rasas das FFB de origem em águas profundas (BEUKES; KLEIN, 1992).

O termo formação ferrífera foi inicialmente definido por James (1954), como rochas sedimentares com alto teor de ferro primário, que podem ser divididas em quatro fácies principais: sulfetada, carbonatada, silicatada e óxido; de acordo com o mineral de ferro predominante, cuja precipitação foi fortemente dependente do potencial de oxidação-redução (Eh). James e Trendall (1982) definiram formação ferrífera bandada como rocha finamente bandada ou laminada, consistindo principalmente de minerais de sílica (chert ou seu equivalente metamórfico) e ferro (hematita, magnetita e variedades de carbonatos e silicatos) formado por precipitação química e, posteriormente, modificada por diagenêse e metamorfismo.

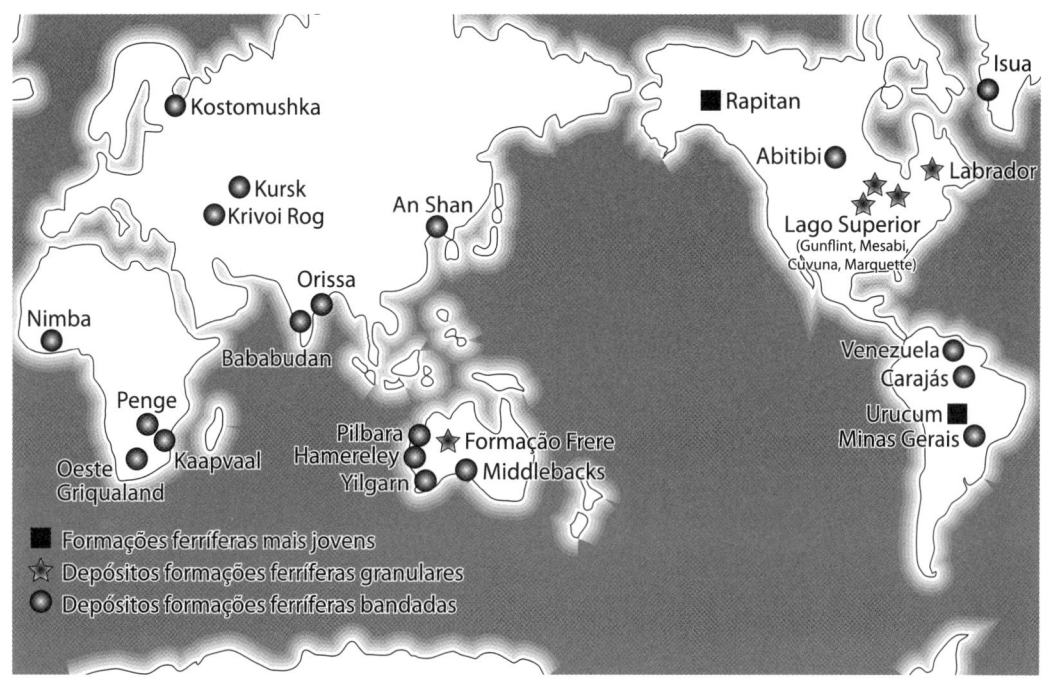

Figura 2.1 – Ocorrência global de FFB do Pré-cambriano. O mapa enfatiza a larga distribuição de FFB e mostra apenas uma seleção de ocorrências bem conhecidas de diferentes idades e tipos.
Fonte: Adaptado de Trendall, 2002.

Esses depósitos apresentam uma ampla distribuição espacial e temporal; ocorrem desde depósitos formados como as sucessões de rochas verdes (*greenstone belts*) de *c.* 3,8 Ga a *c.* 2,4 Ga, distribuídas em vários continentes (Figura 2.1) (TRENDALL, 2002; KLEIN, 2005) até depósitos recentes do Plioceno (1 – 10 Ma) (GOLUBOVSKAYA, 2001).

O Pré-cambriano é o período mais importante de deposição do minério de ferro, visto que representam mais de 97% das formações ferríferas bandadas, sendo que 92% foram depositados no Proterozoico Inferior (GOODWIN, 1982) (ver Tabela 2.1). Nesse período, os grandes depósitos foram gerados próximos aos limites de crátons Arqueanos preexistentes, representando as acumulações das margens continentais, conforme pode ser visto a disposição do continente *Pangea* no período (Figura 2.2) (GOODWIN, 1982).

A importância da deposição desse período também pode ser vista pela Figura 2.3, que apresenta a abundância estimada (relativa ao volume máximo adotado, como sendo do FFB do Grupo Hamersley) de FFBs do Pré-cambriano *versus* tempo (KLEIN, 2005). Na Figura 2.3 observa-se que a contribuição em volume das FFB do Arqueano e do Proterozoico Superior (800 a 600 Ma) menores é menor em virtude de fatores ambientais/geológicos.

Tabela 2.1 – Proporção de formação ferrífera bandada ao longo do tempo geológico			
Períodos	(10^9 anos)	10^9 toneladas	total FFB (%)
I	0,5 – 1,0	12.200	2,0
II	2,0 – 2,5	531.110	92,0
III	3,0 – 3,5	32.001	6,0
IV	Outros	1.015	0,2

Fonte: Adaptado de Goodwin, 1982.

As formações ferríferas do Arqueano podem ser subestimadas, visto que esses depósitos são, geralmente, descontínuos, deformados e desmembrados tectonicamente, o que pode levar à subestimação do volume e do tamanho original do depósito (TRENDALL, 2002; KLEIN, 2005) (Figura 2.4). Essas formações ferríferas apresentam associações litológicas menos variáveis que das sequências de formações ferríferas de idades proterozoicas, em decorrência da menor variação litológica da época.

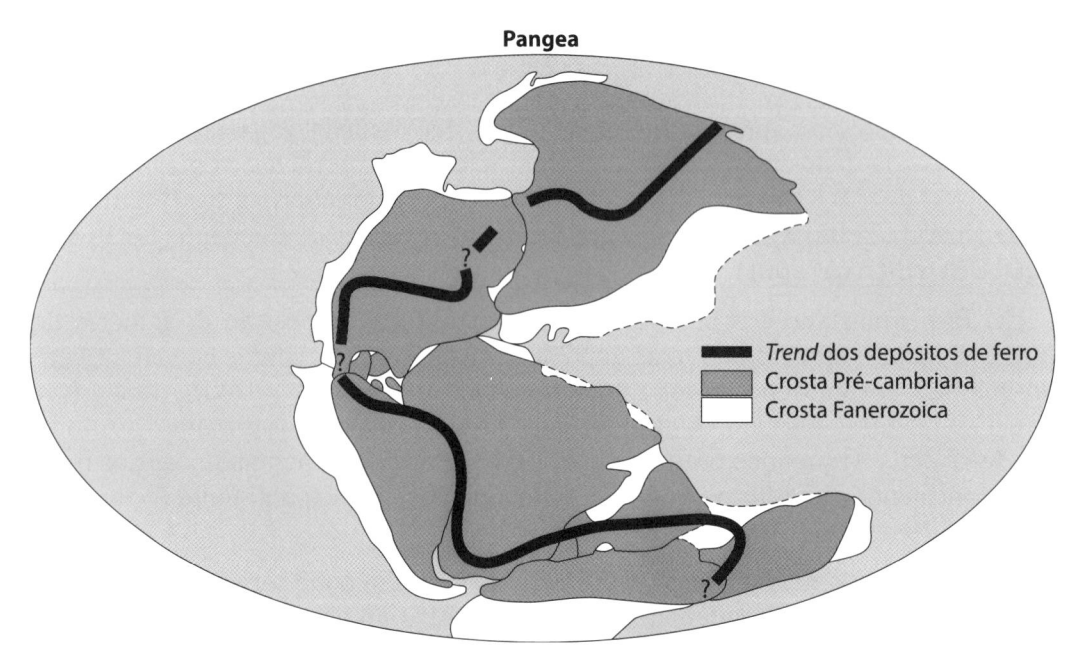

Figura 2.2 – Distribuição global dos FFBs do Proterozoico Inferior e crosta Pré-cambriana, mostrando a reconstrução do Supercontinente Pangea. (?) Zonas indeterminadas ou de questionável continuidade.
Fonte: Goodwin, 1982.

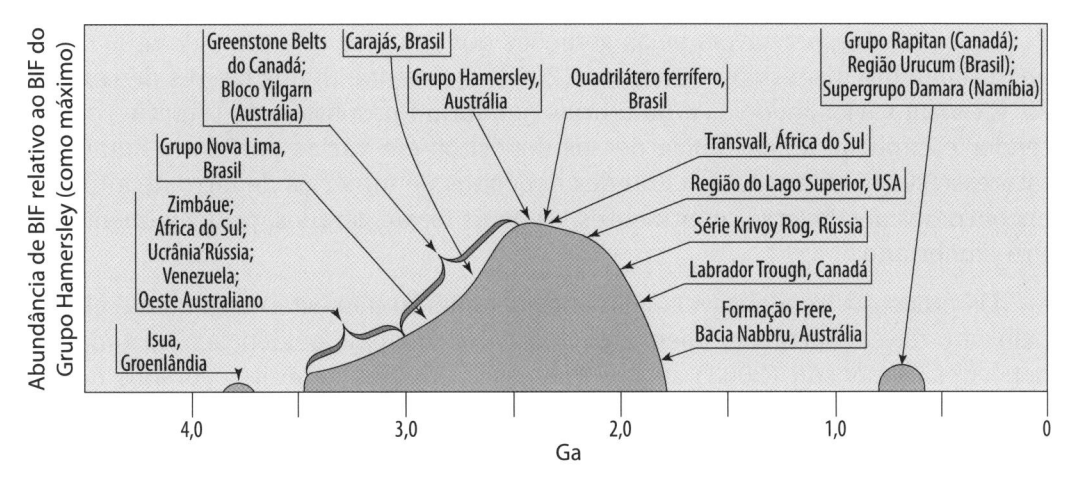

Figura 2.3 – Curva esquemática de abundância relativa de FFBs do Pré-cambriano *versus* tempo, com vários dos maiores depósitos ou regiões de FFBs.
Fonte: Adaptado de Klein, 2005.

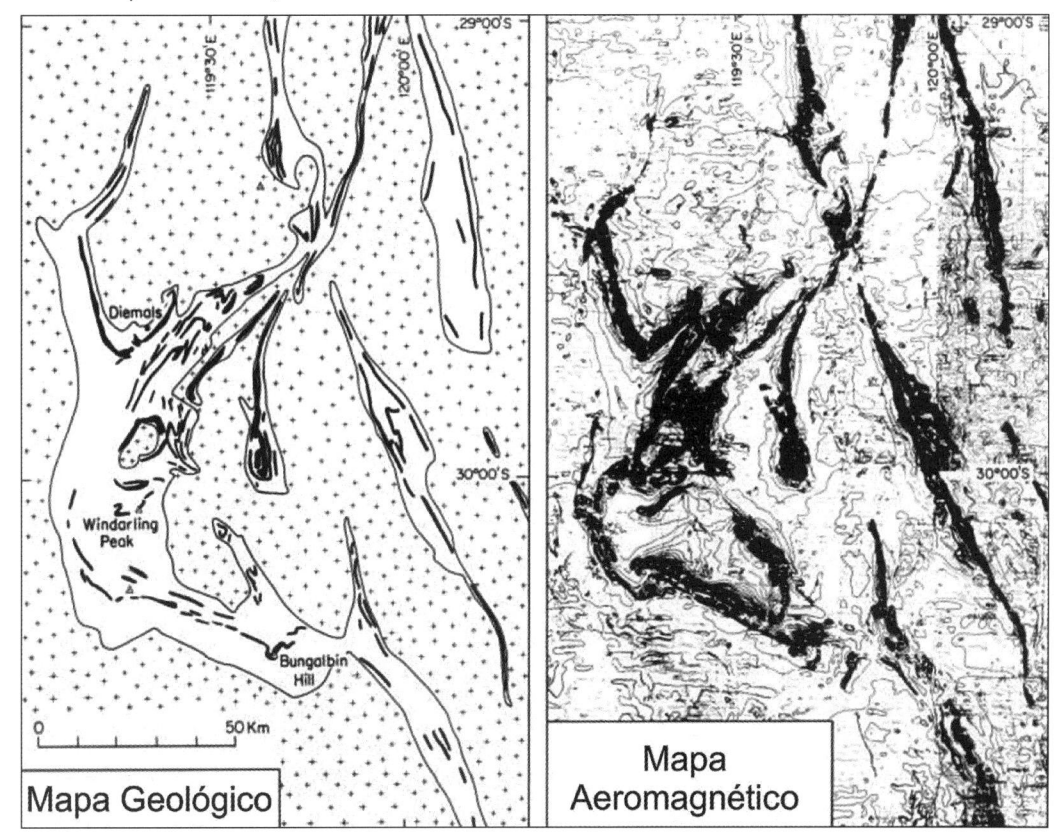

Figura 2.4 – Ilustração da provável subestimação da extensão e volume de um típico FFB em cinturões greenstone. Esquerda: Mapa do padrão de afloramento do FFB, no Bloco Yilgarn Arqueano do Oeste Australino. Direita: Mapa aeromagnético, mostrando uma continuidade e extensão muito maior da mesma FFB.
Fonte: Adaptado de Klein, 2005.

Os fatores responsáveis pelas gerações dos grandes depósitos de minério de ferro são muito discutidos, Simonson (2003) apresenta alguns fatores de consenso. Existem vários modelos e/ou teorias que foram propostos, na tentativa de entender e explicar a ocorrência desses depósitos em várias partes do mundo. O interesse surge em razão dos grandes depósitos de minérios de ferro de alto teor encontrados nos diversos continentes, os quais foram gerados, principalmente, no Pré-cambriano.

Os processos responsáveis pelo enriquecimento não estão totalmente claros, pelo fato de encontrarem apenas partes das principais evidências em todos os depósitos. Simonson (2003) sugere que esses grandes depósitos gerados no Arqueano Superior e Paleoproterozoico ocorreram em virtude do conjunto de fatores atmosféricos, hidrosféricos, litosféricos e biosféricos.

Os modelos existentes indicam origem sedimentar, processos hidrotermais e processos supergênicos, entre outros; esse assunto será discutido posteriormente. Essa incerteza se deve às características desses depósitos, que são geralmente de composição monominerálicas (hematita) e apresentam eventos deformacionais e intempéricos superpostos (BEUKES; GUTZMER; MUKHOPADHAYAY, 2003). A hematita é um mineral que apresenta campo de estabilidade de temperatura, pressão e pH/Eh muito amplo e pode não apresentar variações quando submetida a diferentes eventos deformacionais.

As condições necessárias para deposição de FFB seriam: (i) períodos de estabilidade tectônica de aproximadamente 10^6 anos; (ii) profundo o suficiente para evitar contaminação de material epiclástico e ficar livre de distúrbios da base; e (iii) a forma da bacia de deposição permitia a livre circulação de água oceânica, com íons de ferro dissolvido, com entrada e saída de material (TRENDALL, 2002).

2.1.1 Origem das formações ferríferas bandadas

A origem das formações ferríferas, além de ser muito discutida, é muito controversa, visto que os modelos genéticos propostos não foram amplamente aceitos, por não apresentarem um modelo geral aceitável que explicasse a gênese desses depósitos de minério de ferro. As evidências dos registros estratigráficos do Pré-cambriano mostram que, do ponto de vista sedimentar, a aplicação do princípio atualístico é simplista e errônea (TRENDALL, 2002). Essa controvérsia se deve à dificuldade de aplicação do princípio atualístico nas formações ferríferas do Pré-cambriano, pois as condições ambientais daquela época eram diferentes das atuais (EICHLER, 1976; CLOUD, 1983). A confecção de um modelo genético deve levar em conta a complexidade de cada depósito associado aos diferentes processos geológicos atuantes.

Atualmente, alguns pontos são de concordância geral (SIMONSON, 2003), tais como:

- Fonte hidrotermal de solutos (ferro), o sistema hidrotermal de fundo oceânico foi mais ativo no Arqueano e Proterozoico inferior, daí a geração de depósitos maiores que os depósitos mais jovens, que são gerados em águas mais rasas;

- Coluna de água estratificada: massas de água profunda rica e água rasa pobre em ferro ao longo dos quimioclinas de processos hidrotermais ativos atuais;

- Alto teor de sílica primária: aumento da contribuição de crosta continental.

A grande quantidade de Fe e Si e a variedade e distribuição errática dos elementos menores das formações ferríferas podem ter sido originadas por processo vulcanogênico e hidrotermal efusivo/exalativo ou pelo processo hidrossedimentar (LEPP; GOLDICH, 1964; EICHLER, 1976). A sílica seria gerada pelo vulcanismo ácido e o ferro seria originário do intemperismo de rochas ferríferas preexistentes e de exalações vulcânicas aquáticas (EICHLER, 1976). Atualmente, é consenso que o ferro é originado pelas fontes hidrotermais de fundo oceânico (GROSS, 1980; SIMONSON, 2003) e a sílica tem como origem a lixiviação de rochas da crosta continental (SIMONSON, 2003). A grande extensão lateral dos depósitos pode ser em razão da presença de hidrovulcanismo basáltico nas bacias de grandes formações ferríferas (SIMONSON, 2003). No entanto, o modo de transporte, deposição e as mudanças que ocorreram durante e após a deposição é uma incógnita (LEPP; GOLDICH, 1964; EICHLER, 1976), pois a falta de material clástico no local de deposição só seria possível com o ferro dissolvido na forma de solução e transportado no estado ferroso, em ambiente anóxido.

Em algumas formações ferríferas é possível reconhecer restos de estromatólitos (e micro-organismos tipo algas), vindo a ser forte indício de que esses organismos primitivos fotossintetizantes foram importantes durante a deposição das formações ferríferas, quando agiriam como doadores de O_2 para a precipitação do ferro férrico das soluções ferrosas (ver Figura 2.5) (BUTTON et al., 1982).

Uma das possíveis explicações para o transporte e precipitação do ferro é apresentada pela Figura 2.6 de Johnson et al., 2008.

A fonte de ferro primário é inferida ser ferro hidrotermal Fe^{2+}_{aq} (Figura 2.6 – Trajetória 1), originado de massas de águas profundas anóxidas ou fontes hidrotermais rasas. A ascensão de água profunda rica em Fe^{2+}_{aq} para uma coluna de água superior é acompanhada pela oxidação e formação de precipitados de óxido férrico/hidróxido (Figura 2.6 – Trajetória 2), decrescendo em conteúdos de Fe^{2+}_{aq} nos oceanos superiores e definindo um quimioclina, que separa águas oxidadas rasas das águas anóxicas profundas.

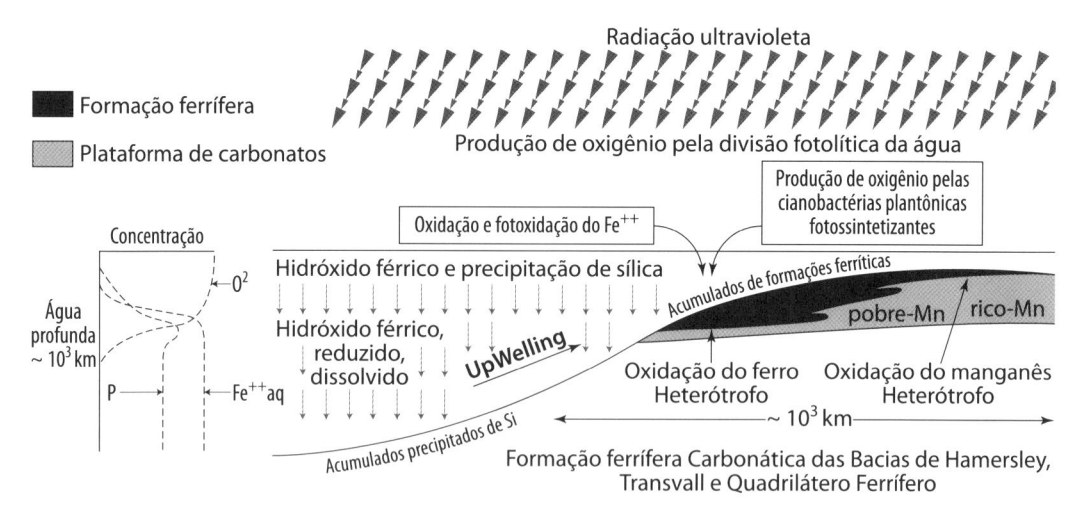

Figura 2.5 – Modelo conceitual dos maiores depósitos de formações ferríferas bandadas, associadas a carbonatos das bacias de Hamersley, Transvaal e Quadrilátero Ferrífero. Fonte: Adaptado de Button et al., 1982.

A oxidação da subida de Fe^{2+}_{aq} pode ter ocorrido pela UV-fotoxidação, O_2 atmosférico ou oxidação fotossintética anaeróbica Fe^{2+}. A oxidação parcial produzirá precipitados de óxido férrico/hidróxido que tem valores $\delta^{56}Fe$ controlados pelo fator de fracionação $Fe(OH)_3$-Fe^{2+} e extensa reação enquanto, na oxidação completa, não produziria rede de troca isotópica relativa ao Fe^{2+}_{aq}. O ajuste da chuva de óxido férrico/hidróxido acima da quimioclina produz fluxo de Fe^{3+} para o local da deposição de FFB no fundo oceânico (Figura 2.6 – Trajetória 3).

A conversão do recursor óxido férrico/hidróxido para magnetita ou abaixo da interface sedimento/água ocorre via várias trajetórias, incluindo reações com água do mar Fe^{2+}_{aq} (Figura 2.6 – Trajetória 4), redução por redução dissimulatória (DIR) de Fe^{3+} sob Fe^{2+}_{aq} em condições limitadas (Figura 2.6 – Trajetória 5), ou DIR na presença de excesso de Fe^{2+}_{aq} (Figura 2.6 – Trajetória 6). No caso da Trajetória 6, os valores de $\delta^{56}Fe$ para o excesso de Fe^{2+}_{aq} serão controlados pelo fator de fracionação de Fe^{2+}_{aq} – $Fe(OH)$ durante DIR, onde o valor de $\delta^{56}Fe$ para Fe^{2+}_{aq} é controlado pela proporção de reativos e volume de $Fe(OH)_3$ e, também, pela presença de Fe^{2+} (CROSBY et al., 2007, apud JOHNSON et al., 2008). Os valores de $\delta^{56}Fe$ de magnetita e siderita que formam na presença de excesso de Fe^{2+}_{aq} serão controlados pelo fator de fracionamento da magnetita- Fe^{2+}_{aq} e siderita- Fe^{2+}_{aq}, respectivamente.

O bandamento rítmico típico presente nas formações ferríferas bandadas, pode ter sido gerado tanto por processo inorgânico, quanto por processo orgânico (EICHLER, 1976). No processo inorgânico, a precipitação da sílica seria uma consequência das condições físico-químicas próprias, por superconcentração ou evaporação com a precipitação sazonal do Fe^{3+} e oxidação catalítica do Fe^{2+} pelo

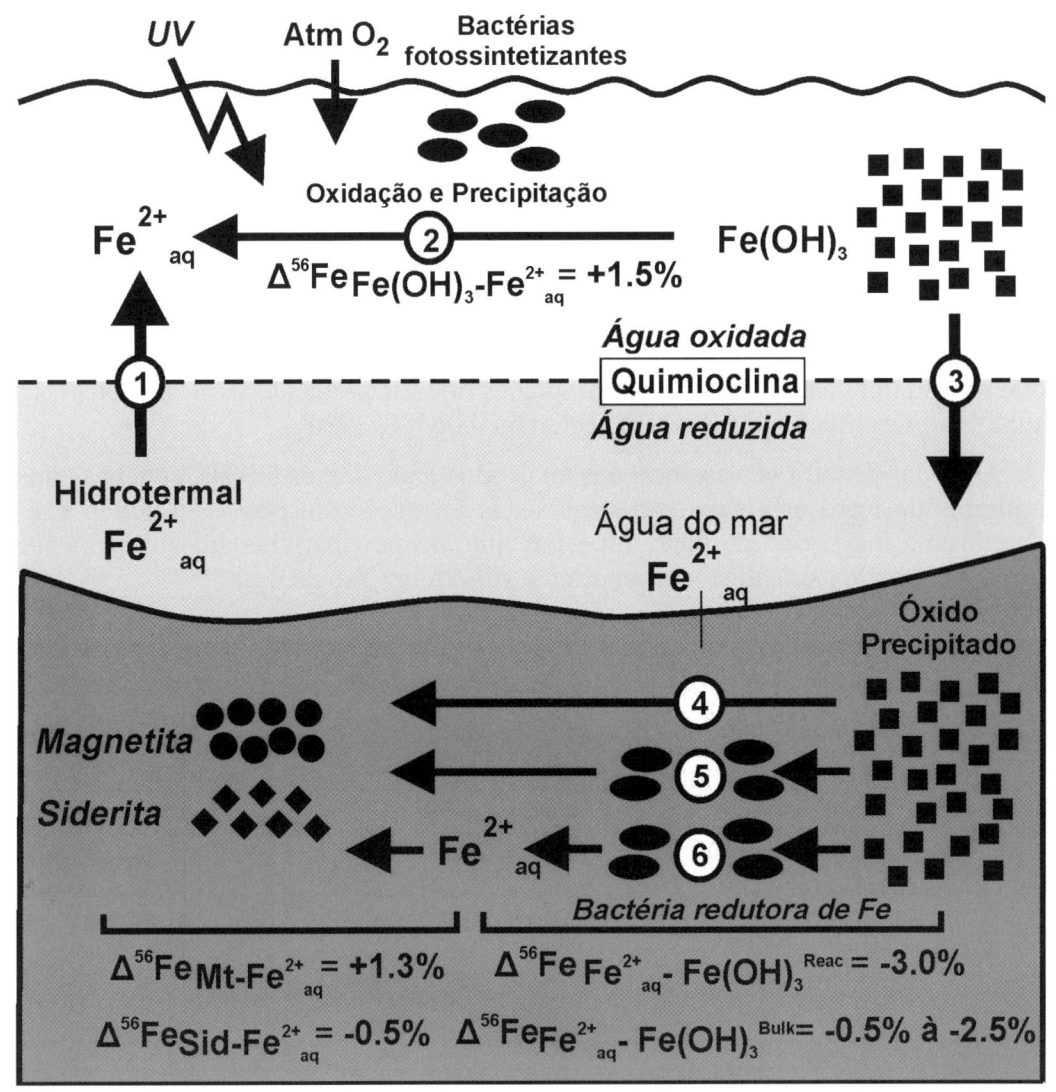

Figura 2.6 – Trajetória e fracionamento isotópico do ferro na gênese das FFBs.
Fonte: Johnson et al., 2008.

oxigênio, gerado por micro-organismos existentes (no Pré-cambriano por ciano-bactérias). No processo orgânico, o processo catalítico de crescimento sazonal de micro-organismos é responsável pela precipitação do ferro ferroso dissolvido em ambientes de água rasa; e as camadas de sílica seriam resultado de uma precipitação inorgânica contínua em resposta à variação do pH e mudança da temperatura no ambiente de deposição, formando uma rocha com microbandamento típico.

Krapez, Barley e Pickard, 2003 descrevem que a presença de diferentes ordens de ciclicidade para preenchimento da bacia reflete a relação entre a mudança do nível do mar, ambiente tectônico e o magmatismo de fundo oceânico e que o domínio de registros de seções bandadas finas se deve aos pulsos de atividade vulcânica hidrotermal e subida de nível do mar.

Muitas teorias têm sido sugeridas para explicar a fonte dos constituintes químicos, o modo de transporte e o mecanismo do bandamento, mas nenhuma apresentou um modelo com explicação razoável para a origem de todas as formações ferríferas bandadas. Em pequena escala, a teoria pode estar correta, mas a controvérsia e os erros começam quando essas hipóteses são aplicadas em escala universal. Ou seja, não é possível aplicar um modelo de origem simples e geral para todos os tipos de depósitos, em virtude de as grandes formações ferríferas bandadas apresentarem: tipos de rochas diversificadas (EICHLER, 1976), idades diferentes, que podem implicar em diferentes condições deposicionais (JAMES; TRENDALL, 1982), e diferentes ambientes deposicionais (GROSS, 1980).

Uma das primeiras classificações foi proposta por James (1954), com base nos minerais de ferro originais dominantes nas formações ferríferas de idade Pré--cambriana, na região do Lago Superior; que foram separadas em quatro fácies principais: óxido, silicática, carbonática e sulfetada (Tabela 2.2).

Tabela 2.2 – Principais feições de cada fácies das formações ferríferas						
	Sulfetada	Carbonática	Silicática		Óxido	
			Não granular	Granular	Magnetítica	Hematítica
Litologia	Laminado a finamente laminado, folhelho carbonáti-co pirítico preto. *Chert* raro.	Finamente acamadado a laminado, consiste de alternância de camadas de *Chert* cinza e carbonato.	Laminada verde-claro a escuro. *Chert* raro.	Maciço verde-escuro com aca-mamento irregular de camadas de *Chert* e magnetita.	Finamente acamadada ou não, com alternância de magneti-ta e *Chert*, silicato ou silicato + carbonato.	Finamente acamadada ou não, com alternância de hemati-ta e *Chert* cinza e jaspe vermelho.
Mineral de ferro	Pirita	Carbonato rico em ferro.	Silicato de ferro.	Silicato de ferro.	Magnetita.	Hematita cristalina.
Min. de Fe secun--dário	Carbonato	Pirita sili-cato de Fe, magnetita.	Carbonato magnetita.	Magnetita, carbonato, hematita.	Silicato de Fe carbonato hematita.	Magnetita.
% de Fe	15-25	20-35	20-30	20-30	25-35	30-40
Feição principal	"Grafítico"	Estiólitos comuns.	Estruturas laminadas.	Granulares.	Fortemente magnético.	Comumente oolítico.
Ambien-te de origem	Fortemente redutor anaeróbico.	Redutor.	Variável, tipicamente meio redutor.	Meio oxi-dante a meio redutor.	Meio oxi-dante a meio redutor.	Fortemente oxidante.

Fonte: James, 1954.

A predominância dos minerais dessas classes, em determinadas regiões indica que os depósitos podem ter sido gerados em bacias restritas, separadas do mar aberto, inibindo a livre circulação de águas oceânicas ou não. Tais depósitos permitiram o desenvolvimento de anormalidades no potencial de oxidação e a composição da água, visto que os diferentes precipitados de ferro mostram ser altamente dependentes do potencial de oxidação-redução (Eh) e do pH da água.

Outra classificação, proposta por Gross (1980), separa as formações ferríferas do Pré-cambriano do Canadá em dois grandes grupos – tipo Algoma e tipo Lago Superior – e, em menor escala, Rapitano, com base nos principais ambientes de deposição nos diversos ambientes tectônicos e os tipos de formações ferríferas geradas em cada ambiente de deposição (Figura 2.7).

A classificação proposta por James (1954) é utilizada apenas como termo descritivo das rochas encontradas nos depósitos, sem conotação genética (MORRIS, 1993), pois a distribuição gradacional entre as fácies (quatro) mineralógicas em uma mesma bacia sedimentar, na prática, não foi observada em bacia alguma. A classificação de Gross (1980) não abrange todos os tipos de FFB's do Arqueano e Paleoproterozoico. Em especial, o tipo denominado Lago Superior pode ser classificado em mais de um tipo (p. ex., tipo Hammersley, Carajás, Lago Superior etc.).

Os depósitos do tipo Algoma são formados junto a arcos vulcânicos e nos *rifts* da cadeia Mesoceânica, com o Fe de origem vulcânica; enquanto os depósitos do tipo Superior são formados nas plataformas oceânicas, cuja contribuição de Fe teria origem na lixiviação das rochas existentes e contribuição vulcânica. Os

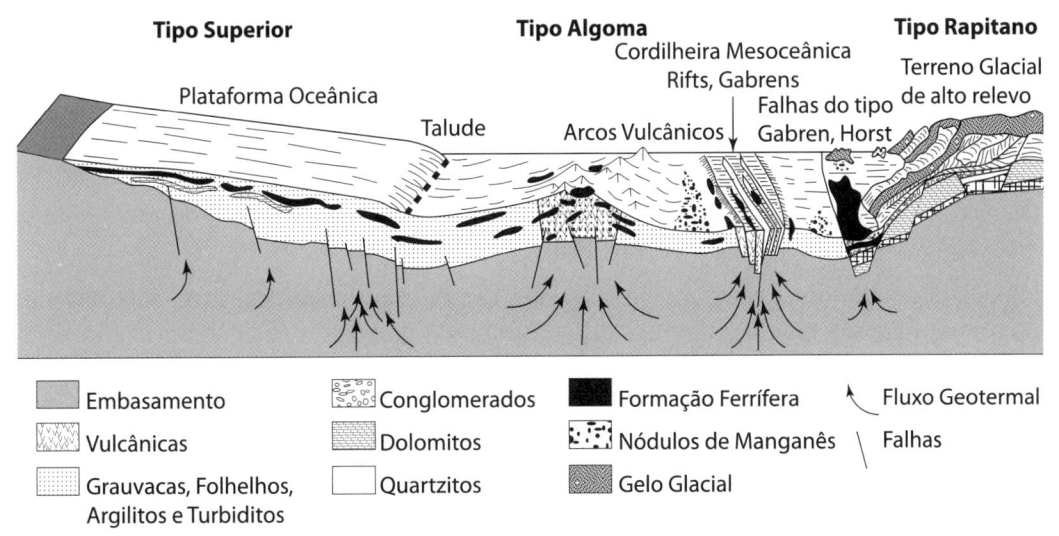

Figura 2.7 – Ambiente tectônico e os tipos de formações ferríferas associadas.
Fonte: Gross, 1980.

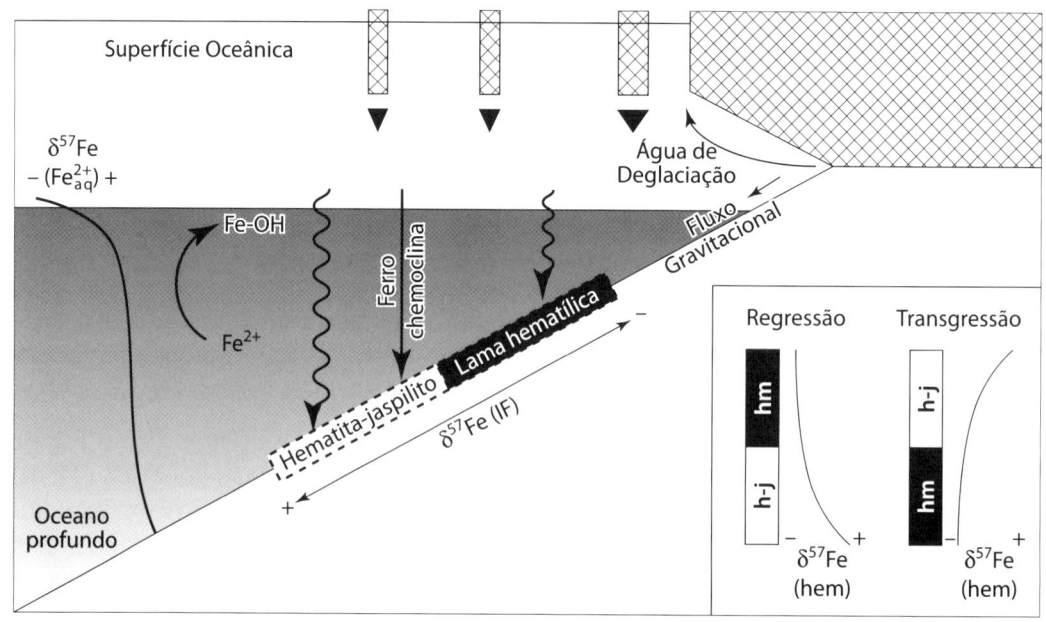

Figura 2.8 – Um modelo conceitual para explicar a composição isotópica do ferro da formação de ferrífera Rapitan. Oxi-hidróxidos de ferro (Fe-OH), precursores da formação ferrífera (FF), são supostamente precipitados por meio de uma químioclina de ferro abaixo da zona fótica, quer como o resultado da oxidação abiológica ou por bactérias oxidantes de ferro quimiolitotróficas sob condições de oxigênio baixo. A lama (ou material siltoso) hematítica, que é mais influenciada pela entrada de sedimentos detríticos de tempestades, fluxos de gravidade, e plumas de degelo glacial, incorpora mais ferro ^{57}Fe empobrecido da quimioclina superior. Hematita jaspilito de maior profundidade, que é relativamente com menor entrada de sedimentos detríticos, incorpora ferro de toda a quimioclina, e, portanto, é relativamente enriquecido em ^{57}Fe, em comparação com fácies mais proximais. O esquema na parte inferior à direita mostra os perfis dos isótopos de Fe previstos para a formação ferrífera (FF) depositada durante regresssão e transgressão, quando a quimioclina migra para cima e para baixo em relação ao nível do fundo do mar, respectivamente.
Fonte: Adaptado de Halverson et al., 2011.

depósitos do tipo Rapitano são gerados pela lixiviação do Fe, causada pelo degelo, formando depósitos nas falhas, em Graben e/ou Horst.

    Os depósitos do Proterozoico superior, denominado tipo Rapitan, são originados nos períodos glaciais, formando camadas de sedimentos de granulação muito fina caracterizados como tilitos ou varvitos, típicos de depósitos glaciais, cuja deposição ocorre durante o processo de deglaciação. Na Figura 2.8 é apresentado o modelo conceitual para deposição de formação ferrífera em áreas glaciais com utilização de isótopos de ferro medidos diretamente nas formações ferríferas do tipo Rapitan. O depósito de minério de ferro de Urucum, situado na divisa do Estado do Mato Grosso do Sul com a Bolívia, é um dos exemplos desse tipo, que será abordado com maior detalhe no próximo capítulo.

2.2 Relacionados a atividades magmáticas e/ou vulcano--sedimentar (tipo Kiruna e Lahn-Dill)

2.2.1 Depósito de Kiruna

O minério de ferro denominado tipo Kiruna é um minério que contém apatita com magnetita, sendo este o seu principal mineral de ferro (GEIJER, 1931; GEIJER, 1967). Minérios de magnetita a apatita do tipo Kiruna ocorrem em várias partes do mundo, gerados do Proterozoico ao Recente, os quais apresentam uma forte conexão com o processo de resfriamento do magma de rochas cálcico-alcalinas a levemente alcalinas (p. ex.: NYSTROM; HENRIQUEZ, 1994; FRIETSCH; PERDAHL, 1995). Sua origem ainda é controversa, pois alguns pesquisadores acreditam que o minério foi gerado no processo de diferenciação magmática, atingindo o posicionamento atual em decorrência do sistema intrusivo magmático, enquanto outros defendem que esse minério foi gerado pela deposição sin-sedimentar marinha.

Os minérios são compostos basicamente por magnetita de granulação fina com abundância local de disseminações finas de apatitas (principalmente como fluorapatita), os minerais acessórios são: actinolita, biotita, calcita, quartzo, titatina, diopsídio e albita.

O depósito tipo magnetita-apatita forma corpos tabulares ou como canais e diques, o corpo do minério é uma massa concordante a subconcordante, com lentes ou *pods* de minério maciço a submaciço cortando o minério pobre em apatita. Os minérios de coloração preta apresentam quantidades menores de apatita que os minérios de coloração cinza.

Os depósitos de Kiruna (Suécia) são compostos por corpos concordantes, lenticulares, de minério de ferro magnetítico de alto grau, com presença de apatita subordinada, pertencente à sequência vulcano-sedimentar do Escudo Báltico. As rochas hospedeiras do minério são pórfiros Kiruna, intrusivas de nível superior e sequência de rochas félsicas ricas em álcalis porfiríticas que são sobrepostas a oeste, pelo Grupo Greenstone Kiruna, que formam séries de rochas intrusivas básicas e ultrabásicas, lavas e tufos com sedimentos intercalados, com idade entre 1,93 Ga a 2,2 Ga. As rochas hospedeiras indicam terem sofridos processos de alterações hidrotermais como albitização e biotitização e foram deformadas durante o ciclo orogênico Svecokarelian com idade de 1,8 Ga. Os depósitos de minério de ferro da área de Kiruna (p. ex.: Depósito Kiirunavaara) ocorrem na porção norte da Suécia e formaram-se entre 1,88 e 1.89 Ga (CLIFF et al., 1990; ROMER et al., 1994) e são considerados as maiores reservas de minério de magnetita à apatita no mundo.

A maioria dos depósitos de minério de ferro do Chile é do tipo Kiruna e ocorre ao longo de um estreito cinturão de direção norte-sul com aproximadamente 500 km de extensão, com reservas estimadas de 2.000 Mt (60% Fe) (OYARZÚN et al., 2003). Esses depósitos formam o denominado Cinturão Ferrífero, que consistem de corpos irregulares, veios, disseminações e pseudobrechas de magnetita, actinolita e apatita e estão posicionados em lavas andesíticas da Formação Bandurrias (Cretáceo Inferior) (ESPINOSA, 1990).

O período Cretácico corresponde a importante período tectônico, magmático e metalogenético do Chile; evidências geológicas indicam que as maiores mudanças ocorreram durante o período Neocomiano com o posicionamento da superpluma (Superpluma do Mid-Pacífico) e o processo de reorganização das placas do Pacífico (OYARZÚN et al., 2003).

O evento de superpluma resulta em uma força que empurra a crista, aumentando o acoplamento entre as placas de subducção e a fixa (Figura 2.9), o que leva ao aumento da tensão em escala crustal e, consequentemente, os magmas dioríticos sobrepressurizados são empurrados para cima, ao longo da melhor trajetória estrutural possível, ou seja, Zona de Falha do Atacama, que forma o cinturão de depósitos de ferro tipo Kiruna.

A paragênese mineral desse depósito de minério inclui magnetita com baixo teor de Ti, actinolita e apatita como minerais dominantes, e como minerais acessórios são encontrados a escapolita e uma fase posterior de sulfetos. As evidências de presença de clastos de magnetita envolvidas por lavas e brechas, ausência de mineralização em rochas sedimentares associadas com a rocha mineralizada e as idades radiométricas dos diques andesíticos serem pós-mineralização, mostram que houve a intrusão de corpos dioríticos em rochas andesíticas vulcânicas e subvulcânicas, formando complexos mineralizados, que são comagmáticos com as rochas andesíticas subvulcânicas (OYARZÚN, 2000; ESPINOZA, 1990).

Apesar de serem depósitos cogenéticos, os diferentes depósitos encontrados no Cinturão Ferrífero são formados em ambientes tectônicos diferenciados, gerando diferentes tipos de depósitos, conforme pode ser observado pela Figura 2.10.

A mineralização do ferro foi depositada quase contemporaneamente com as lavas das rochas hospedeiras. Durante o desenvolvimento do arco vulcânico Bandurrias, formaram-se depósitos vulcanogênicos de magnetita, actinolita e apatita (depósitos tipo Carmem e El Algarrobo). E, em ambiente marinho costeiro, eram formados os depósitos vulcano-sedimentar de chert ferrífero e lentes magnetíticos (depósito tipo Bandurrias); as intrusões subsequentes de *plutons* (batólito Cretácico) poderia remobilizar parte dessa mineralização, no qual os depósitos vulcanogênicos existentes eram transformados e enriquecidos por fluidos (ou seja, depósitos tipo El Algarrobo); a possibilidade da contribuição de uma quantidade pequena de ferro dos *plutons* também é considerada (ESPINOZA, 1990).

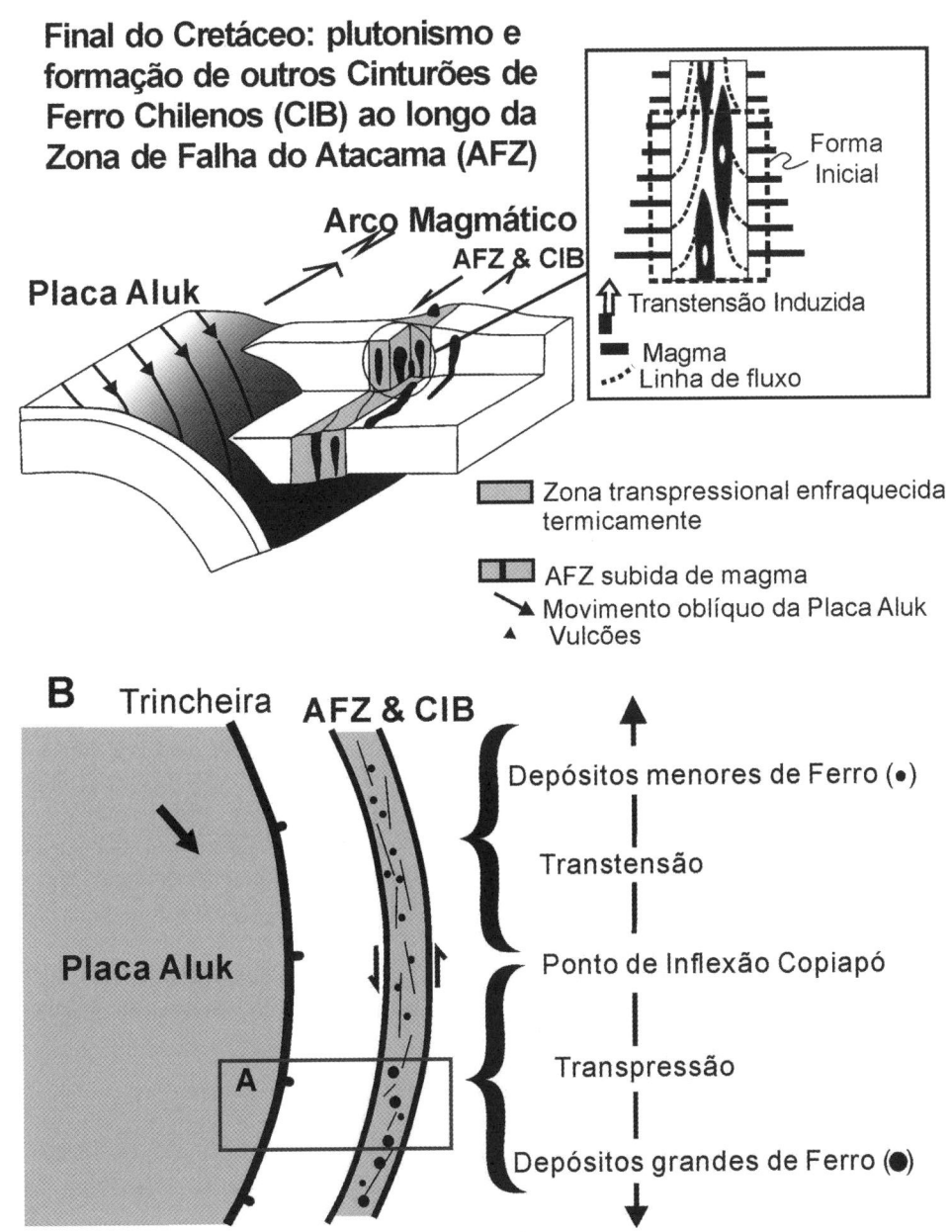

Figura 2.9 – A) Bloco diagrama do esquema tectonomagmático do final do Cretáceo Inferior e a ascensão de magmas sobrepressurizados ao longo da zona de cisalhamento. B) Vista esquemática da Zona de Falha do Atacama (AFZ) e as relações entre o tamanho das zonas de mineralizações e zonas de transpressão/transtensão. CIB (Cinturão de Depósitos de Ferro do Chile).
Fonte: OYARZÚN et al., 2003.

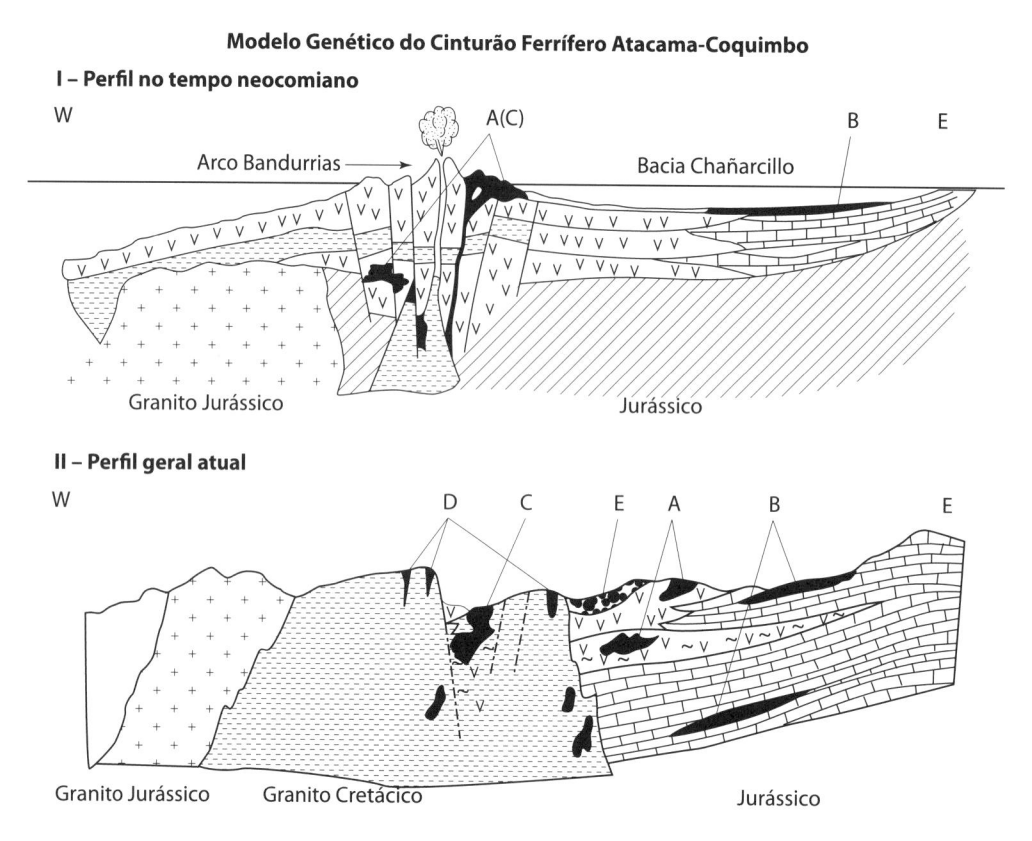

Figura 2.10 – I – Depósitos vulcânicos, subvulcânicos e sedimentares de ferro. (A) tipo Carmem e (B) tipo Bandurrias formados no período Neocomiano. II – Geração e evolução dos diferentes tipos de depósitos de ferro. Intrusões colocando-se no canal vulcânico existente, com corpos de minério de ferro controlados pelas estruturas (tipo C El Algarrobo). Algum depósito de ferro permanece dentro da massa plutônica como uma fração imiscível (tipo D depósitos La Suerte). Finalmente, a erosão dos depósitos de ferro durante o Plio--Pleistoceno formando o depósito tipo E, depósito Desvio Norte.
Fonte: Espinoza, 1990.

2.2.2 Depósito de Lahn-Dill

O depósito de minério de ferro Lahn-Dill é do tipo vulcano-sedimentar e forma depósitos característicos do grupo predominantemente hematíticos que ocorrem no Devoniano e Carbonífero Inferior do sistema Variscano da Europa Central (QUADE, 1976). Os corpos de minérios formam horizontes singenéticos dentro das sequências orogênicas e são limitadas por rochas vulcânicas submarinas do grupo queratofirítica-espilítica (Figura 2.11).

A posição geotectônica e paleogeográfica e as feições de sedimentação, bem como, os elementos traços, desse minério são muito distintos de outras forma-

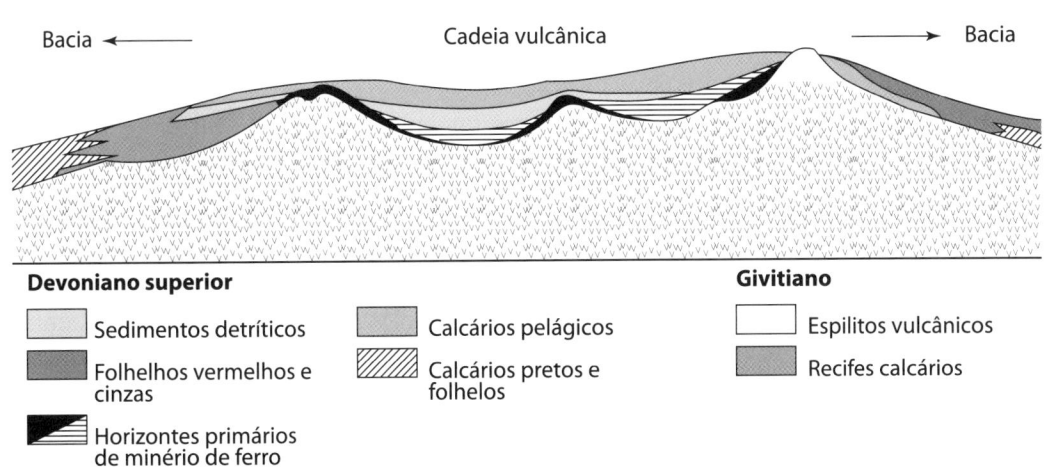

Figura 2.11 – Seção esquemática do complexo de cadeia vulcânica associado a recifes com três centros de erupções, mostrando as diferentes fácies sedimentares e a distribuição vertical e lateral das principais fácies dos depósitos vulcano-sedimentares do tipo Lahn-Dill. Fonte: Adaptado de Quade, 1976.

ções ferríferas, especialmente quando comparados com minérios itabiríticos e oolíticos.

Esse tipo de depósito forma pequenos corpos com conteúdos variáveis de teores de ferro, podendo formar corpos com alto grau de hematita pura, que representam a maior concentração de ferro em ambiente sedimentar.

As características principais desse tipo de depósito são:

1. O tipo de depósito vulcano-sedimentar de minério de ferro é um modelo de depósito de minério singenético com a formação do geossinclinal.

2. Os minérios de ferro tipo Lahn-Dill representam um grupo, predominantemente, de acumulação de hematita que ocorre no Devoniano e Carbonífero Superior do sistema Variscano da Europa Central, sendo encontrado em outras regiões também.

3. Os pequenos corpos individuais formam camadas estratificadas no topo de cadeias vulcânicas, do grupo espilítico-keratófiros, com massas espessas de tufos e lavas espilíticas, pertencentes ao período de pré-*flysch* durante a geração do depósito, associados à formação de bacias com contribuição vulcânica. O horizonte de minério sobrepõe os vulcanitos e é sobreposto por calcários e folhelhos pelágicos.

4. A sequência de minério é bem acamadada e internamente laminada, mostrando feições de rápida precipitação, erosão, transporte e redeposição, existe a tendência geral de cada depósito rico em sílica na base e rico em calcário no topo, com transição estratigráfica horizontal na parte superior

dos centros de erupção vulcânicos para acumulação de calcários ao longo do declive.

5. Os sedimentos de minérios são sequências rítmicas de conteúdos de ferro e a variação, em pequena escala, da fácies do minério e na sua qualidade é uma feição típica dos minérios desse tipo de depósito.

6. O teor de ferro, nesses minérios, está representado por fases minerais primárias e secundárias, incluindo, hematita, magnetita, siderita, limonita, clorita de ferro, stilpenomelana, especularita e melnikovita-ítita. Os componentes acessórios mais comuns são quartzo, calcita, dolomita e clorita. As impurezas comuns são fragmentos clásticos e partículas piroclásticas, lentes de calcário e bandas argilosas.

7. Depósitos de minério de importância econômica temporária ocorreram apenas nas zonas com acumulação máxima de tufos espilíticos, dentro do arco vulcânico, ou seja, próximos ao centro de erupção vulcânica.

8. A reserva de minérios de um depósito simples é pequena, não excedendo a 5 Mt; no entanto, as reservas de um distrito de minério com vários centros de erupções podem atingir 100 Mt.

Essas feições descritivas e diagnósticas são válidas para todos os depósitos de minérios vulcano-sedimentares do tipo Lahn-Dill. No entanto, as informações escassas sobre mineralizações em outros sistemas geossinclinais análogos se devem a sua pequena importância econômica. Em muitas regiões do mundo, são conhecidas as mineralizações de ferro em sequências vulcânicas, como incrustações e preenchimento de veios por hematita, magnetita e/ou pirita dentro de lavas almofadadas de composição espilítica e queratórifas, que são comparadas com os depósitos de ferro tipo Lahn-Dill, mas não são tipo Lahn-Dill *sensu strictu* em outros aspectos, tais como gênese do depósito, forma dos corpos de minérios etc.

2.3 Formados por metamorfismo de contato (tipo *Skarn*)

Os depósitos tipo *Skarn* são gerados pela intrusão de corpos ígneos dentro de camadas de rochas sedimentares carbonáticas, nas quais o processo de diferenciação do líquido magmático, enriquecido em minerais de minérios em contato com essas rochas carbonáticas gera depósitos minerais com texturas típicas. A Figura 2.12 mostra a geração desses tipos de depósitos de forma esquemática.

Esse tipo de depósito também é conhecido como depósito de ferro pirometassomático ou metassomático de contato (RAY, 1995); é uma mineralização de

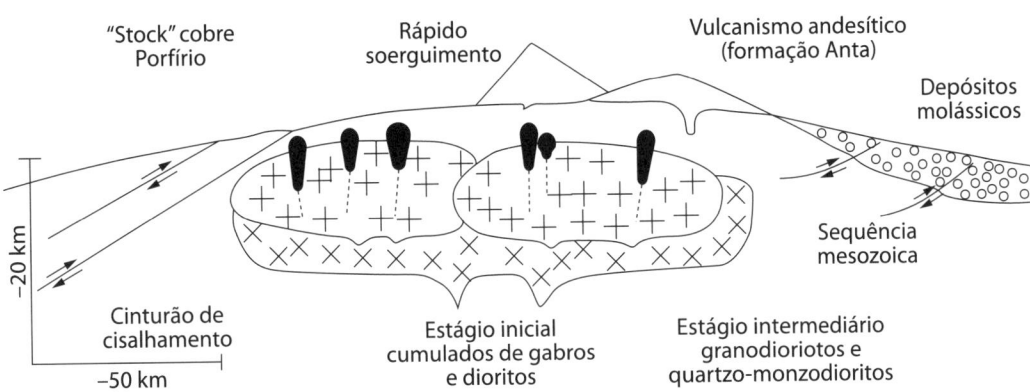

Figura 2.12 – Ilustração esquemática espacial e temporal com intrusão do batólito principal, vulcanismo e sedimentação sinorogênica, em ambiente compressivo. O posicionamento relativamente raso no estágio intermediário do corpo do batólito principal.
Fonte: Adaptado de Perelló et al., 2003.

predomínio de magnetita associada com ganga *skarn* (que inclui *skarns* de Fe cálcico ou magnesiano, pois depende do tipo de rocha e do ambiente associado).

O *skarn* de Fe cálcico ocorre em ambientes intra- e arcos de ilhas não intraoceânico, margens continentais *rifted*; esse tipo de *skarn* rico em Fe é derivado de intrusões pobres em Si da crosta oceânica primitiva, que são grandes a pequenos *stocks* e diques de gabros a sienitos (principalmente, gabro-diorito) intrudindo em calcário, rochas sedimentares clástica calcária, tufos ou vulcânicas máficas com alto a intermediário nível estrutural (RAY, 1995).

O *skarn* de Fe magnesiano ocorre em margens continentais sinorogênica cordilheirana, esse depósito de *skarn* são pequenos *stocks*, diques e *sills* de granodioritos a granitos intrudindo dolomita ou rochas sedimentares dolomíticas (RAY, 1995).

Esses depósitos apresentam formas variáveis, incluindo corpos estratiformes, canais verticais, camadas controladas por falhas, lentes ou veios maciços e zonas de minérios irregulares ao longo de margens intrusivas. Os minérios apresentam: textura ígnea em *endoskarn* e de granulação fina a grosseira; textura granoblástica, maciça a acamadado mineralogicamente, em *exoskarn*; podem apresentar textura hornfélsica. A magnetita varia de maciça a disseminada em veios.

2.4 Sedimentares oolíticos e pisolíticos (tipo Clinton-Minette)

Os depósitos de minério de ferro oolíticos são menos importantes que os BIFs, em virtude do fato de sua distribuição ser mais restrita. A ocorrência de minérios de ferro oolíticos (Figura 2.13 A) é ampla no tempo geológico terrestre, desde o arqueano ao presente. No entanto, as maiores reservas deste tipo de minério são do Paleozoica (entre 540 Ma e 252 Ma). Estes depósitos, até a metade do século passado, tiveram grande importância para a indústria siderúrgica no Oeste Europeu e na América do Norte.

O minério do tipo Clinton-Minette é o segundo maior tipo de depósito de minério de ferro marinho precipitado quimicamente. É composto por pequenos oólitos (pequenos, arredondados, massas acrescionadas formadas por deposição repetida de pequenas camadas de minerais de ferro). Existem dois períodos principais de formação de ironstone (formação ferrífera com oólitos), Ordoviciano-Siluriano e Devoniano (PETRANEK; VAN HOUTEN; 1997), que estão representados na Figura 2.13 B de STURESSON (2003) como campo cinza claro. Há uma coincidência entre a geração dos depósitos de ferro oolíticos paleozoicos e excursão negativa de Sr na curva global (Figura 2.13 B) que sugere a formação destes em períodos com pouca entrada de Sr radiogênico do continente para os oceanos. Durante a aglutinação do Pangea (Permiano), as excursões negativas de Sr87/Sr86 ocorrem

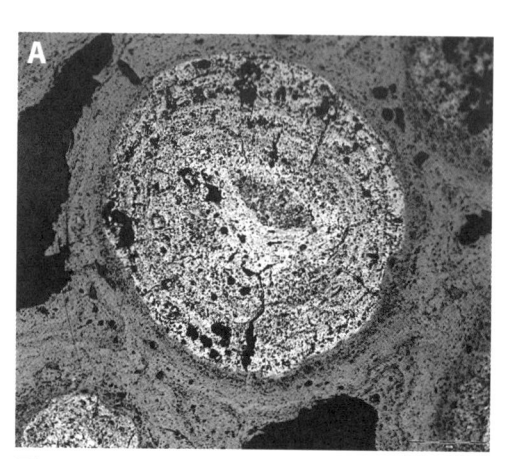
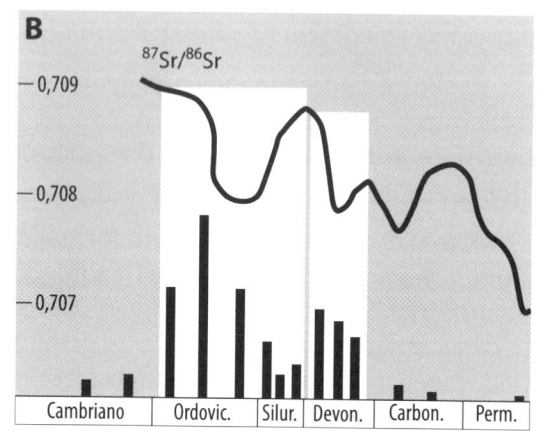

Figura 2.13 – (A) Exemplo de oólito de formação ferrífera. (B) Curva com a variação de isótopos de Sr87/Sr86 nos oceanos paleozoicos (segundo VEIZER et al., 1999) e distribuição estratigráfica das formações ferríferas oolíticas paleozoicas (segundo PETRANEK; VAN HOUTEN, 1997 in STURESSON, 2003, p. 252). Há quatro grupos principais de formação desse tipo de formação ferrífera (Cambriano, Siluro-ordoviciano, Devoniano e Carbonífero), dos quais os períodos Siluro-ordovicianos e Devonianos (com campo cinza claro) apresentam maiores depósitos.
Fonte: Sturesson, 2003.

por descrécimo de aporte de material continetal no oceano devido às condições de aridez continental que perdurou no Permotriássico (MARTIN; MACDOUGALL, 1995 in STURESSON, 2003, p. 252). No entanto, como se pode observar na Figura 2.13 B, há pouca produção de depósitos de ferro oolíticos no final do Paleozoico. Ainda que muitos autores postulem uma relação direta entre depósitos oolíticos e vulcanismos, muitos destes depósitos, principalmente os de grande porte, há raramente registro direto de vulcanismo. Isto é um assunto que deve ser mais bem trabalhado no decorrer dos próximos anos.

Na Europa, o depósito desse tipo é denominado de tipo Minette; a rocha mineralizada é encontrada em plataforma marinha de folhelho carbonoso, argilito, mármore, calcário e sequência ferrífera. Os principais minerais de ferro são limonita, siderita e chamosita com menor quantidade de magnetita, hematita, greenalita e pirita. E são depósitos formados predominantemente em ambientes marinhos rasos e de plataforma. No continente europeu, apresentam maior desenvolvimento na Inglaterra, região de Lorraine na França, Bélgica e Luxemburgo. O minério é formado por formação ferrífera não metamorfoseada com 30% a 35% de ferro por peso. Em geral, não é um depósito economicamente viável – foi utilizado em períodos de escassez.

Na América do Norte, esse depósito oolítico, contém oólitos de hematita, siderita e chamosita, e é denominado tipo Clinton. O nome é dado pelos minérios oolíticos da Formação Clinton, do Siluriano no leste dos Estados Unidos. Esse minério está associado aos folhelhos argilosos e carbonoso, calcários, e dolomitos e formam-se em ambiente marinho raso. Os minerais de ferro principais desse minério são hematita, chamosita e siderita, e estão associados à calcita e sílica.

O ambiente geológico de ambos os tipos – Minette e Clinton – são muito similares, sendo que a maior diferença é a ocorrência da goethita no depósito tipo Minette e da hematita no depósito tipo Clinton.

Os depósitos tipo Clinton são encontrados nas Montanhas Apalaches de Newfoundland (sul do Canadá) até o Alabama e são centenas de milhões de anos mais velhos do que os depósitos tipo Minette, sendo essa a principal diferença entre ambos os tipos de depósitos, visto que a goethita desidrata lentamente e se transforma espontaneamente em hematita.

2.5 Resultantes de alteração e acúmulo em superfície

Esses depósitos estão localizados próximos aos depósitos ricos em ferro e são formados a partir do processo intempérico e de lixiviação de rochas ricas em ferro e podem ser encontrados desde blocos rolados até como depósitos de ferro em paleocanais. Esses depósitos apresentam maior grau de impurezas por serem gerados a partir de várias fontes de sedimentos. Além disso, apresentam os minerais de ferro com maior grau de hidratação. Os minerais hidratados de ferro, geralmente, apresentam altos teores de elementos deletérios que ficam aprisionados em sua estrutura cristalina (SANTOS; BRANDÃO, 2003). Como exemplo desse depósito, podem ser citados depósitos secundários no Quadrilátero Ferrífero, a partir dos depósitos ricos em ferro e o depósito de Beeshoek – África do Sul (tipo conglomerático).

3 Geologia dos depósitos de minério de ferro

3.1 Considerações iniciais

Os depósitos de minério de ferro têm uma ampla distribuição geográfica e temporal na Terra, destacando-se épocas metalogenéticas e países com maior concentração de reservas, como já foi abordado no capítulo anterior. A descrição geológica desses depósitos, por tipologia e distribuição espacial na Terra, é feita para auxiliar o leitor na busca de entender as relações entre as encaixantes e os corpos mineralizados, tamanho e forma dos corpos de minério de ferro, composição do minério e os processos geológicos envolvidos na formação desses depósitos.

Nesse universo, optou-se por apresentar os minérios por sua tipologia principal e distribuição por continentes, como segue: (i) depósitos de minérios de ferro tipo BIF, que abrangem aqueles depósitos de formação ferrífera bandada de grande porte e gerados em ambiente marinho; (ii) depósitos relacionados a atividades magmáticas e/ou vulcano-sedimentares (tipo Kiruna e Lahn-Dill); (iii) depósitos formados por metamorfismo de contato (tipo *Skarn*); (iv) depósitos sedimentares oolíticos e pisolíticos (tipo Clinton-Minette); e (v) depósitos resultantes de alteração e acúmulo em superfície.

É importante ressaltar que muitos depósitos de minério de ferro não são apresentados neste livro, por terem características similares aos principais depósitos aqui abordados e pela pequena expressão na cadeia produtiva da exploração de minério de ferro. Outros depósitos que não têm uma produção expressiva ou mesmo com explotação encerrada são aqui abordados por sua importância no estudo da formação e evolução do minério, ao longo do tempo geológico.

3.2 Depósitos de minérios de ferro tipo BIF

Os depósitos tipo BIFs são encontrados em todos os continentes. A seguir, serão descritos alguns dos principais depósitos desse tipo, encontrado nos diversos continentes.

3.2.1 Depósitos da América do Sul

3.2.1.1 Complexo Imataca – Venezuela

O Complexo Imataca é composto por rochas gnáissicas xistosas derivadas do intenso metamorfismo que afetou as rochas sedimentares originais clásticas e químicas, associadas a rochas vulcânicas de composição silicosa e cálcico-alcalina e pequena quantidade de rochas plutônicas (DORR II, 1973; RÍOS, 1977; DARDENNE; SCHOBBENHAUS, 2000; BELLIZZIA; BELLIZZIA, 2005). O nome "Série Imataca" foi introduzido na literatura geológica por Newhouse; Zuloaga (1929, p. 798) descrito como uma unidade de granulação média, bem estratificada de ferro-quartzito cinza. Esses quartzitos eram compostos essencialmente por quartzo, magnetita, hematita e minerais acessórios como piroxênio, apatita, zircão e granada (BELLIZZIA; BELLIZZIA, 2005). As rochas desse complexo foram afetadas por dois ou mais períodos de metamorfismo (fácies granulito a anfibolito), com aumento do metamorfismo a leste, e foram intensamente dobradas, resultando em rochas muito diferenciadas, com poucas características de seu ambiente de deposição original (DORR II, 1973).

Esse complexo apresenta direção N70° E, mergulho para sul, forma uma cadeia de montanha, com largura variável entre 65 a 130 km e 510 km de extensão, entre o Rio Aro ao Delta do Rio Orinoco, na borda norte do Escudo Guiana, compreendido entre o Rio Caura, a oeste, até o Território do Delta Amacuro, a leste; onde é recoberta pelos sedimentos do delta (Figura 3.1) (RÍOS, 1977; DARDENNE; SCHOBBENHAUS, 2000; BELLIZZIA; BELLIZZIA, 2005).

A grande importância dessa província está nos depósitos de minérios de ferro, seguido de manganês, bauxita e caulim, em menor quantidade. As unidades de BIFs representam menos de 1% das rochas do complexo e a sua espessura média varia de poucos centímetros até 200 m (DORR II, 1973; DARDENNE; SCHOBBENHAUS, 2000). A maioria dos depósitos de minério de ferro apresenta uma estruturação E–W, seguindo a direção principal do complexo. O protominério consiste de unidades de BIFs da fácies óxido, cujas principais espécies minerais são: magnetita, hematita, martita e quartzo (DORR II, 1973). As camadas ricas em ferro são interestratificadas com camadas silicosas compostas de quartzo e minerais

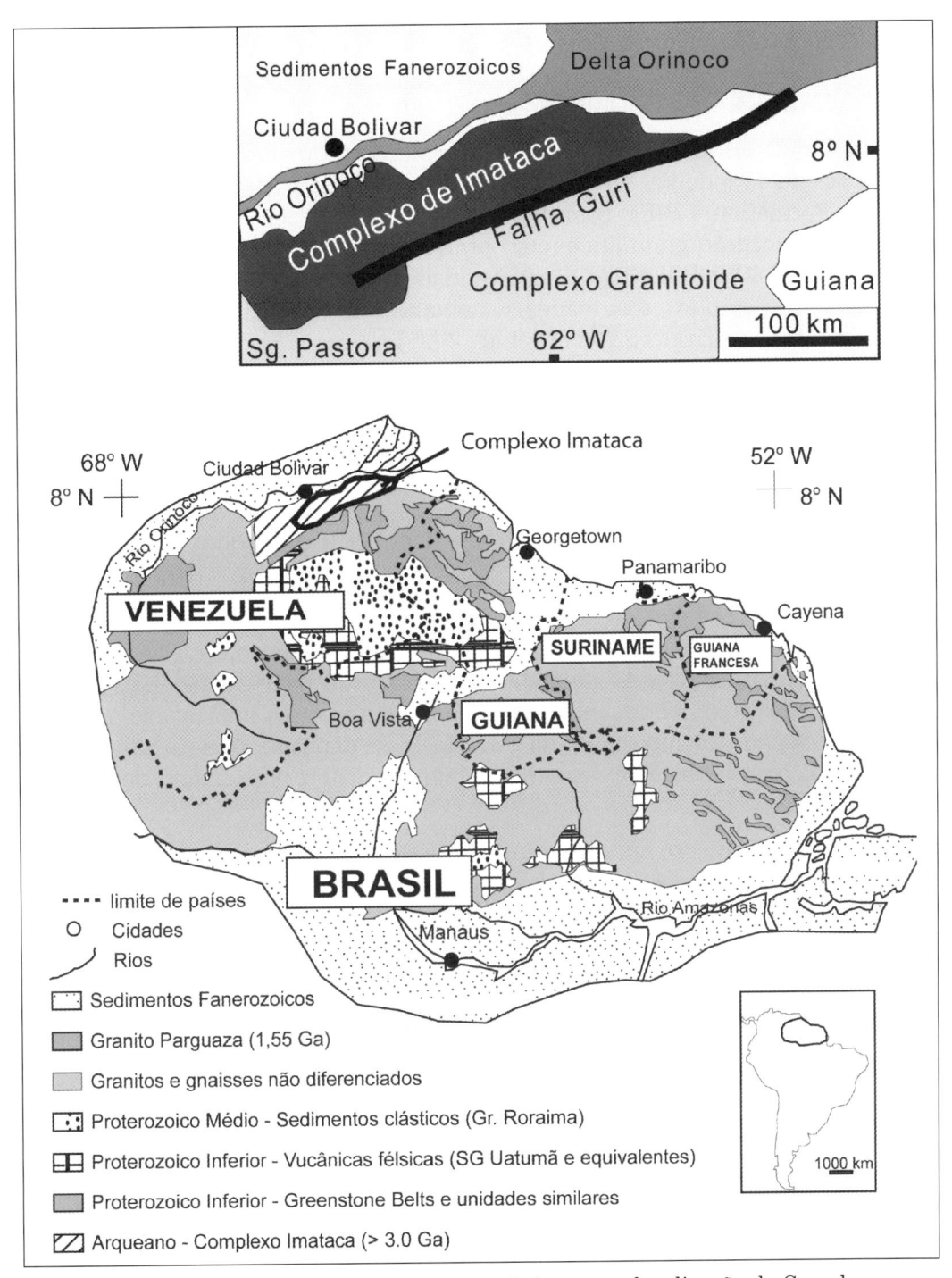

Figura 3.1 – Esboço geológico do Cráton Amazônico com a localização do Complexo Imataca. Na parte superior está, em detalhe, o Complexo de Imataca, Venezuela, no qual se encontram os depósitos de ferro.
Fonte: Adaptado de Dardenne, Schobbenhaus, 2000.

metamórficos ricos em ferro. Esses depósitos são similares às unidades superiores dos depósitos tipo Superior e podem ocorrer também, unidades do tipo Algoma ou Carajás (DARDENNE; SCHOBBENHAUS, 2000).

As reservas de minério representam 1.855 Mt com teores de 63% de Fe e 11.700 Mt com teores de 44% de Fe. As unidades de Formações Ferríferas Bandadas (Banded Iron Formation – BIF), com importantes mineralizações de ferro, estão associadas ao cinturão granulítico, cujo protólito apresenta idade de 3,7 a 3,4 Ga (DARDENNE; SCHOBBENHAUS, 2000); idades isotópicas recentes indicam que os BIFs desse Complexo têm idades semelhantes ao Quadrilátero Ferrífero, que são do Paleoproterozoico (SANTOS et al., 2005).

Os principais depósitos desse complexo são: San Izidro, Cerro Bolívar e El Pao. O Quadrilátero Ferrífero de San Izidro possui a maior reserva conhecida do complexo. As rochas desse depósito encontram-se subjacentes ao gnaisse anfibólio-piroxênio, gnaisse granítico e anfibolito. O minério formou-se como resultado da precipitação química de origem vulcano-exalativa. O teor médio desse minério varia de 61% a 68% de Fe (DARDENNE; SCHOBBENHAUS, 2000).

O depósito de Cerro Bolivar é formado pelo minério friável de granulação muito fina; composto, principalmente, por magnetita, hematita e quartzo, com presença de minerais silicáticos, como os anfibólios e piroxênios sódicos (DARDENNE; SCHOBBENHAUS, 2000). As unidades com formação ferrífera são espessas em decorrência do forte dobramento e do falhamento reverso imbrincado, além do intemperismo, que foi importante na geração desse depósito, com capa de laterita ferruginosa com presença de hematita primária e matriz porosa dura de goethita secundária.

O depósito de El Pao apresenta uma capa de hematita-magnetita de granulação grosseira, fortemente dobrada, com espessura média de 30 metros; o minério encontra-se intercalado com rochas de alto grau metamórfico e granulitos máficos Figura 3.2 (RÍOS, 1977). Nesse depósito, podem ser encontrados os seguintes tipos de minérios: (1) silicoso (gnaisse hematítico); (2) compacto, de alto grau; e (3) canga. O minério compacto é composto por hematita lamelar (especularita), cujos cristais encontram-se fortemente orientados e deformados (DARDENNE; SCHOBBENHAUS, 2000).

3.2.1.2 Quadrilátero Ferrífero

O Quadrilátero Ferrífero (QF) encontra-se inserido em uma região de 8.000 km^2 na porção sudoeste do Cráton São Francisco (ALMEIDA, 1976), compreende uma área entre Belo Horizonte, Santa Bárbara, Congonhas do Campo e Mariana, assim denominado por Dorr (1959), em razão da forma quadrangular gerada pela estruturação em domos e bacias das rochas ferríferas do Supergrupo Minas (Figura 3.3).

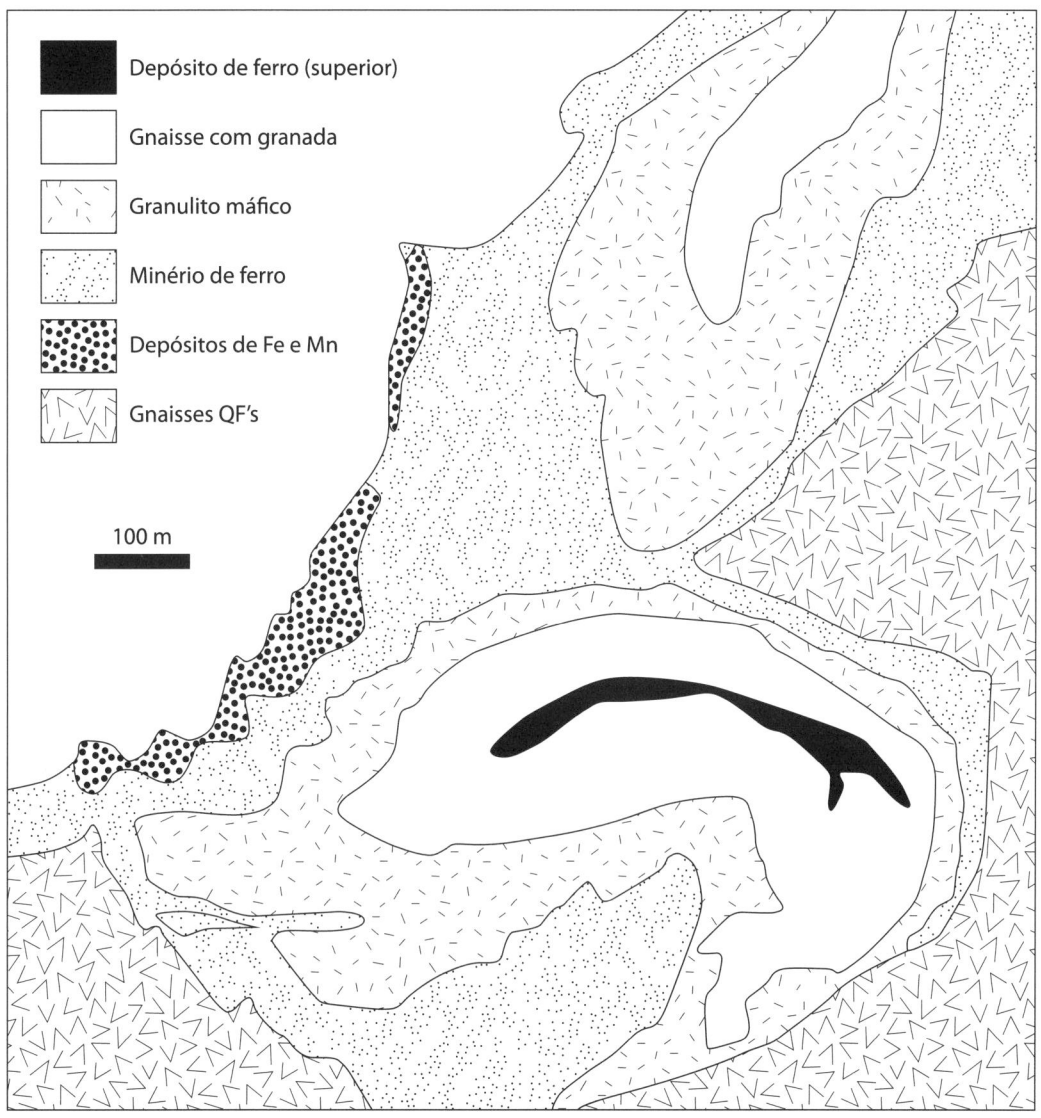

Figura 3.2 – Geologia de detalhe da mina de El Pao.
Fonte: Kalliokoski, 1965.

O QF pode ser dividido geologicamente (Figura 3.4) em: embasamento – formado por rochas granito-gnáissico e vulcano-sedimentares, tipo *greenstone belts* do Supergrupo Rio das Velhas, de idade Arqueana –, rochas do Supergrupo Minas – que contêm as Formações Ferríferas Bandadas paleoproterozoicas – e unidades supracrustais do Meso e Neoproterozoico.

Os dados geocronológicos indicam a ocorrência de três grandes eventos orogenéticos: (a) de 2,78 Ga a 2,70 Ga, com retrabalhamento crustal e magmatismo

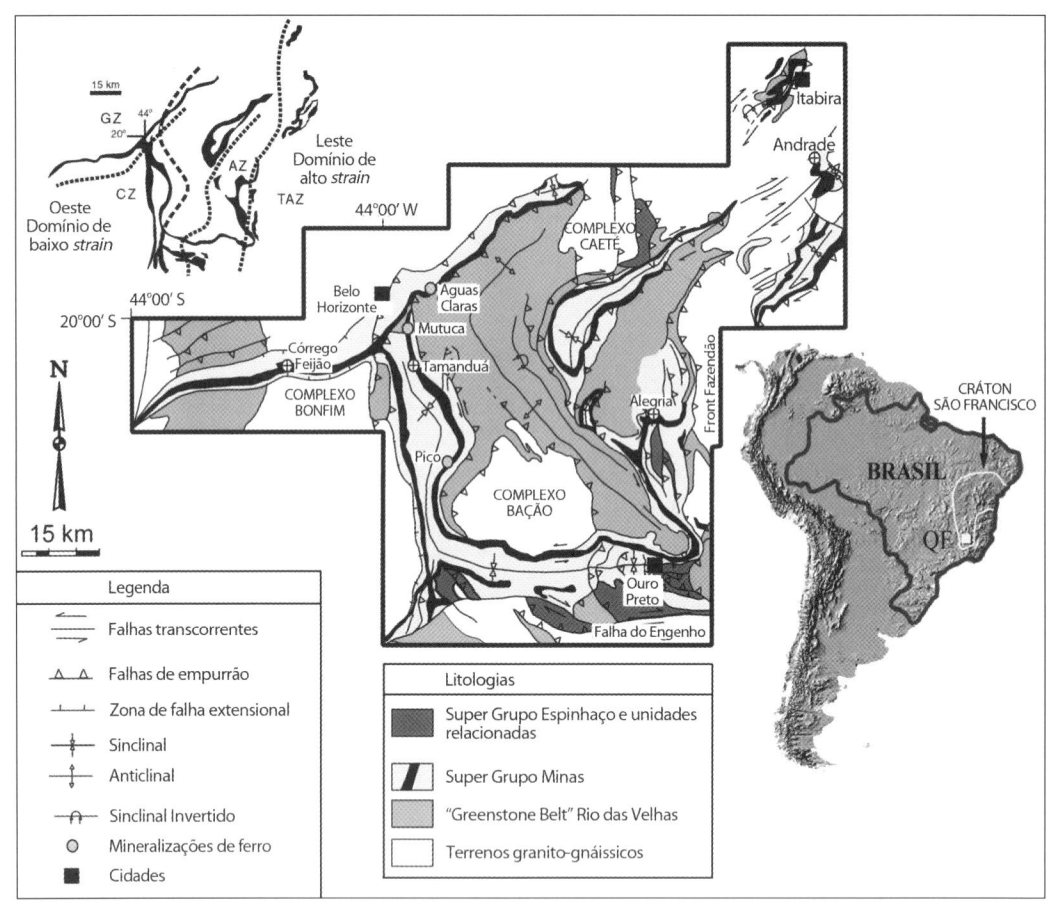

Figura 3.3 – Mapa do Quadrilátero Ferrífero, com as jazidas de minérios de ferro estudadas. Na parte superior à esquerda, tem-se os detalhes dos domínios de alta e baixa deformação que afetaram as rochas do QF. Obs.: GZ, CZ, AZ e TAZ são zonas com diferentes graus metamórficos.
Fonte: Adaptado de Rosière et al., 1993.

juvenil, coincidente com o Ciclo Rio das Velhas (CHEMALE; ROSIÈRE; ENDO, 1991; TEIXEIRA et al., 1995); (b) de 2,1 Ga a 2,0 Ga, outro período de retrabalhamento crustal que afetou as rochas do Supergrupo Minas, Ciclo Tranzamazônico (TEIXEIRA et al., 1995; ALKMIM; MARSHAK, 1998); (c) 0,65 Ga – 0,5 Ga, geração de cinturões de cavalgamento e dobramento com vergência de E para W, Ciclo Brasiliano (MARSHAK; ALKMIN, 1998; CHEMALE; ROSIÈRE; ENDO, 1991; TEIXEIRA et al., 1995). É importante ressaltar a ocorrência de um período extensional longo do final do Paleoproterozoico (1,8 Ga) ao início do Neproterozoico (0,9 Ga), quando ocorreram os eventos extensional do sistema Espinhaço e Macaúbas (ALKMIM; MARSHAK, 1998).

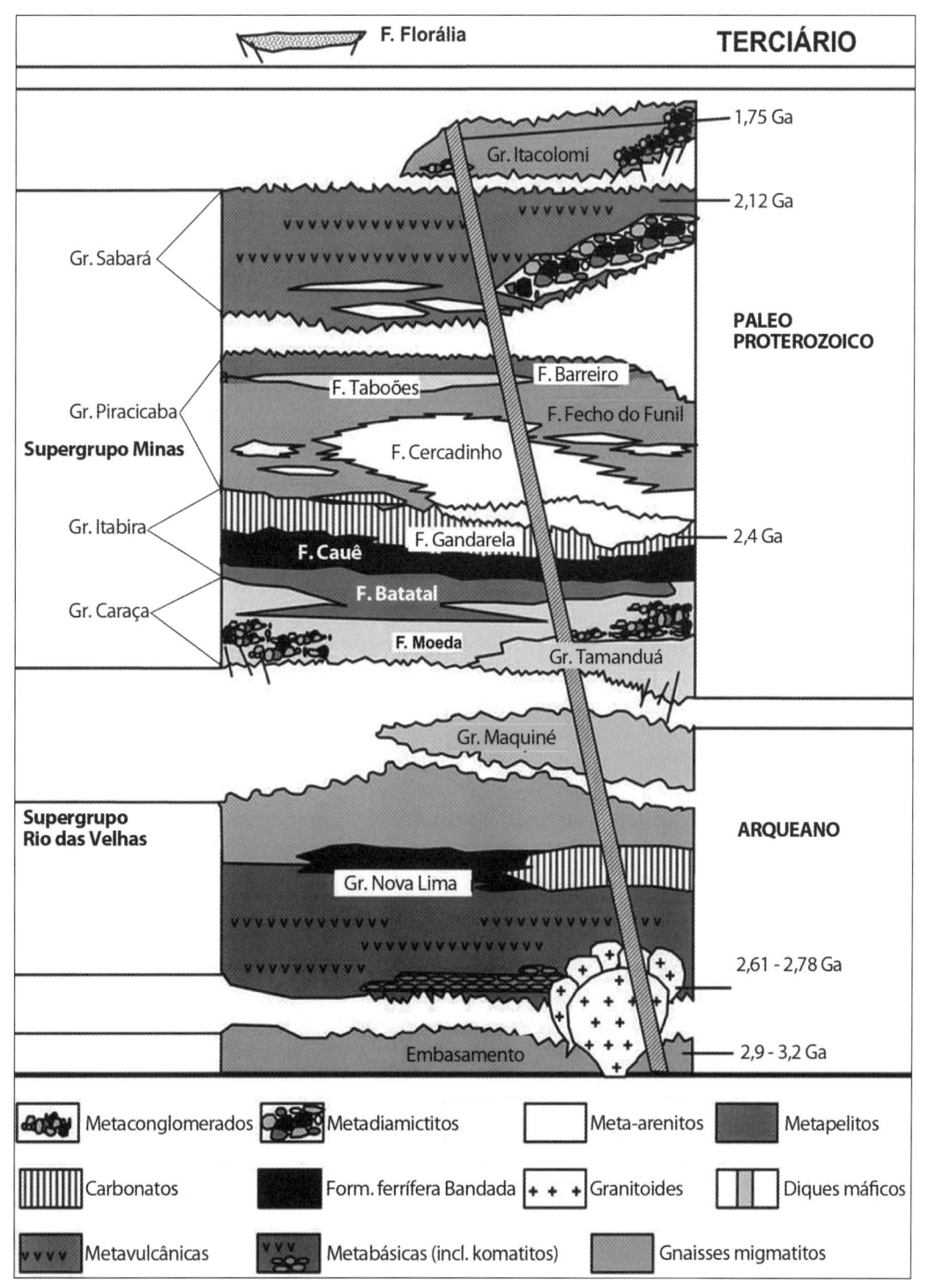

Figura 3.4 – Coluna estratigráfica esquemática para o Quadrilátero Ferrífero, MG.
Fonte: Alkmim; Noce, 2006.

O embasamento do QF é formado por terrenos graníticos gnáissicos e cinturão *greenstone belt* Rio das Velhas. Esses terrenos graníticos gnáissicos são considerados as unidades mais antigas de idade arqueana (SCHORSCHER, 1978, entre outros), formados por gnaisses polideformados, de composição tonalítica e granodiorítica, migmatitos, anfibolitos e metraultramafitos, com idades entre 3,2 Ga e 2,6 Ga (MACHADO et al., 1991, MACHADO; NOCE, 1993, NOCE; MACHADO; TEIXEIRA, 1998); essas rochas foram metamorfisadas em condições de fácies anfibolito a granulito (HERZ, 1978).

O cinturão *greenstone belt* denominado Supergrupo Rio das Velhas, divide-se nos Grupos Nova Lima e Maquiné. O Grupo Nova Lima corresponde à unidade vulcano-sedimentar félsica-máfica-ultramáfica; o Grupo Maquiné, que está metamorfizado de fácies xisto-verde a anfibolito. Sobreposto a esse conjunto, é constituído principalmente por rochas quartzíticas e metapelíticas (DORR, 1959). O conjunto de rochas do Rio das Velhas formou-se entre 3,0 a 2,7 Ga, com desenvolvimento de fundo oceânico a colisão continente-continente, sendo o magmatismo principal associado a arco magmático entre 2.751 e 2.792 Ma (MACHADO et al., 1991, NOCE et al., 2005).

As rochas metassedimentares proterozoicas são denominadas Supergrupo Minas; seus sedimentos definem o contorno do QF e encontram-se depositadas discordantemente sobre as unidades do Supergrupo Rio das Velhas e dos terrenos graníticos gnáissicos (DORR, 1959; LADEIRA; VIVEIROS, 1984), na sua maior parte tectonicamente (p. ex., CHEMALE; ROSIÈRE; ENDO, 1994, ALKMIM; MARSHAK, 1998).

O Supergrupo Minas é dividido em três grupos (da base para o topo): a) Grupo Caraça: essencialmente clástico, é dividido entre a Formação Moeda – composto por metaconglomerados e quartzitos – e a Formação Batatal – composta por xistos e filitos; b) Grupo Itabira: constituído predominantemente por rochas de origem química, é dividido entre a Formação Cauê – composta basicamente por itabiritos (que são as formações ferríferas bandadas) – e a Formação Gandarela – composta por carbonatos e filitos –; c) Grupo Piracicaba: composto por rochas clásticas e químicas; d) Grupo Sabará: composto por rochas sedimentares e vulcanogênicas intercaladas, representa a bacia de antepaís do Evento Transamazônico (DORR, 1959). O Supergrupo Minas formou-se entre 2,6 Ga e 2,1 Ga, sendo que as unidades carbonáticas da Formação Gandarela, sobreposta à Formação Cauê, foram depositadas a 2.420+/–19 Ma antes do presente (BABINSKI; CHEMALE JR.; VAN SCHMUS, 1995a, 1995b). Datação de vulcânicas do Grupo Sabará fornece a idade de 2.112 Ma.

Os trabalhos iniciais sobre a estruturação do QF consideraram uma tectônica polifásica, com desenvolvimento de, pelo menos, três fases deformacionais, envolvendo várias gerações de dobras e xistosidades, finalizadas por uma tectônica vertical, partindo do embasamento (DORR, 1959; LADEIRA; VIVEIROS, 1984).

Foram baseados, sob ponto de vista geométrico, em critérios estratigráficos, sem considerar os aspectos cinemáticos dos eventos deformativos. Muitos modelos foram propostos para a evolução geológica do QF (DORR, 1959; LADEIRA; VIVEIROS, 1984; MARSHAK; ALKMIN, 1989; CHEMALE; ROSIÈRE; ENDO, 1991; ALKMIM; MARSHAK, 1998, entre outros).

Chemale; Rosière; Endo (1991; 1994), bem como Alkmim; Marshak (1998), interpretam a estruturação do QF como consequência de eventos deformacionais principais, de caráter extensional e compressional baseando-se na interação das estruturas existentes. Os primeiros autores reconheceram que o primeiro evento era de caráter extensional e estaria associado ao soerguimento de blocos granito-gnáissicos, durante uma tectônica extensional, com desenvolvimento de estruturas dômicas e amplos megassinclinais interconectados, sugerindo um movimento geral de WNW para ESE. Alkmim; Marshak (1998) reconhecem um evento contracional da Orogênese Transamazônica, com vergência do cinturão de dobramento NNW, que afeta as estruturas extensionais previamente formadas. Esses autores definem o fim do Paleoproterozoico e o Mesoporterozoico como época de tectônica extensional, com a formação dos *rifts* Espinhaço e início do rifte Macaúbas.

O segundo evento seria resultado de uma inversão tectônica, com desenvolvimento de um cinturão de dobramento e cavalgamento vergente para W. Esse evento compressional, que ocorreu no final do Pré-cambriano, durante a Orogênese Brasiliana entre 650 e 500 Ma, é detalhado por Chemale; Rosière; Endo (1991; 1994), que o dividem em três fases: (a) Fase dúctil e penetrativa, com desenvolvimento de cavalgamentos, falhas de rasgamento e conjugadas, lineações de estiramento e mineral, responsável pelo desenvolvimento das principais tramas tectono-metamórficas, em particular dos corpos de minérios de ferro; (b) Fase dúctil-rúptil 1, caracterizada pelos meso e microdobramentos de direção axial E-W e falhas, estruturas essas condicionadas à morfologia e à trajetória dos cavalgamentos; e (c) Fase dúctil-rúptil 2, caracterizada pela reativação das falhas preexistentes, com dobramentos flexurais de direção axial N-S.

Herz (1978), Hoefs et al. (1982), entre outros, definiram condições de fácies metamórfico xisto verde para quase toda a sequência de supracrustais, com aumento até a fácies anfibolito de oeste para leste, que permite a divisão do QF em dois domínios principais, um a leste e outro a oeste do meridiano de 43° 45"; a leste ocorre o domínio das estruturas associadas ao segundo evento e a oeste as estruturas do segundo evento são menos penetrativas.

Apesar de as unidades do QF terem sofrido os efeitos de vários eventos tectônicos, essas unidades podem ser separadas em zonas de baixa e alta intensidade de deformação (Figura 3.3, parte superior à esquerda). As zonas de baixa intensidade de deformação (ZBD) ocorrem a oeste do QF. Essas zonas são importantes, pois apresentam as estruturas de origem sedimentar e diagenética com a mineralogia original preservada em alguns corpos de minério. E nas zonas de alta intensidade de deformação (ZAD), que ocorrem a leste do QF, os corpos de minério apresentam estruturações variadas, indicando diferentes processos de cristalização e homogeneização mineralógica, bem como processos deformacionais superimpostos, que refletem nas diferentes texturas encontradas (CHEMALE; ROSIÈRE; ENDO, 1991; ROSIÈRE et al., 1993).

O minério de ferro explorado no QF pode ser dividido em dois grupos principais: minério itabirítico e minério de alto teor (corpos de hematita) (ROSIÈRE; CHEMALE; GUIMARÃES, 1993). Esses minérios são classificados de acordo com sua mineralogia e textura, que foram geradas durante os eventos de deformação e metamorfismo que afetaram a região. As denominações dos minérios de ferro explorados comercialmente podem ser de vários tipos: hematitas, itabiritos, *blue dust* e canga.

O itabirito é definido pela alternância de bandas, constituídas por óxidos de ferro e minerais transparentes, de espessura milimétrica a centimétrica, com teor primário de ferro variando entre 20% e 55% de Fe total. O itabirito pode ser friável, pulverulento ou compacto, dependendo da atuação de processos supergênicos posteriores. Os itabiritos compactos ou os do tipo chapinha são minérios de itabirito rico, laminado e ligeiramente alterado por intemperismo (muito utilizado nas usinas siderúrgicas a carvão vegetal).

Em termos composicionais, o itabirito pode ser dividido em três tipos principais, com base na composição dos minerais transparentes: Itabirito comum – constituído de bandas ricas em quartzo e óxido de ferro –; Itabirito dolomítico – composto por bandas ricas em carbonatos e óxidos de Fe –; Itabirito anfibolítico – compostos por bandas com anfibólios e óxido de Fe –; os itabiritos manganíferos e filíticos – tipos subordinados, encontrados ocasionalmente nas interfaces entre os carbonatos estratigraficamente superiores –, e os filitos inferiores (Tabela 3.1) (ROSIÈRE et al., 1991). Os corpos de alto teor são mais homogêneos, constituídos basicamente de hematita e ricos em Fe (> 64%); são encontrados em proporções variáveis, na forma de lentes, dentro das camadas de itabirito, tendo sido gerados por enriquecimento supergênico e intempérico. Esses corpos constituem um minério de peso específico, alto, destinado ao uso em aciaria por sua alta pureza. Esse minério pode ser encontrado com as seguintes características físicas e texturais: (i) minérios compactos que se apresentam maciços, bandados a laminados, foliados (xistosos), lineados (corpos de orientação linear) e brechados; (ii) minério pulverulento que se apresenta foliado/lineado e granular (grosseiro, médio e fino); e (iii) *blue-dust*, sem estrutura interna.

A posição, desses diferentes tipos de minérios, está fortemente condicionada pela estruturação tectônica, intensidade de deformação e grau de intemperismo (CHEMALE; QUADE; CARBONARI, 1987; ZAVAGLIA, 1995). Nas ZBD, predominam os corpos compactos maciços, pouco recristalizados, enquanto nas ZAD há o predomínio dos corpos foliados ou lineados, muito recristalizados, com a textura condicionada pelo tipo de deformação sofrida. Os corpos pulverulentos ricos ocorrem nas duas zonas, em decorrência da intensa lixiviação por fluidos hidrotermais ou por processos intempéricos.

Tabela 3.1 – Composição mineralógica dos diferentes tipos de minério do QF		
Tipos de minérios	Componentes principais	Acessórios**
Itabirito comum	Bandas claras — Quartzo	Hematita, clorita, sericita, dolomita, pirofilita, óxido de Mn
	Bandas escuras — Óxido de ferro*	Sericita, quartzo, pirofilita
Itabirito dolomítico	Bandas claras — Dolomita	Quartzo, óxido de ferro*, pirofilita, talco, óxido de Mn
	Bandas escuras — Óxido de ferro	Quartzo, dolomita, óxido de ferro*
Itabirito anfibolítico	Bandas claras — Tremolita/ actinolita/ hornblenda, grunerita	Quartzo, dolomita, óxido de ferro*
	Bandas escuras — Óxido de ferro*	Quartzo, dolomita, anfibólio
Alto teor	Hematita	Magnetita, quartzo, pirofilita

* Hematita é o mineral-minério dominante, Magnetita aparece subordinadamente.
** Fosfatos de ferro de todos os tipos podem ocorrer. Sulfetos presentes, ocasionalmente.
Fonte: Rosière et al., 1991.

3.2.1.3 Serra dos Carajás

A principal província mineral brasileira é a Serra dos Carajás (SCJ), cujo depósito de minério de ferro é um dos maiores da América do Sul. A região de Carajás situa-se próximo à borda SE do Cráton Amazônico, e forma uma entidade tectônica de idade pré-brasiliana (ALMEIDA et al., 1976). O principal conjunto de depósitos da SCJ situa-se entre as serras Norte, Sul e Leste entre os municípios de Marabá e São Félix do Sul, no sul do Estado do Pará, na Bacia dos Rios Itacaúnas e Paraupebas (Figura 3.5) (COELHO, 1986).

No Cráton Amazônico, a região da Serra dos Carajás é muito trabalhada por sua importância em termos de depósitos minerais, sendo uma das províncias minerais mais importantes do mundo. As unidades do embasamento das formações

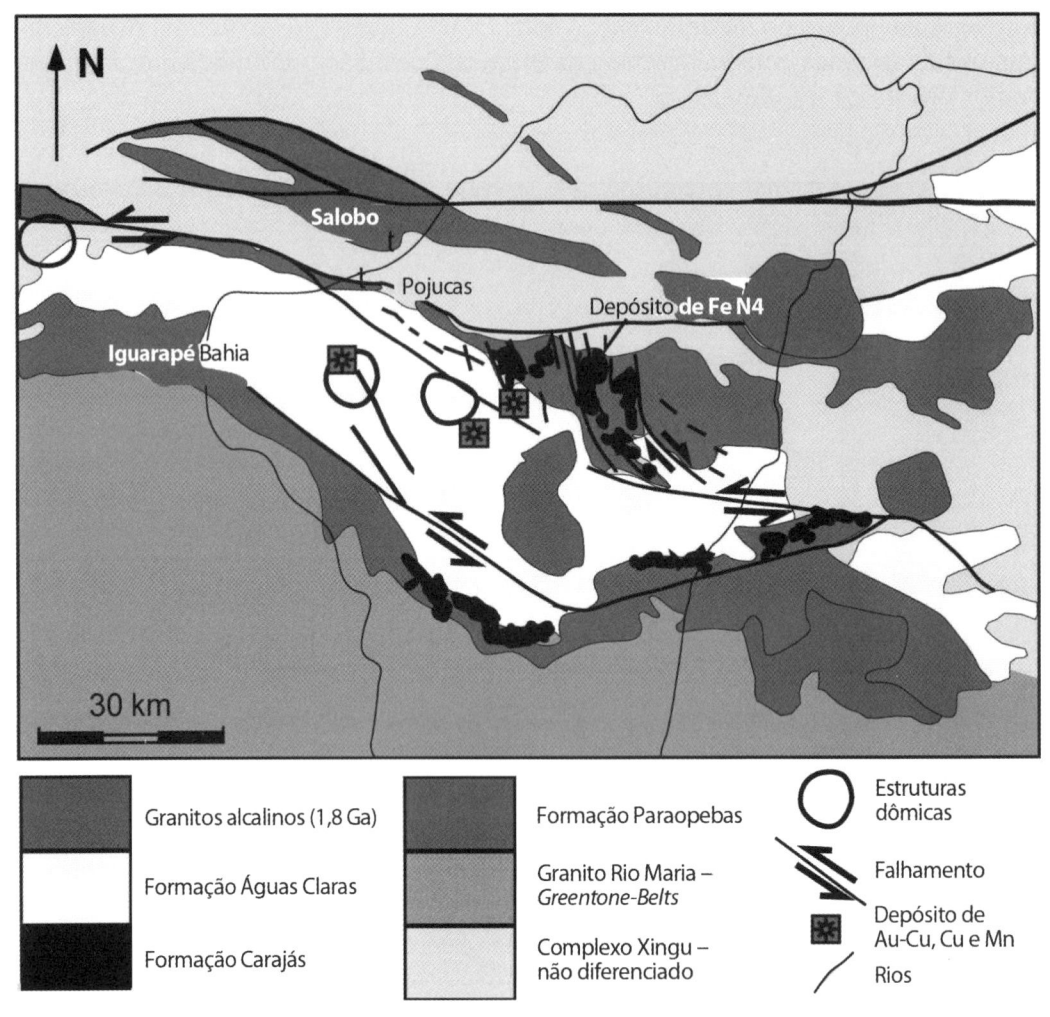

Figura 3.5 – Mapa Geológico Simplificado da Região da Serra dos Carajás.
Fonte: Chemale, 2000.

ferríferas são representadas por metamorfitos de alto grau e intrusivas associadas, atribuídas como arqueanas e remobilizadas por eventos posteriores, como o Ciclo Transamazônico (MACAMBIRA et al., 1990).

O embasamento na região da Serra Norte está representado pelo Complexo Xingu, que é composto principalmente por gnaisses graníticos, granodioríticos e tonalíticos, bem como de anfibolitos e intrusões tonalíticas subordinadas (MACAMBIRA et al., 1990).

As rochas supracrustais foram depositadas em discordância litológica sobre o Complexo Xingu e são denominadas Supergrupo Itacaiúnas, o qual é formado pelos grupos: Igarapé Salobo, Igarapé Pojuca, Grão-Pará, Igarapé Bahia e Buritirama (DOCEGEO, 1988). A principal característica do Supergrupo Itacaiúnas é apresentação de uma evolução vulcano-sedimentar de idade arqueana, sendo litologicamente distinta dos *greenstones belts* da região mais ao sul de Carajás.

A coluna cronoestratigráfica da região da Serra Norte e Pojuca foi apresentada por Macambira et al. (1990) (Tabela 3.2).

O Grupo Grão Pará está acima do Grupo Igarapé Pojuca, baseando-se em algumas considerações: a idade do metamorfismo do Grupo Igarapé Pojuca é de 2.900 Ma (método Rb/Sr) e o Grupo Grão Pará apresentou a idade de cristalização

Eono-tema	Eratema	Unidade	Descrição
Tabela 3.2 – Coluna Cronoestratigráfica das áreas dos Projetos Serra Norte e Pojuca			
Fanerozoico	Cenozoico	Coberturas Lateríticas	Lateritas aluminosas e/ou ferruginosas
	Paleozoico	Corpos Máficos Intrusivos	Diques e soleiras de diabásio
Proterozoico	Inferior	Granito Serra dos Carajás	Granitos com anfibólios e/ou biotitas
		Gabro Santa Inês	Gabro grosseiro hidrotermalizado
		Formação Igarapé Azul	Arenitos com níveis conglomeráticos e siltitos intercalados
Arqueozoico	Grupo Grão Pará	Formação Igarapé Boa Sorte	Siltitos e folhelhos carbonáticos com arenitos subordinados
		Formação Igarapé Cigarra	Basaltos, diabásios, tufos, BIF, chert, quartzo *wacke* e quartzo arenito
		Formação Carajás	BIF com soleiras de diabásio
	Grupo Igarapé Pojuca	Formação Paraopebas	Basaltos e riolitos com raras intercalações de BIF
		Formação Gameleira	Metarenitos e meta-siltitos.
		Formação Corpo 4	Metavulcânicas máfica a intermediárias com metassedimentos clasto-químicos intercalados
		Formação Bueno	BIF e anfibolitos variados
	Complexo Xingu		Gnaisses granodioríticos a tonalíticos, anfibolitos e trondhjemitos

Fonte: Macambira et al., op. cit.

de 2.700 Ma (método U/Pb). Além disso, esses dois grupos apresentam diferentes graus de metamorfismo, intensidades e direções de deformações, bem como de metalogenias associadas.

O Grupo Igarapé Pojuca é mineralizado em ouro e sulfetos de cobre, zinco e molibdênio, enquanto o Grupo Grão Pará, em depósitos de minérios de ferro e manganês.

As rochas vulcânicas da Formação Paraopebas ocorrem em uma sequência bimodal de basaltos, doleritos e riolitos. As datações radiométricas pelo método U-Pb em zircão, indicaram uma idade de 2.758±78 Ma das rochas vulcânicas félsicas (WIRTH et al., 1986) e de 2.759±2 Ma nos riolitos (MACHADO et al., 1991); enquanto as idades em Rb/Sr, de rocha total, dos basaltos da mesma formação indicara 2687±54 Ma (GIBBS et al., 1986). Os valores obtidos permitem atribuir idade arqueana para o vulcanismo do Grupo Grão Pará.

A Formação Igarapé Azul é formada por arenitos fluviais e estão recobrindo as unidades inferiores. Todas as unidades foram cortadas por intrusões de corpos graníticos semicirculares a circulares de dimensões variáveis (25 a 65 km de diâmetro) (HIRATA et al., 1982); durante o Paleoproterozoico e Mesoproterozoico.

Machado et al. (1991) dataram os Granitos Pojuca e Cigano, pelo método U/Pb, apresentando idades de 1.880±2 Ma, 1.883 +5/-3 Ma e 1.883±3 Ma, respectivamente. As idades desses granitos, indicadas pelos dados radiométricos, mostram que tanto o embasamento quanto a cobertura foram cortadas por esses plutons graníticos e diques básicos (WIRTH et al., 1986; PINHEIRO; HOLDSWORTH, 1997a).

A Bacia de Carajás possui cerca de 1.000 km de comprimento por 100 km de largura, e está situada a Leste do Cráton Amazônico, tendo como estrutura dominante o lineamento do Sinclinório Carajás. A estrutura geral da área da Serra dos Carajás é interpretada como um sinclinório falhado, com eixo de direção WNW-ESE e caimento para WNW e com os flancos aparecendo em relevo nas Serras Norte e Sul, e constituídos pelas rochas do Grupo Grão Pará (BEISIEGEL et al., 1973).

As unidades encontradas na região de Carajás encontram-se na forma de faixas e lentes subparalelas, moldando-se em um padrão anastomosado de zona de cisalhamento de orientação preferencial E-W, denominado Cinturão de Cisalhamento Itacaiúnas. Araújo et al. (1988) interpretaram a região da Serra dos Carajás como uma "Flor Positiva", definida por um sigmoide alongado na direção WNW-ESE e composta por rochas do Complexo Xingu, do Gnaisse Estrela e do Grupo Grão Pará. A geometria em "Flor Positiva" está associada a um sistema transcorrente sinistral, formado por um feixe do Cinturão de Cisalhamento Itacaiúnas, de caráter dúctil-rúptil.

Essa região, do ponto de vista estrutural, é cortada por sistemas de lineamentos de direção E–W (como estrutura Salobo e Núcleo) e lineamentos de direção N70W-S70E (como Falha de Carajás). Segundo Pinheiro; Holdsworth (1997b), a geometria dessas falhas parece estar fortemente controlada pelas rochas do embasamento, conforme pode ser observado pela orientação regional das estruturas.

O Sistema de Falha Carajás possui aproximadamente 350 km de extensão e direção geral WNW-ESE. Essa falha tem terminações tipo "rabo de cavalo", representadas pela Serra do Rabo e pelo Sistema Cinzento (foz do rio Cinzento). A Falha Carajás é a mais importante, pois afeta fortemente as rochas mineralizadas e divide o Sinclinório Carajás em dois domínios:

a) Domínio Norte, com os corpos de depósito de ferro dobrado, segmentado e rotacionado (N1 a N9). Com várias falhas lístricas de direção norte-sul controlando as posições desses corpos;

b) Domínio Sul incluindo os mergulhos norte dos depósitos (S1 a S45) que formam um limbo sul, relativamente contínuo do sinclinório, sem rotação ou fragmentação aparente do bloco secundário.

No Platô N-4 (local) da mina de minério de ferro, as unidades da Formação Paraupebas encontram-se tectonicamente justapostas acima e abaixo da Formação Carajás (BEISIEGEL et al., 1973). As formações ferríferas da Serra dos Carajás formam altos topográficos tanto ao norte, quanto ao sul da região.

A Formação Carajás é compreendida por espessas camadas de jaspilitos e seus produtos de alteração e intemperismo, cortada por lentes de hematita dura e *sills* e diques de rochas básicas. Os jaspilitos têm granulação fina e composição mineralógica simples – quartzo, hematita e martita, com magnetita subordinada –, apresentam microbandamento de espessura milimétrica a submilimétrica uniforme e um mesobandamento irregular com bandas escuras que engrossam e afinam continuamente, alternadas com bandas róseas, centimétricas (BEISIEGEL et al., 1973).

As formações ferríferas da Formação Carajás são compostas por diferentes tipologias de minério de ferro, todos pertencentes a fácies óxidos (BEISIEGEL, 1982), cuja nomenclatura está associada ao uso industrial e às propriedades físicas do minério.

Os tipos principais de minérios são: (a) hematita – minérios ricos em óxidos ou hidróxidos de ferro –; (b) jaspilitos – protominérios –; (c) canga – material superficial (que apresenta teor significativo de ferro e fósforo). Essas formações também podem ser divididas pela classificação granulométrica, em função do porcentual retido e passante na fração 3/8" e 60 *mesh*, que pode ser: Dura (retido na malha de 3/8"), Mole (entre malha de 3/8" e 60 *mesh*) e Pulverulenta (abaixo de 60 *mesh*).[1] Assim, o minério recebe a denominação de Hematita Dura, Hematita Mole e Hematita Pulverulenta. A mesma classificação é utilizada para os jaspilitos.

---

[1] Classificação utilizada pela Vale para explorar o minério de ferro da Serra dos Carajás.

A Hematita Dura é caracterizada pela variedade compacta de cor cinza azulado e constituída essencialmente de especularita (hematita lamelar), formando um agregado cristalino, com acentuada xistosidade, que pode ter bandamento.

A Hematita Semidura é o minério bandado, constituído por palhetas de especularita e cristais de martita com inclusões de magnetita, que podem ser encontrados alternados com leitos constituídos de goethita fibrosa e limonita terrosa, formando bandas alternadas cinza azuladas com bandas acastanhadas. Esse minério apresenta a tendência de se partir em placas.

A Hematita Mole tem coloração cinzenta a negra e estrutura finamente bandada, constituída por hematita em palhetas de 10 a 100 µm de espessura, alternadas com bandas foscas e porosas, compostas por cristais octaédricos de martita (com 100 µm de diâmetro médio), com massas irregulares de magnetita residual; goethita com inclusão de martita e cimento de palhetas de hematita. Em virtude da diferença de coesão entre as bandas, o minério se quebra facilmente em pequenas placas, durante o manuseio, produzindo um pó fino.

A Hematita Pulverulenta é constituída de material cinzento escuro a negro, podendo apresentar ou não estrutura bandada, sendo composta, quase que exclusivamente, de óxidos de ferro. Apresenta distribuição espacial igual à da hematita mole; geralmente há uma transição gradual entre esses dois tipos.

3.2.1.4 Depósito de Urucum

Os depósitos de Fe-Mn de Urucum situam-se próximos à fronteira entre Brasil e Bolívia. O distrito de Urucum cobre uma área de aproximadamente 200 km^2, na forma de montanhas tabulares, rodeados por pântanos de depressão quaternária, conhecidos como Pantanal (URBAN; STRIBRNY; LIPPOLT, 1992) (Figuras 3.6 e 3.7). O mapa geológico do distrito de Urucum mostra que o conjunto de montanhas tabulares é um bloco isolado tectonicamente, e apresenta uma correlação pobre com as unidades litoestratigráficas circundantes. Esses depósitos formaram-se em um ambiente glaciomarinho no Neoproterozoico, classificado como do tipo Rapitan (ver Capítulo 2).

Dorr II (1973) apresentou três observações sobre a formação ferrífera desse distrito: (i) é provavelmente a formação ferrífera com maior teor no mundo, ~67%; (ii) é interacamadada com depósitos sedimentares de óxido de manganês de alto teor; e (iii) é, aparentemente, o mais jovem depósito grande bandado de fácies óxido.

O embasamento cristalino de idade pré-cambriana, gerado no Arqueano ao Proterozoico, é a unidade litoestratigráfica mais antiga no distrito de Urucum, faz parte do Cráton Amazônico (KLEIN; LADEIRA, 2004). O embasamento é composto por rochas metamórficas intensamente dobradas que afloram esporadicamente na base das montanhas tabulares. Em termos petrográficos o embasamento con-

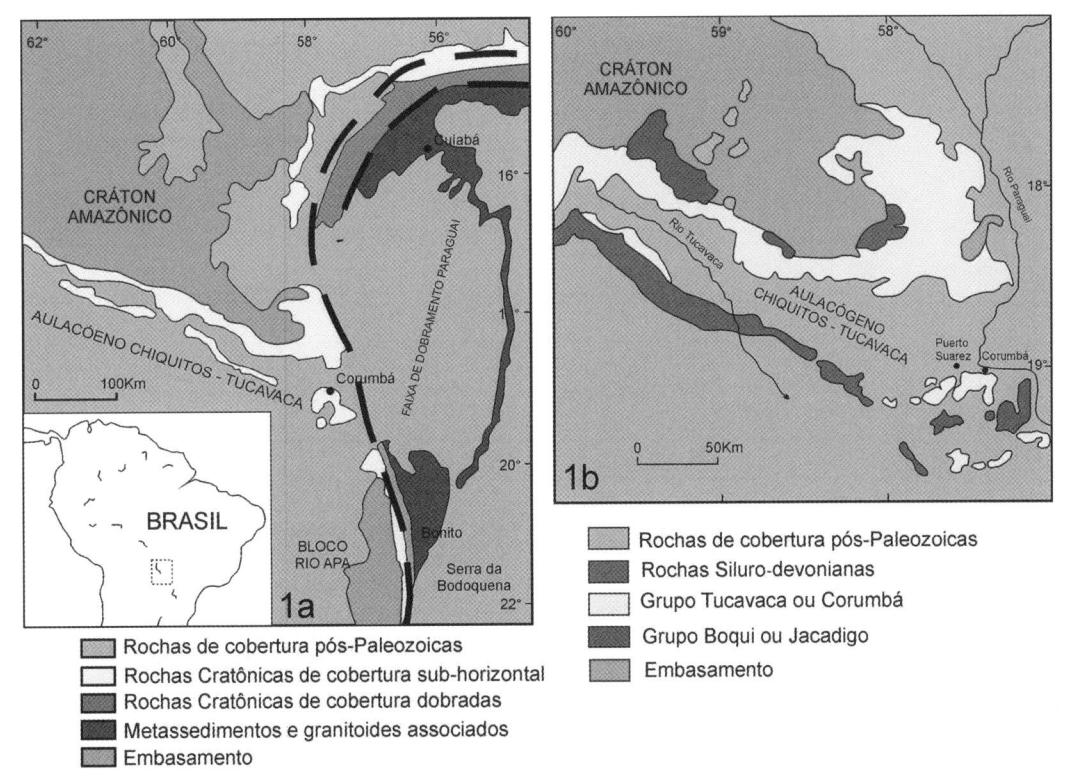

Figura 3.6 – a) Mapa Geológico da porção SW do Cráton Amazônico, cinturão brasiliano Paraguai e Aulacógeno Chiquitos-Tucavaca. b) Mapa geológico do Aulacágeno. Chiquitos--Tucavaca e Sistema do Graben Corumbá, com destaque para o Grupo Boqui (Bolivia)/ Jacadigo (Brasil) que contém as formações ferríferas do tipo Rapitan.
Fonte: Adaptado de Walde; Hagemann, 2007.

siste de augen gnaisses, biotita gnaisses, clorita-muscovita gnaisses, hornblenda--biotita gnaisses, xistos anfibolitos e quartzitos (URBAN; STRIBRNY; LIPPOLT, 1992). As rochas do embasamento são intrudidas por granitos e pegmatitos granitos mais jovens bem como cortados por diques básicos.

As rochas sedimentares do Grupo Jacadigo, depositadas no final do Pré-cambriano (no Neoproterozoico Superior), são subhorizontais com desconformidade angular sobre o embasamento (KLEIN; LADEIRA, 2004). Este grupo forma a parte de preenchimento inferior do sistema de *graben* neoproterozoicos da região de Corumbá, que difere dos equivalentes cratônicos adjacentes pela presença de depósitos de manganês e ferro (TROMPETTE; DE ALVARENGA; WALDE, 1998, WALDE; HAGEMANN, 2007). A sequência do Grupo Jacadigo possui de 150 a 700 metros de espessura, e forma escarpas, bem como topos de platôs das montanhas tabulares (Figura 3.8), podendo ser dividido em duas formações: Urucum e Santa Cruz. A Formação Urucum é composta de conglomerados e siltitos, na base, e no topo (Formação Santa Cruz), são encontrados arenitos e algum siltito, que são cimentados, principalmente, por minerais carbonáticos.

QUARTENÁRIO		Colúvio	Brechas hematita-jaspilíticas
		FM. Pantanal	Areias, siltes, argilas e seixos (depósitos inconsolidados a consolidados)

PRÉ-CAMBRIANO	Neoproterozoico	Grupo Corumbá	FM. Boicana		Calcários e dolomitos
			FM. Cerradinho		Calcário e dolomitos
		Grupo Jacadico	FM. Santa Cruz	Superior	Jaspilitito hemático Minério de manganês – Hz M4 Minério de manganês – Hz M3 Minério de manganês – Hz M2
				Inferior	Arenito ferruginoso Minério de manganês – Hz M1
			FM. Urucum		Arenito, siltito, conglomerado
	Arqueano proterozoico		Embasamento		Rochas intruivas básicas Granitos Gnaisses, anfibolitos, quartzitos

Figura 3.7 – Coluna estratigráfica das sequências de rochas do Distrito de Urucum.
Fonte: Modifcado de Urban, Stribrny, Lippolt, 1992.

A Formação Santa Cruz é composta pela mistura de depósitos químicos de ferro (Fe e Mn) e sedimentos siliciclásticos; a parte inferior possui aproximadamente 80 metros de espessura, correspondendo à Formação Banda Alta de Dorr, 1945. Esta consiste de depósitos glaciomarinhos com o primeiro horizonte de manganês (Mn-1), cuja espessura varia de não existente a sete metros e cobre uma área de aproximadamente 103 km². A parte superior dessa formação apresenta predomínio de rochas precipitadas quimicamente de precipitados com quatro unidades econômicas, identificadas pelos geólogos de mineração como Mn 2, Mn 3a + b e Mn 4, intercaladas por sedimentos clásticos, e alguns locais apresentam matacões (granito-gnaisse) que variam de 0,05 a 1,5 metros de diâmetro. As intercalações de minério de Fe-Mn e sedimentos siliciclásticos são interpretadas por formação de depósitos glaciomarinhos com a geração de camadas de varvitos e tilitos.

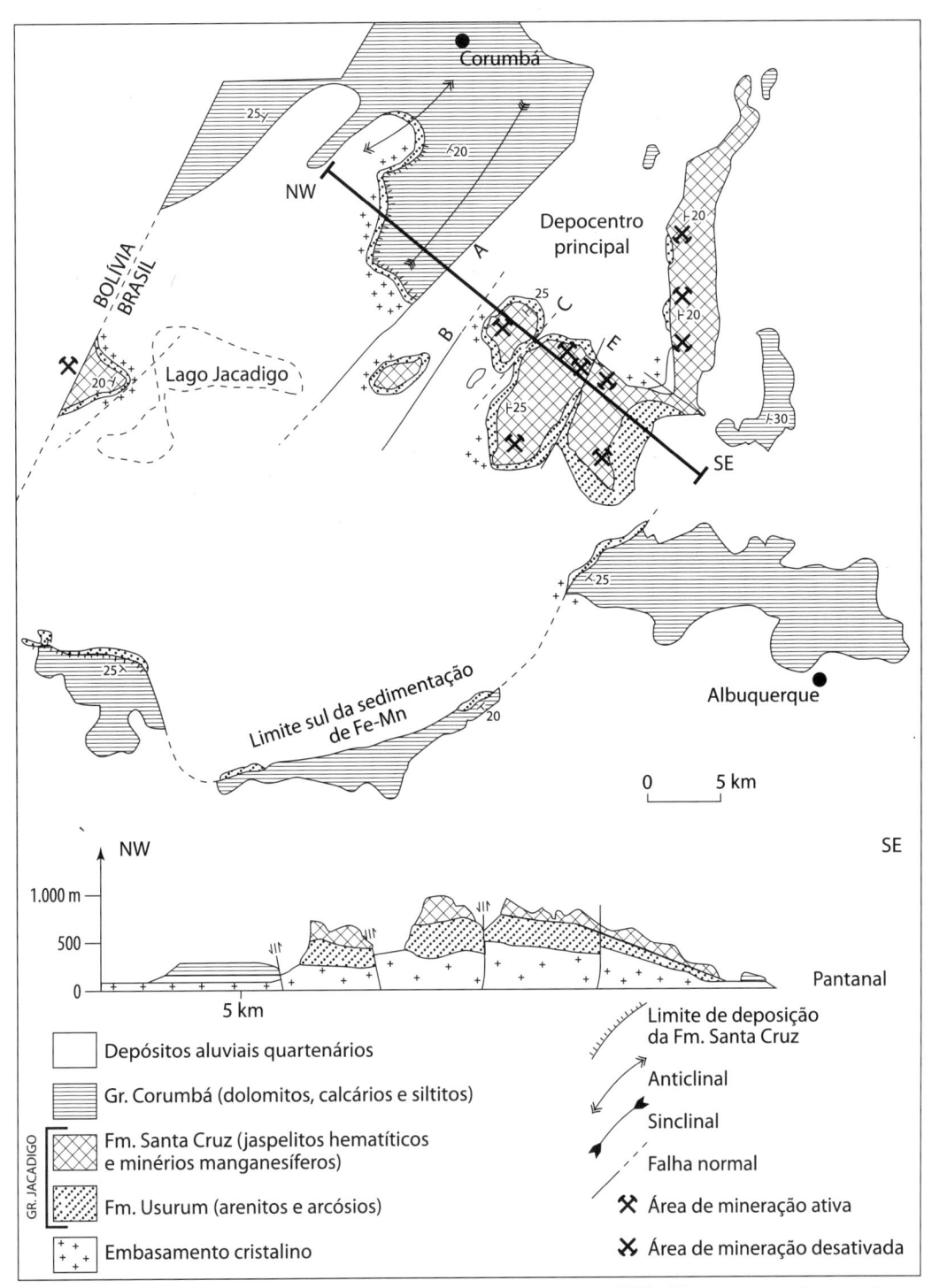

Figura 3.8 – Mapa geológico e seção esquemática segundo NW–SE *cross-section* ao do Graben Corumbá.
Fonte: Adaptado de Walde; Hagemann, 2007.

O Grupo Corumbá que sobrepõe o Grupo Jacadigo é formado por litotipos ricos em carbonatos, que em decorrência do processo de erosão, formam as partes arrasadas circundantes às unidades ricas em Fe-Mn. O Grupo Corumbá é dividido entre a Formação Cerradinho (Inferior) e a Formação Bocaina (Superior), ambas são compostas por calcários e dolomitos.

As rochas do distrito de Urucum são quase totalmente cobertas por sedimentos da Formação Pantanal do Quaternário ou por vários tipos de cangas de idade Terciária e Quaternária, desenvolvidas pelo intemperismo da hematita e BIF. O distrito de Urucum é caracterizado por estruturas de blocos falhados com um maior soerguimento central assimétrico, semelhantes aos antiformes abertos e *horsts* laterais com geometria antitética. O lago Jacadigo, juntamente com sedimentos Terciário-Quaternários, preenche o *graben*.

Esse tipo de mineralização de ferro e manganês associado à sílica é interpretado como resultado de depósitos gerados por fluídos hidrotermais sedimentares exalativos (tipo sedex), oriundo das circulações convectivas de grande amplitude, provocadas pela formação do *rift* (DARDENNE; SCHOBBENHAUS, 2000). Nele, a circulação convectiva, originada pelo afundamento inicial do *rift*, é mantida por pulsações sucessivas, responsáveis pelo aporte detrítico intercalados aos precipitados químicos, cuja ciclicidade foi controlada pela glaciação. A deposição de camada de manganês representaria períodos de calmaria tectônica ao final de cada pulsação (deposição de ferro e sílica), em virtude de sua maior solubilidade e de seu processo de oxidação mais lento. Por meio dessa observação é possível distinguir as quatro reativações importantes ao longo do depósito, cada uma caracterizada pela associação jaspilito-camada de manganês.

O minério de ferro de Urucum, extraído comercialmente, ocorre na Formação Banda Alta e é resultado da alteração intempérica dos jaspilitos, amplamente distribuídos na região de Corumbá e Ladário (MS).

3.2.2 Depósitos da Austrália

3.2.2.1 Depósitos do Oeste Australiano

No Estado de Western Austrália, as formações ferríferas bandadas são comuns e podem ser divididas em dois grupos: a) Formações Ferríferas Arqueanas – as mais abundantes na área sul-centro do estado e no Cráton Pilbara (Arqueano) com idade entre 2.700 Ma e 3.500 Ma –; e b) Formações Ferríferas mais jovens do Proterozoico Inferior – que ocorrem na área Hamersley Range, com idade aproximada de 2.500 Ma (WESTERN AUSTRÁLIA, 1995).

O Oeste Australiano pode ser dividido em quatro províncias de ferro: 1) Sul--Central; 2) Hamerley; 3) Norte Pilbara; e 4) Kimberley (Figura 3.9). Os depó-

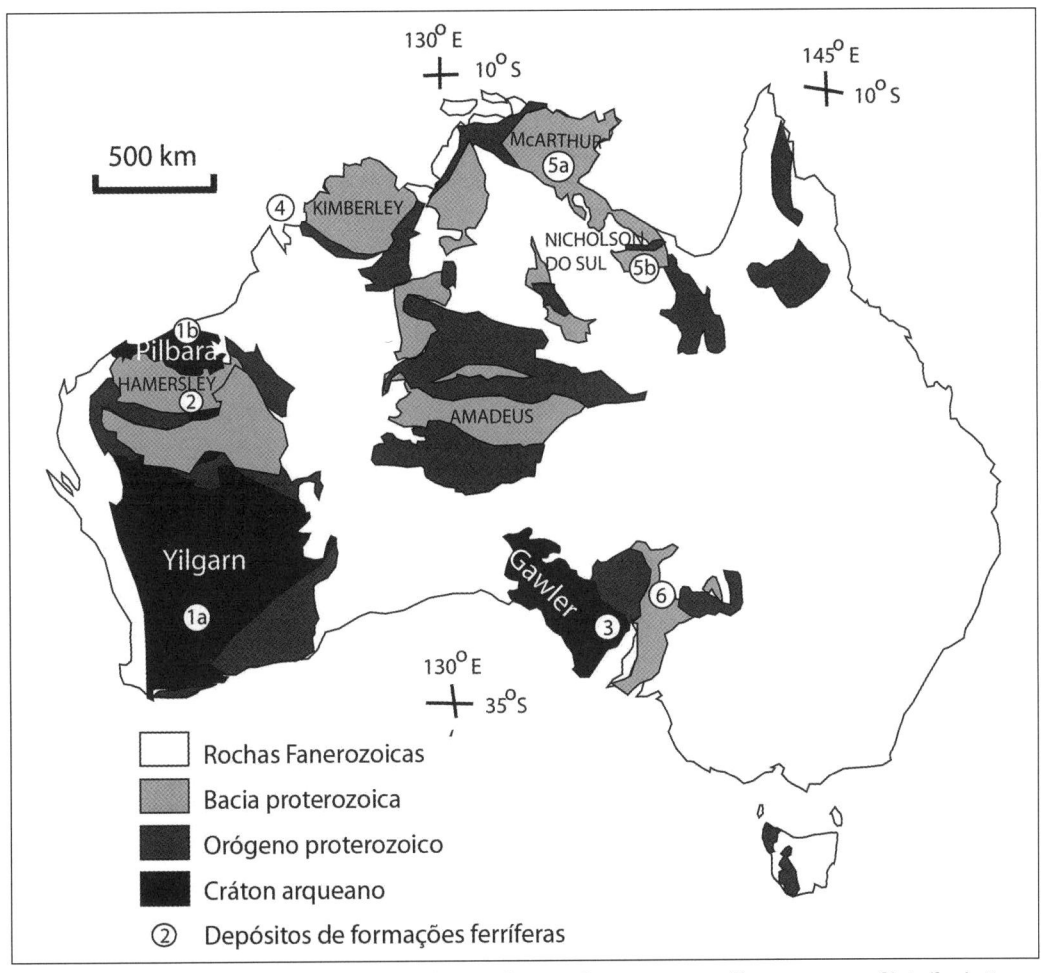

Figura 3.9 – Mapa esquemático tectônico do continente australiano, com a distribuição das unidades de rocha geradas no Arqueano, Proterozoico e Fanerozoico e localização das principais formações ferríferas.
Fonte: adaptado de Trendall, 1973, e Cawood e Korsch, 2008.

sitos de minério de ferro do Estado de Western Australia têm reserva superior a 46.500 Mt (em 1993), dos quais 95% estão localizados na Província de Ferro de Hamersley.

As formações ferríferas do Arqueno (tipo Algoma) são divididas em dois blocos – Yilgarn e Norte Pilbara –, que representam as rochas mais antigas que 2.500 Ma no continente Australiano. A geologia, desses dois blocos, é comparável aos núcleos Arqueanos de outros continentes; formam cinturões sinuosos, associados às rochas metassedimentares e metavulcânicas fortemente dobradas e circundadas por rochas graníticas em formas dômicas (TRENDALL, 1973). Essas rochas vulcânicas e sedimentares estratificadas de forma curvilíneas são conhecidas como *greenstones belts* e representam um quarto da área total dos dois blocos.

Nestes *greenstone belts* encontram-se formações ferríferas arqueanas, as quais foram alteradas pela alta temperatura e pressão e pela ação química dos fluidos quentes, geradas pela interação com os granitoides adjacentes. A geração de lentes de alto grau de hematita é formada pela dissolução e mobilização de ferro e sua redeposição, como óxido de ferro maciço e de alto grau e lixiviação da ganga (WESTERN AUSTRÁLIA, 1995).

As formações ferríferas dos Blocos de Yilgarn e Pilbara são compostas por bandas de cherts (de coloração vermelha, branca, amarela, cinza esverdeada clara) alternadas com bandas escuras ricas em ferro, consistindo basicamente, de minerais de óxido de ferro com pouca sílica associada. A espessura das bandas varia de 1 mm a 15 mm, em alternância irregulares, e a espessura média entre ambas as bandas é de 5 mm.

As bandas de cherts, geralmente, consistem de quartzo cristalino com tamanho médio dos cristais de 20 a 30 μm, e nos locais mais deformados pode ser encontrado quartzo em mosaico com mais de 1 milímetro de tamanho.

Nas bandas escuras, os minerais de óxido de ferro mais comuns são magnetita e hematita, e ambos os minerais podem ser primários; sendo que, associada à magnetita, ocorre a martita e, raramente, a hematita. A goethita presente é secundária, a porcentagem média no teor de ferro é de 30% e de sílica é de 15%.

O Bloco Yilgarn limita-se à oeste pela falha Darling, que se encontra em movimento desde o período Fanerozoico, formando uma margem a oeste bem definida próxima à Bacia de Perth; os demais limites, a NE esse bloco, são sobrepostos pelo Grupo Bangemall do Pré-cambriano e o leste é sobreposto por rochas do Mesozoico, que formam a Bacia Officer; os contatos são metamórficos.

A maior concentração de depósitos é encontrada em Goldfield Yilgarn, em um cinturão sedimentar encontrado a leste e a norte da porção sul do depósito. O depósito de Koolyanobbing é o mais importante, no entanto, nas proximidades, há depósitos de hematita-limonita (Mount Bungalbin) e de hematita (Mount Jackson), pertencente ao mesmo cinturão sedimentar, cujas lentes de minério podem atingir 30 Mt e algumas lentes apresentam teores de mais de 65% de ferro, como as lentes maciças de hematita de alto teor de Norte Windarling.

As pequenas ocorrências de minério de hematita espalhadas pela Província de Yilgarn ocorrem, principalmente, na parte leste e sul-central, como em Tallering Range, Koolannoka e Mount Gibson; esses depósitos juntos têm 460 Mt de reserva de minério.

Apesar de serem conhecidos muitos depósitos de ferro na região sul-centro da província, esses se encontram muito distantes da costa para ter interesse econômico imediato, os depósitos de Weld Range e Mount Gould incluem nessa categoria. O depósito de Mount Gould tem hematita especular, sendo minerado principalmente para pigmento. Os demais depósitos ocorrem em associações com os BIFs e são produtos de enriquecimento por processos variados.

O Bloco Pilbara Norte encontra-se limitado, ao norte, pelo Oceano Índico e, ao sul, é sobreposto pelo Supergrupo Mount Bruce, que constitui a base da Bacia de Hamersley. Os depósitos de minério de ferro desse bloco estão praticamente exauridos, visto que as reservas economicamente exploráveis encontram-se depletadas e a única mina explorada atualmente é a de Yarrie (WESTERN AUSTRÁLIA, 1995). As minas de minério de ferro Robe operam e exploram reservas de ferro adicionais dentro da Província de Hamersley.

A origem das Formações Ferríferas Arqueanas e as Formações Ferríferas do Proterozoico são semelhantes; no entanto, essa última não foi metamorfoseada por calor e pressão, e sim por atividade de água meteórica ao longo do tempo geológico, o que permitiu a geração de grandes depósitos de minério de ferro (WESTERN AUSTRÁLIA, 1995). A água meteórica é capaz de lixiviar a sílica e minerais carbonáticos da formação ferrífera, deixando resíduo rico em hematita e óxido de ferro hidratado.

O principal depósito de minério de ferro do Estado de Western Austrália ocorre nas formações ferríferas do Paleoproterozoico, na região de Hamerley, e os depósitos de hematita das ilhas de Yampi Sound, na Província de Kimberley, também são de idade Proterozoica, mas são associados a diferentes tipos de formações ferríferas. Esses últimos depósitos aparecem como produto de deposição direta de óxido de ferro, sem interferência de processos posteriores de enriquecimento, como os encontrados nos depósitos da parte central e do sul do estado.

3.2.2.2 Província de Hamersley

A Bacia de Hamersley é localizada no noroeste do Estado de Western Austrália. Essa bacia tem formato ovoide, com uma área aproximada de 150.000 km^2, e contém um dos maiores depósitos de minério de ferro do mundo (TRENDALL, 1993; KANEN, 2001). Os depósitos conhecidos de minério de ferro excedem a 33.000 Mt, com teores de ferro de mais de 55% (KANEN, 2001).

Os depósitos de minério de ferro da Bacia de Hamersley são de propriedade de Hamersley Iron Pty, da empresa Rio Tinto (Figura 3.10). Essa empresa opera as cinco maiores minas produtoras dessa área – Mount Tom Price, Marandoo, Brockman, Paraburdoo e Yandicoogina – e, na mina Channar, opera em associação de 60% a 40% com a empresa chinesa CMIEC (Figura 3.9).

A Província de Hamersley contém, aproximadamente, 95% de toda reserva de minério de ferro da Austrália. Os principais minérios de ferro da Província de Hamersley são encontrados na sequência de rochas vulcânicas e sedimentares do Arqueano ao Proterozoico do Supergrupo Mount Bruce, depositados em um intervalo de tempo maior do que 300 Ma, mais antigo que 2.772 Ma e próximo a 2.410 Ma. Essa sequência repousa em desconformidade sobre os granitoides e *greenstone belts* arqueanos, pré-2.800 Ma, Bloco Pilbara, no noroeste e Bloco Yilgarn, no sul,

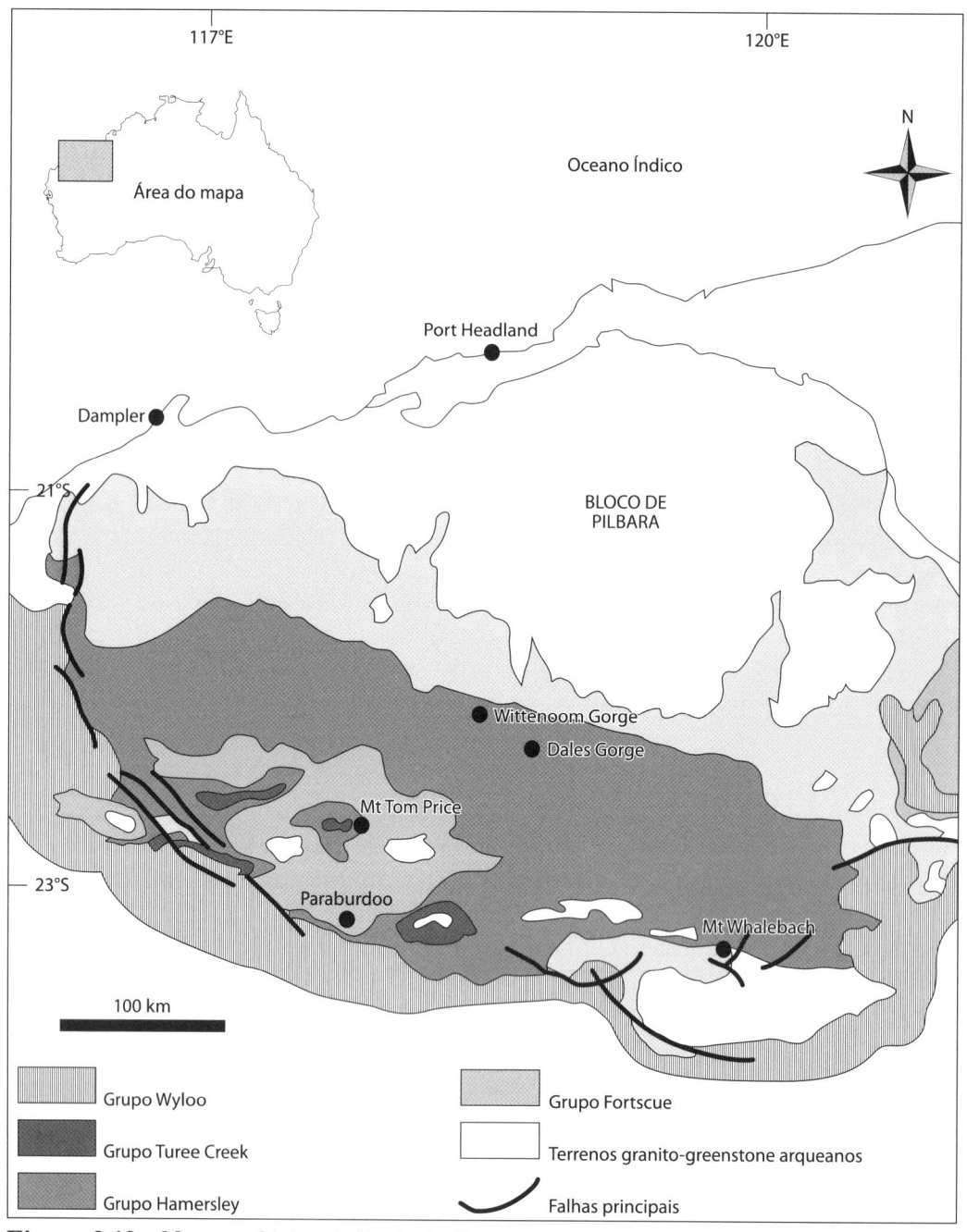

Figura 3.10 – Mapa geológico da Bacia de Hamersley.
Fonte: McLellan, Oliver, Schaubs, 2004.

do Estado de Western Australia, e é sobreposto pelos sedimentos do Grupo Wyloo; compreende o restante da sequência da Província Hamersley, que continua até 1.800 Ma (KANEN, 2001; WESTERN AUSTRALIA, 1995; TRENDALL, 1973, 1993).

As rochas do Supergrupo Mt. Bruce podem ser divididas em duas megasequências (PICKARD; BARLEY; KRUPEZ, 2004): (i) a unidade inferior, Megasequência Chichester, que engloba o Grupo Fortescue e Formação Marra Mamba (formação ferrífera da base do Grupo Hamersley); e (ii) a superior, Megasequência Hamersley Range, que contém o resto das unidades Grupo Hamersley e Turee Creek; sendo que o minério economicamente explorável encontra-se dentro do Grupo Hamersley (Figura 3.11).

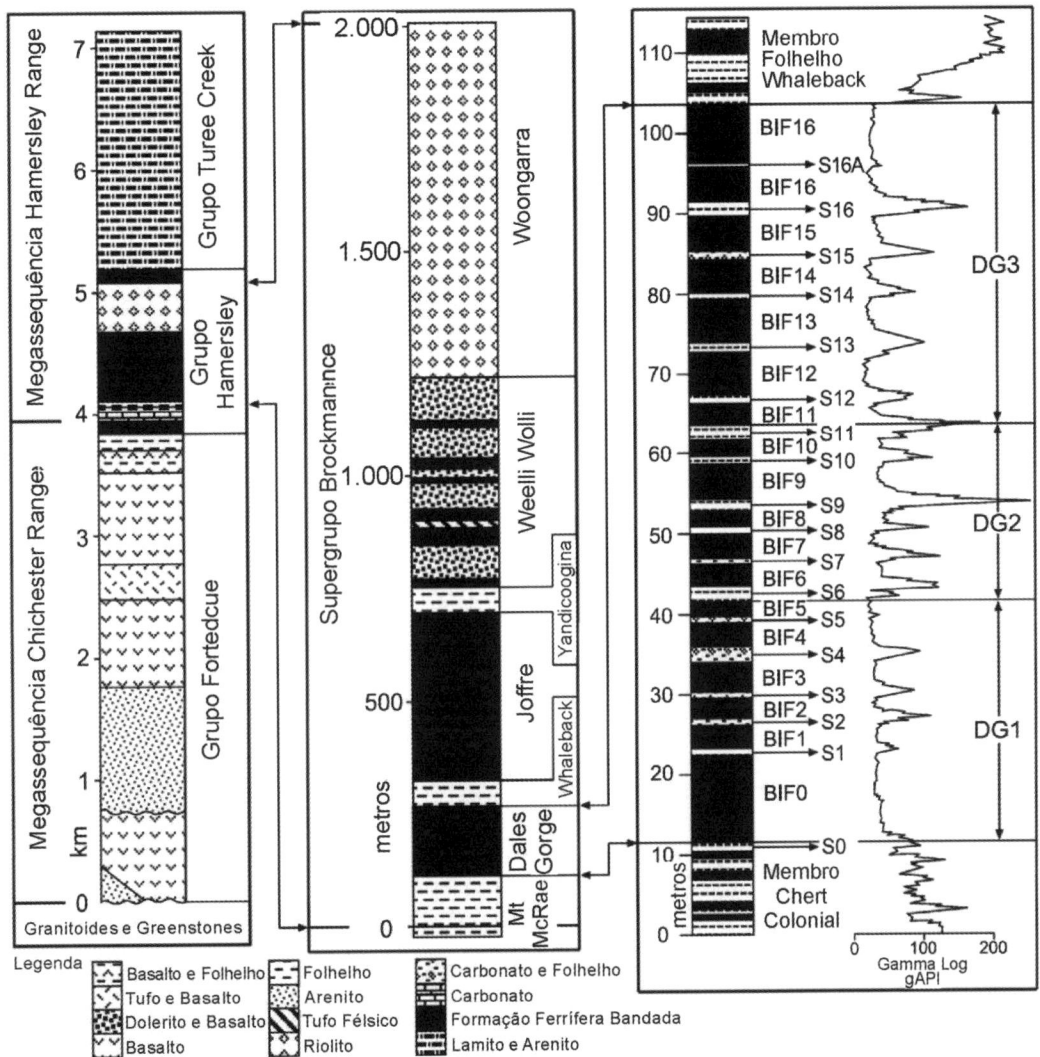

Figura 3.11 – Estratigrafia da Bacia de Hamersley com perfil raio gama do Membro Dales Gorge, que define bem a intercalação de BIF com as macrobandas S (ver texto a seguir). A Formação Marra Bamba corresponde à camada de Formação Ferrífera Bandada (BIF) na base do Grupo Hamersley.
Fonte: Pickard; Barley; Krupez, 2004.

O Grupo Fortescue, base do Supergrupo Mt Bruce, é composto por sedimentos clásticos, vulcânicas máficas e *sills*. As rochas desse grupo sobrepõem, em desconformidade, o embasamento Arqueano. Esse Grupo marca a mudança de atividade vulcânica e sedimentação clástica para os sedimentos precipitados quimicamente do Grupo Hamersley (KANEN, 2001).

As rochas do grupo Hamersley foram depositadas nos períodos entre o Arqueano Superior e o Proterozoico Inferior (2.597 Ma a 2.410 Ma); têm espessura de 2,5 km e são compostas por cinco BIFs maiores e vários menores, separados por folhelhos e dolomitos. Esse grupo apresenta duas unidades de BIFs de importância econômica, que são: Formação Ferrífera Marra Mamba (230 m de espessura), Formação Ferrífera Brockman (620 m de espessura, contendo os membros Dales Gorge e Jofre); e uma de menor expressão, a Formação Ferrífera Boolgeda. Esta última está estratigraficamente acima da Formação Woongarra.

O Grupo Hamersley sobrepõe o Grupo Fostescue, em conformidade, e é sobreposto pelo Grupo Wyloo, em desconformidade. Os sedimentos do Grupo Hamersley são predominantemente de origem química, com predomínio das rochas tipo chert, jaspilito e dolomito. Esse Grupo é subdividido em oito formações (KANEN, 2001). As três Formações Ferríferas desse Grupo – Marra Mamba, Brockman e Weeli Wolli – respondem por quase 40% de sua espessura total, e representam três grandes episódios de deposição (KANEN, 2001).

A Formação Ferrífera Marra Mamba (2.597 Ma, TRENDALL et al., 2004) forma a base do Grupo Hamersley e é separada da Formação Ferrífera Brockman (2.495 Ma, TRENDALL et al., 2004) por carbonatos, folhelhos e chert em menor quantidade. Essa sequência passiva é seguida pelo terceiro episódio (Formação Ferrífera Weeli Wolli), que foi perturbado pelo intenso vulcanismo bimodal e soleiras máficas de 2.450 Ma. Essas rochas foram recobertas por suítes de vulcânicas félsicas (Figura 3.11). Na Formação Brokmann (ou Supersequência Brockman) ocorre o Membro Dales Gorge com uma seção completa de 33 camadas de BIFs (formações ferríferas bandadas) intercaladas com macrobandas S, compostas por argilito com dolomito, BIF e raros conglomerados (Figura 3.11 e Figura 3.12).

As três formações ferríferas desse Grupo foram enriquecidas, localmente, para formar zonas de minério de hematita de alto grau. O total de reservas de hematita é estimado em 35.600 Mt, no entanto são encontradas também mais de 10.000 Mt de minério pisolítico (limonita) (WESTERN AUSTRALIA, 1995). Esse minério pisolítico é derivado do enriquecimento de *scree* e material detrítico das formações ferríferas e depositados nos vales dos rios, presentes em extensos paleo-canais (de dezenas de quilômetros de comprimento), que agora formam "mesas" muito preservadas.

As rochas do Grupo Wyloo são sedimentos proterozoicos mais jovens que recobrem o Grupo Hamersley em conformidade, a sua subdivisão é bem definida (KANEN, 2001). A Formação Turee Creek (basal) é compreendida, principalmen-

Figura 3.12 – Seção completa do Membro Dales Gorge na região de Wittenoom Gorge.
Fonte: Pickard; Barley; Krupez, 2004.

te, de grauvacas e folhelhos com intercalações de quartzitos, conglomerados, dolomitos e basaltos.

A sequência é dada pelo Quartzito Beasley River, depositado em conformidade sobre a Formação Turee Creek, que é composto por arenito com quartzo de granulação grossa, sendo maciço, silicificado e vítreo com acamamento indistinto. Observa-se também estratiticação cruzada e marcas de onda. Na sobreposição, tem-se as Camadas de Mt McGrath depositadas em conformidade, as quais consistem de conglomerados, folhelhos, basaltos e arenitos (cada litologia é dividida em membro). No topo da sequência, tem-se a Formação Ashburton, que consiste de folhelho e grauvaca alteradas com arenito, na qual conglomerado e BIF ocorrem de forma localizada. Essa sequência ocupa a maior parte dos afloramentos do Grupo Wyloo.

O minério extraído da Província de Hamersley é dividido nos seguintes tipos: minérios acamadados enriquecidos; minérios goethíticos pisolíticos e detríticos de acumulação.

Os minérios acamadados podem ser subdivididos em:

a) minérios martíticos-goethíticos desenvolvidos nas Formações Ferríferas de Marra Mamba e Brockman, que formam extensas "superfícies lisas", geradas pelo enriquecimento supergênico das rochas precursoras dos BIFs.

b) hematita de alto grau, com martita e hematita microespecular, com pouca goethita, que se desenvolve, principalmente, dentro da Formação Ferrífera Brockman.

Esse último tipo ocorre em grandes profundidades e forma os depósitos de mais alto grau da Província, incluindo as minas de Mt Tom Price e Mt Whaleback.

Os minérios goethíticos pisolíticos são derivados da erosão superficial do Mesozoico-Cenozoico. Esse tipo de minério consiste de uma mistura de minerais de ferro (goethita e hematita) com menores quantidades de argila e sílica. A forma do pisólito é feita pela acresção esférica de minerais de ferro, denominada pisólitos. Os pisólitos formaram depósitos de preenchimento de vales, há aproximadamente 20-30 Ma, que foram rejuvenescidos por meio do soerguimento e erosão posterior, expondo esses depósitos como uma série de colinas com topos achatados denominados "mesas".

A mineralização acamadada da Formação Ferrífera Marra Mamba foi desenvolvida pelo enriquecimento em ferro da rocha hospedeira (BIFs), cujo processo envolveu a oxidação do óxido de ferro magnetita para martita e a substituição dos minerais de ganga (chert, carbonato e silicatos) por goethita. O bandamento original da rocha é preservado por esse processo de enriquecimento.

Os minérios de acumulação detrítica são compostos pela acumulação de fragmento de minério acamadada, sendo derivados das Formações Ferríferas Brockman e Marra Mamba, que foram erodidos das regiões topograficamente mais altas das colinas, transportados e presos na base dessas colinas. Esse depósito detrítico consiste de fragmentos: de martita e martita-goethita, derivados da mineralização das colinas aflorantes adjacentes às acumulações.

3.2.2.3 Depósitos de Yampi Sound – Bacia de Kimberley

A Bacia de Kimberley é uma bacia sedimentar relativamente não perturbada na porção mais ao norte de Western Australia (Figura 3.9), é limitada a sudoeste e sudeste por cinturões metamórficos, que se sobrepõem em desconformidade. Nessa Bacia, podem ser distinguidos três grupos sedimentares (do mais velho para o mais novo), que são: Grupo Speewah, Kimberley e Bastion. Esses grupos formam uma sequência de 3.000 a 5.000 m de espessura; com uma maior participação do arenito, seguido de siltito, conglomerado, rochas vulcânicas e carbonatos. A unidade superior do Grupo Kimberley – Arenito Pentecost – contém camadas locais de conglomerados hematíticos, arenitos, quartzitos e xistos que são denominados Membro Yampi (TRENDALL, 1973).

O minério de ferro encontra-se dentro do Membro Yampi e foi depositado no Paleoproterozoico; consiste de arenito hematítico bem acamadado com hematita na matriz, menor quantidade de arcósea, numerosas camadas finas de filito e conglomerado basal entrecortado; estão depositados em desconformidade sobre o siltito Elgee.

Os principais depósitos de minério de ferro na região de Kimberley são os encontrados nas Ilhas de Cockatoo e Koolan, em Yampi Sound (Figura 3.13). O minério é produto da sedimentação direta, com enriquecimento posterior dos sedimentos preexistentes (WESTERN AUSTRALIA, 1995).

O corpo de minério é restrito a seção conglomerática basal, rica em hematita do Membro Yampi. A camada de minério forma uma unidade sedimentar distinta, com grau de mineralização acima de 65%, cercada por uma sucessão de quatzito, folhelho e conglomerado. A hematita é o principal mineral de ferro.

A vantagem desses depósitos é a localização favorável da mineração e seu embarque, pelo fato de a exploração ocorrer em uma ilha (Figura 3.13). Na ilha de Cockatoo, o corpo de minério tem 20 m de espessura e é formado por um penhasco íngreme, ao longo de um dos lados da ilha. Grandes embarcações podem atracar nesse lado protegido por águas profundas, bem ao lado do corpo de minério, que é endurecido na superfície e friável em profundidade, gerando principalmente, o produto *sinter feed* (WESTERN AUSTRALIA, 1995).

O corpo principal de minério da Ilha Koolan tem 2.000 m de comprimento e mais de 30 m de espessura, e o minério é extraído atualmente a 190 m abaixo do nível do mar, com um teor de 66% a 67% de Fe. O minério dessa ilha pode ser friável ou compacto, com intercalações irregulares de arenitos e conglomerados de hematita, cuja presença pode ocorrer como material intersticial ou clastos. A porosidade do minério se deve à saída de sílica, aumentando, ou teor de ferro.

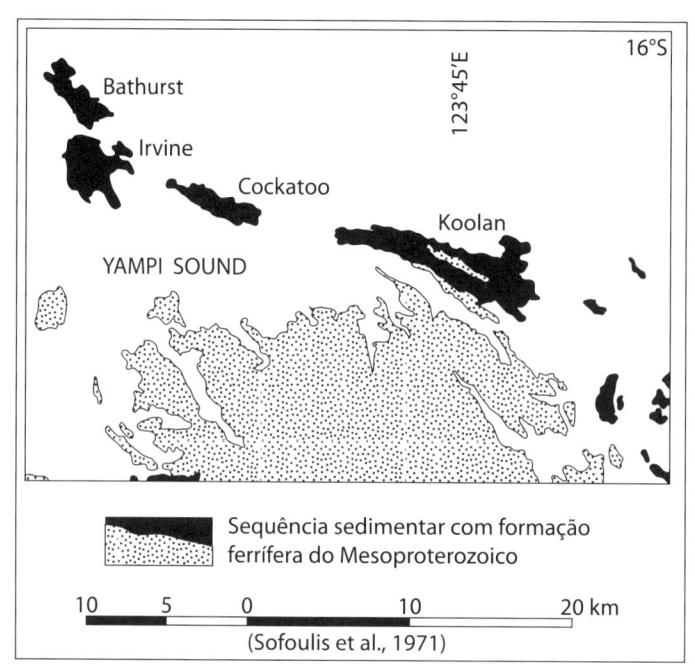

Figura 3.13 – Mapa da parte leste da Bacia de Kimberley, Western Australia, mostrando a localização das formações ferríferas do Membro Yampi.
Fonte: Sofoulis et al., 1971, apud Trendall, 1973, p. 1025.

Na Província de Kimberley, estão sendo investigados outros depósitos, além os de Yampi Sound, sendo que o maior encontrado é o Pompey Pillar, que se localiza a 100 km de Wyndham. O corpo de minério tem de 5 a 13 m de espessura na maior parte do depósito, no entanto o seu teor é muito variável, sendo menor do que o encontrado nos depósitos de Yampi Sound.

3.2.2.4 Depósito de Middleback Range – Estado South Australia

Os depósitos de minério de ferro, da região de Middleback Range, no Cráton Gawler do Estado South Austrália (Figura 3.8), são: Iron Knob, Iron Monarch, Iron Prince, Iron Princess, Iron Baron, Iron Queen, Cavalier, Iron Chieftain, Iron Duke e Iron Duchess.

O Cráton Gawler é um maciço de rochas metamórficas que formou uma margem estável mais jovem a sudoeste do Geosinclinal Adelaide do Pré-cambriano (Figura 3.14).

A parte oeste do bloco é composta basicamente por granito, gnaisse e migmatito; na parte leste, há a presença das formações ferríferas e outras rochas me-

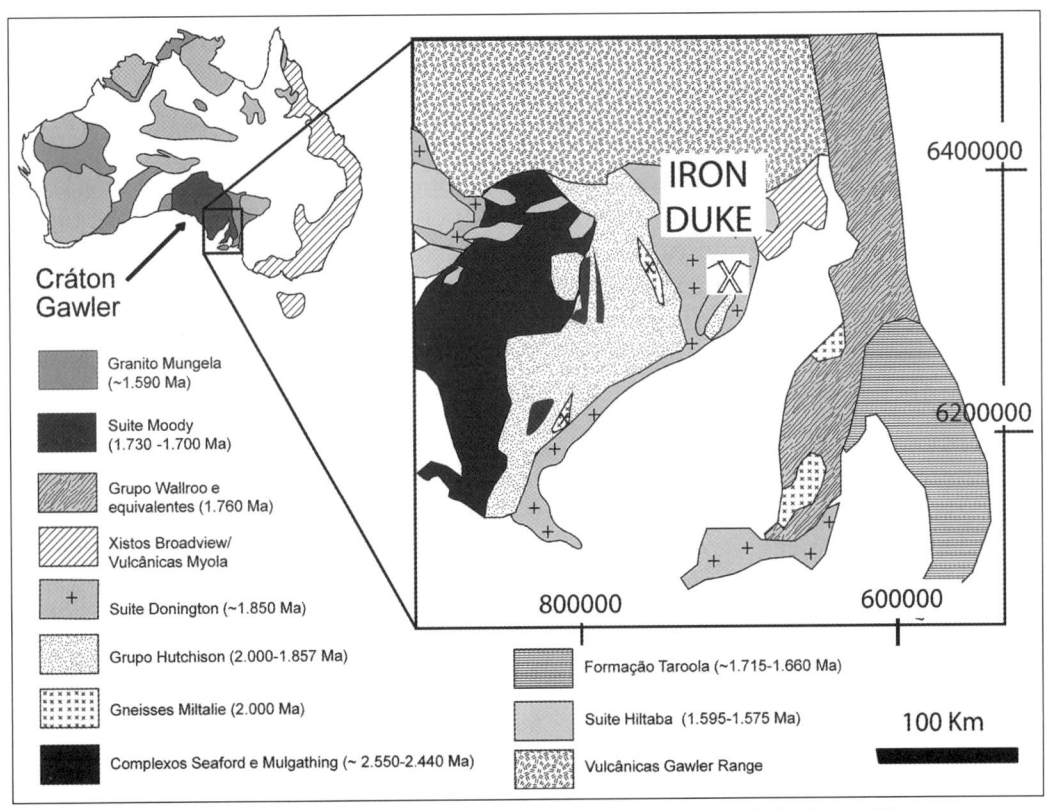

Figura 3.14 – Mapa geológico da porção SE do Cráton Gawler, sul da Austrália, com as suas principais unidades tectono-estratigráficas, onde estão os depósitos ferríferos associados ao Grupo Hutchison, na região de Iron Duke e áreas ao sul. No canto superior, tem-se o mapa da Austrália com as principais unidades pré-cambrianas.
Fonte: Modificado de Beloussova et al., 2009.

tassedimentares (quartzito, mica-xisto e anfibolito), que são denominadas Grupo Middleback (TRENDALL, 1973).

A sucessão de rocha do Middleback Ranges compreende os metassedimentos Paleoproterozoicos do Grupo Hutchison, com idade entre 2.000 e 1.850 Ma, que sobrepõe o Complexo gnáissico-granítico Sleaford (BELOUSSOVA et al., 2009).

O Grupo Hutchison é composto por quartzito basal, passando, em direção ao topo estratigráfico, para o subgrupo Middleback que inicia com o Dolomito Katunga e o Jaspilito Middleback Inferior. Este último é uma formação ferrífera fácies carbonato com carbonato de ferro, sílica e óxidos de ferro, que alterou na superfície para rochas goethítica-limonítica porosas. Os depósitos de minério são desenvolvidos em fácies carbonato, em que o minério está localizado, nas quilhas dos sinclinais, onde está com espessura maior e enriquecido.

3.2.2.5 Depósitos tipo Rapitan: Holowilena e Braemar

A Bacia Geosinclinal Adelaide (Complexo Rifte Adelaide) apresenta uma sucessão de rochas sedimentares dividida em quatro unidades maiores: Camadas Callana; Grupo Burra; Grupo Umberatana e Grupo Wilpena. Trata-se de rochas, principalmente, lagunais e marinho raso, com acumulação suave de afundamento (Figura 3.15). Essas unidades foram geradas no decorrer do Neoproterozoico ao Cambriano, sendo fortemente deformadas pela Orogênese Delameriana (entre 500 e 514 Ma). O minério de ferro é encontrado dentro do Grupo Umberatana, que consiste de rochas sedimentares glaciais basais, e no topo da sequência, por uma sequência não glacial.

As rochas da base, do Subgrupo Yudnamutana, formam uma sequência espessa de sucessão maciça ou estratificada de tilito e rochas associadas, que contêm, localmente, unidades de formações ferríferas; essas formações são siltitos glaciogênicos denominados Formação Ferrífera Holowilena. O topo da sequência glacial, de Formação Ferrífera Braemar, é composto, principalmente, por folhelho e tilito altamente ferruginosos, com misturas localizadas de deposição glacial, que compõem um quinto da espessura total de 600 m. Nessa sequência, há várias camadas de rochas ferruginosas com mais de 12 m de espessura (TRENDALL, 1973).

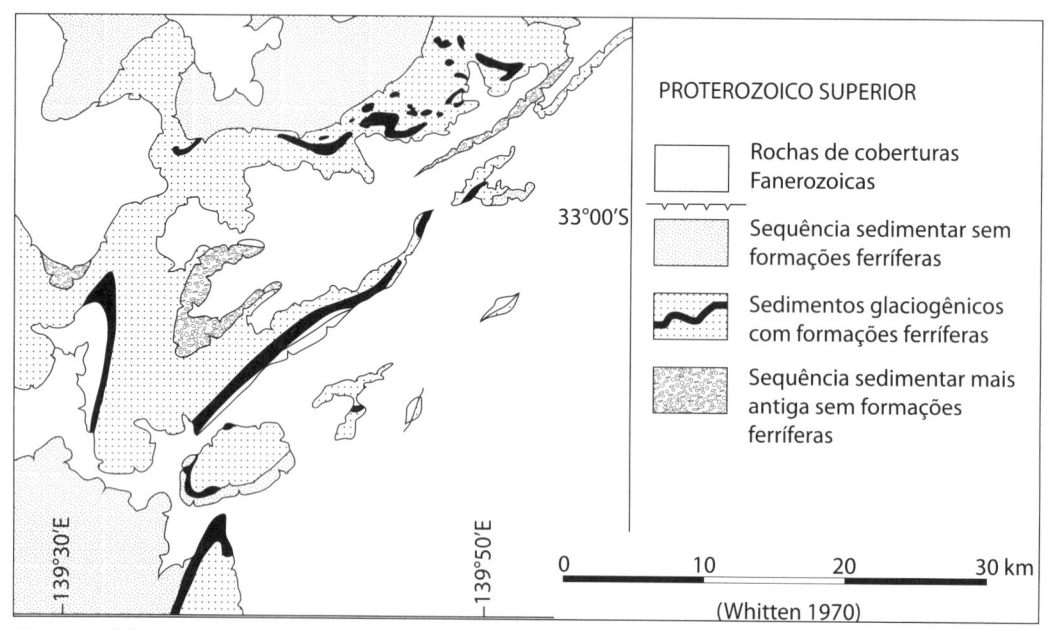

Figura 3.15 – Mapa da área de Razorback Ridge na parte sudeste do Geosinclinal de Adelaide, sul da Austrália, mostrando os afloramentos das Formações Ferríferas Braemar dentro do Subgrupo Yudnamutana.
Fonte: Trendall, 1973.

As Formações Ferríferas Holowilena e Braemar indicam que os siltitos com magnetitas euédricas enfatizam a laminação pela variação sistemática na sua concentração, variando de 3% a 80%. A magnetita euédrica deve ser de origem primária e pode estar ou não martitizada; a presença da martita varia de 3% a 100%, e geralmente encontra-se associada com hematita especular.

Os corpos dos minérios, dessas formações, são de natureza lenticular e, com membros individuais associados, no depósito Razorback Ridge, essas formações são mais espessas e estão mais bem expostas, com bandas de vários metros de espessura (TRENDALL, 1973).

3.2.3 Depósitos da África

3.2.3.1 Depósitos da África do Sul

As Formações Ferríferas da África do Sul ocorrem em quatro tipos de unidades tectono-sedimentares: os *greenstone belts* – dos Crátons Kaapvaal e Zimbabue –, o cinturão metamórfico Limpopo, as bacias cratônicas de Pongola, além dos Supergrupos Witwatersrand e Transvaal (Figuras 3.16 a 3.19), juntamente com o Grupo Shushong. Destaca-se que os principais depósitos estão associados às unidades da Sequência Transvaal (Figura 3.16).

Os *greenstone belts* dos Crátons Kaapvaal e Rhodesian são caracterizados por grande variedade de tipos de rochas vulcânicas, piroclásticas, e clásticas sedimentares, submetidos a uma complexa história geológica (BEUKES, 1973).

Dessas sequências, há os *greenstone belts* de Barberton, que apresentam um padrão sistemático e regular da sua evolução estratigráfica. A história geológica do Greenstone Belt Barberton ocorre entre 3.570 e 3.080 Ma, com ciclos de rifteamento, dispersão e aglutinação de microcontinentes (de RONDE; de WIT, 1994). Os *greenstone belts* consistem de unidades vulcânicas ultramáficas e unidades vulcânicas máficas a félsicas mais jovens e, finalmente, unidades sedimentares fechando a sequência estratigráfica (Figura 3.17). Os depósitos de BIFs estão intimamente ligados aos eventos vulcânicos intercalados, como formações ferríferas nas unidades vulcânicas ou nas sequências sedimentares.

O *greenstone belt* é um sinclinal dobrado ao redor de diápiros intrusivos de rochas tonalíticas, cuja intrusão causou a deformação nessas rochas; foram submetidos ao metamorfismo de baixo grau com maior grau nos contados com as rochas graníticas intrusivas, em que os BIFs e chert transformaram-se em quartzito-magnetita bandados e quartzitos, respectivamente (BEUKES, 1973). As formações ferríferas no Greenstone Belt Barbenton são do tipo Algoma (GOODWIN, 1973) e ocorrem no Grupo Fig Tree (sequência vulcano-sedimentar) associados com folhelhos ferruginosos. Ocorrências de formação ferríferas jaspilíticas e horizontes

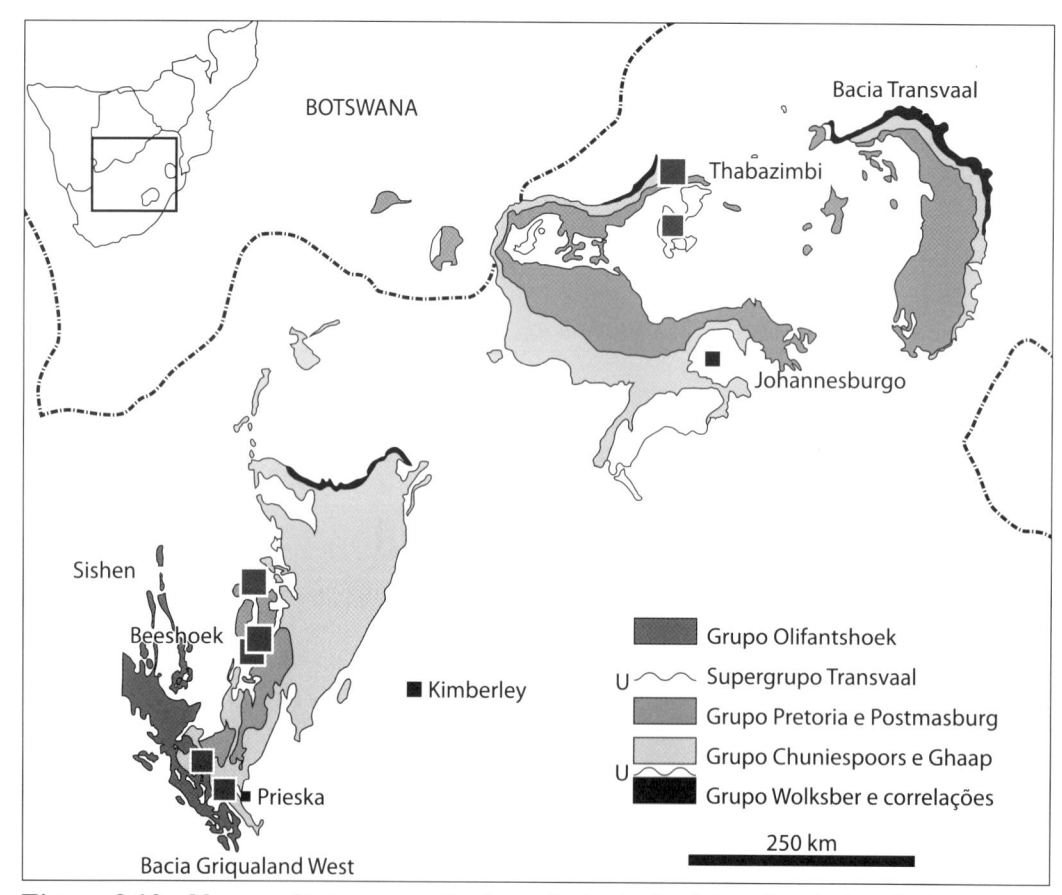

Figura 3.16 – Mapa geológico da região dos principais depósitos de minério de ferro da África do Sul.
Obs.: Na legenda, U indica discordância.
Fonte: Gutzmer et al., 2005.

de folhelhos magnetíticos são descritas no Grupo Moodies, interpretado como parte de uma bacia de ante-país do Cinturão Barbenton (Rode; De Wit, 1994).

O Cinturão Metamórfico Limpopo, com idade entre 2,9 e 2,7 Ga, é uma zona linear de tectonitos de alto grau metamórfico que separa os terrenos granito-*greenstone* dos Crátons Kaapvaal e Rhodesian (Figura 3.20). As feições características desse cinturão são: metamorfismo de fácies anfibolito e granulito, com ampla granitização; fluxo de dobramento; deslocamento transcorrente e repetidas ativações tectônicas (BEUKES, 1973). O metamorfismo e deformação foram causados pelo movimento transcorrente das duas áreas cratônicas, que provocaram uma zona de fraqueza crustal com fluxo de alto calor. As rochas sedimentares, desse cinturão, recebem a denominação de Formação Messina, e são representadas por sedimentos metamorfoseados tipo plataforma, depositados sobre embasamento

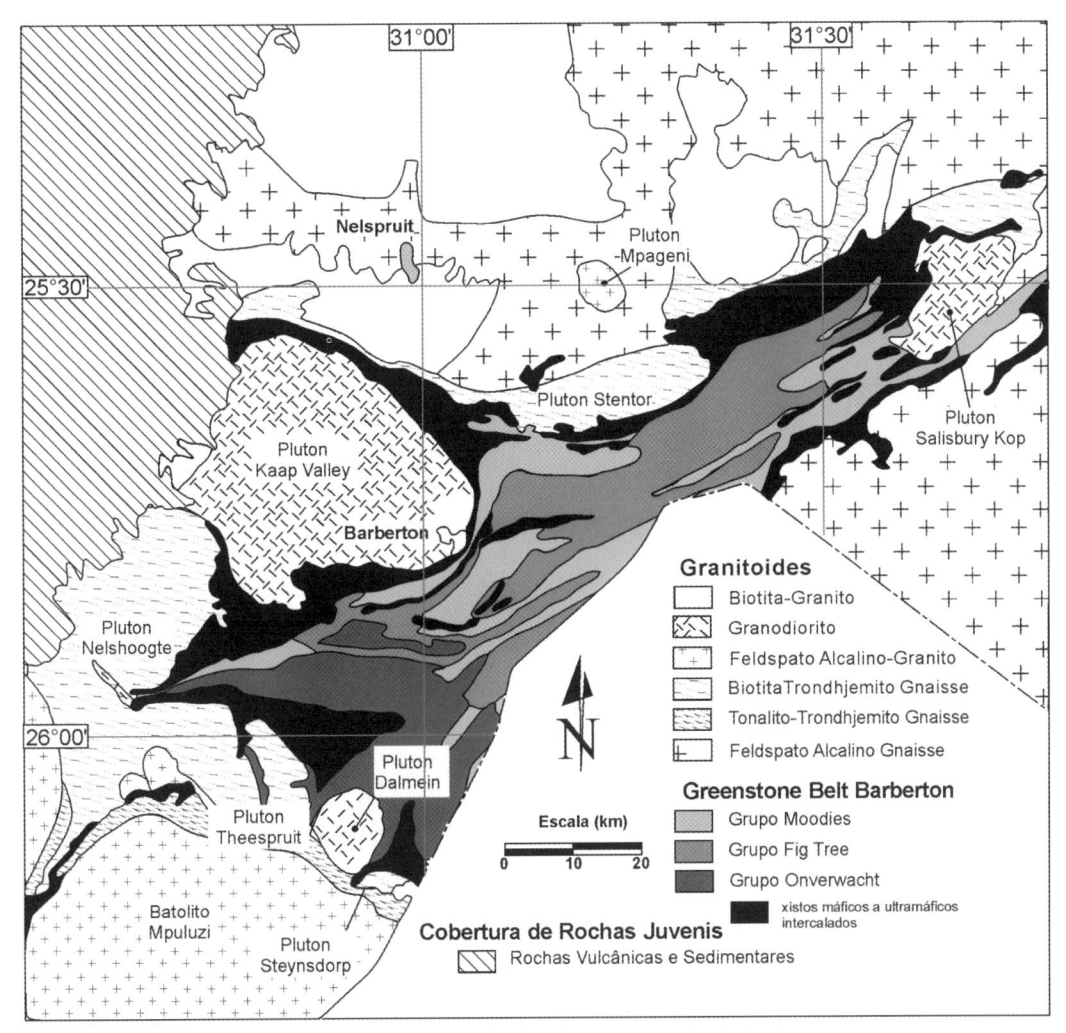

Figura 3.17 – Mapa geológico simplificado do Greenstone Belt Barberton.
Fonte: Adaptado de Kleinhanns; Kramers; Kamber, 2003.

cristalino mais antigo. Essas rochas sedimentares são ricas em ferro e podem ser mais bem descritas como quatzitos magnetita bandados e quartzitos magnetita maciços, com intercalação de vários outros tipos de rochas.

O Supergrupo Witwatersrand, de características intraplacas, foi depositado entre 3.075 Ma a 2.715 Ma, iniciando com domínio de lavas basáltica, seguido por uma sucessão de arenitos e folhelhos, bem como, localmente, conglomerados com ouro; no topo, há o predomínio de rochas arenosas. As rochas sedimentares representam fase deposicional clástica decorrente do desenvolvimento da bacia de interior Witwatersrand-Ventersdorp no Cráton Kaapvaal (Figura 3.18).

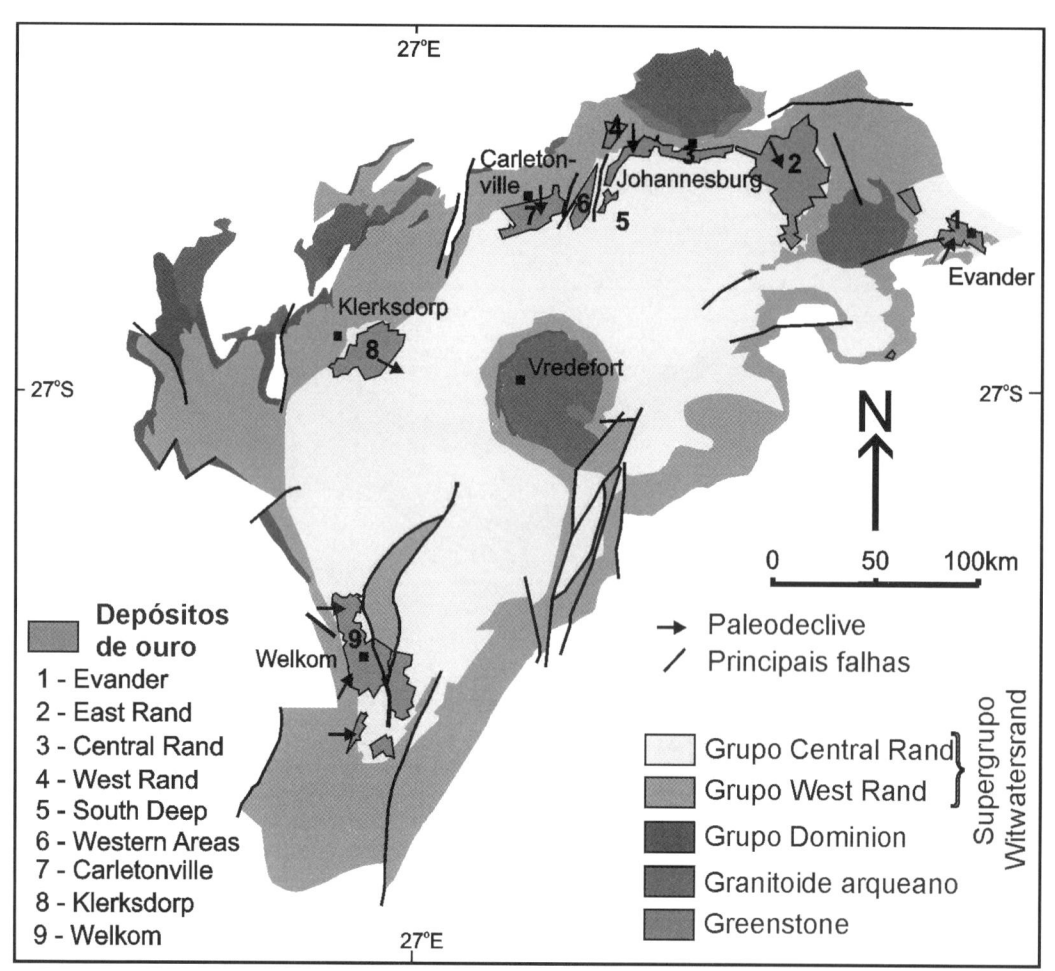

Figura 3.18 – Mapa geológico simplificado da Bacia de Witwatersrand com a localização dos principais depósitos de ouro. Os depósitos de formação ferrífera ocorrem na base do Grupo West Rand, mostrando a distribuição do Supergrupo Witwatersrand e seus depósitos de Formações Ferríferas associadas a base do Grupo West Rand.
Fonte: Frimmel, 2005.

O Supergrupo Witwatersrand sobrepõe o Grupo Dominion Reef, que consiste de uma unidade basal de rochas sedimentares sucedida por lavas andesíticas e riolíticas. Em sobreposição, ocorre o Supergrupo Ventersdorp, composto por lava andesítica amigdaloidal com subordinação de lavas riolíticas e rochas sedimentares, que foram formadas em 2.714 Ma.

A bacia de Witwatersrand, maior produtor de ouro no mundo, foi depositado sobre crosta continental mesoarqueana durante o período de 3,07 Ga e 2,87 Ga (KOSITCIN; KRAPEŽ, 2004), cuja evolução está associado aos estágios finais de consolidação do Cratin de Kaapvaal. A bacia é composta por uma sequência basal

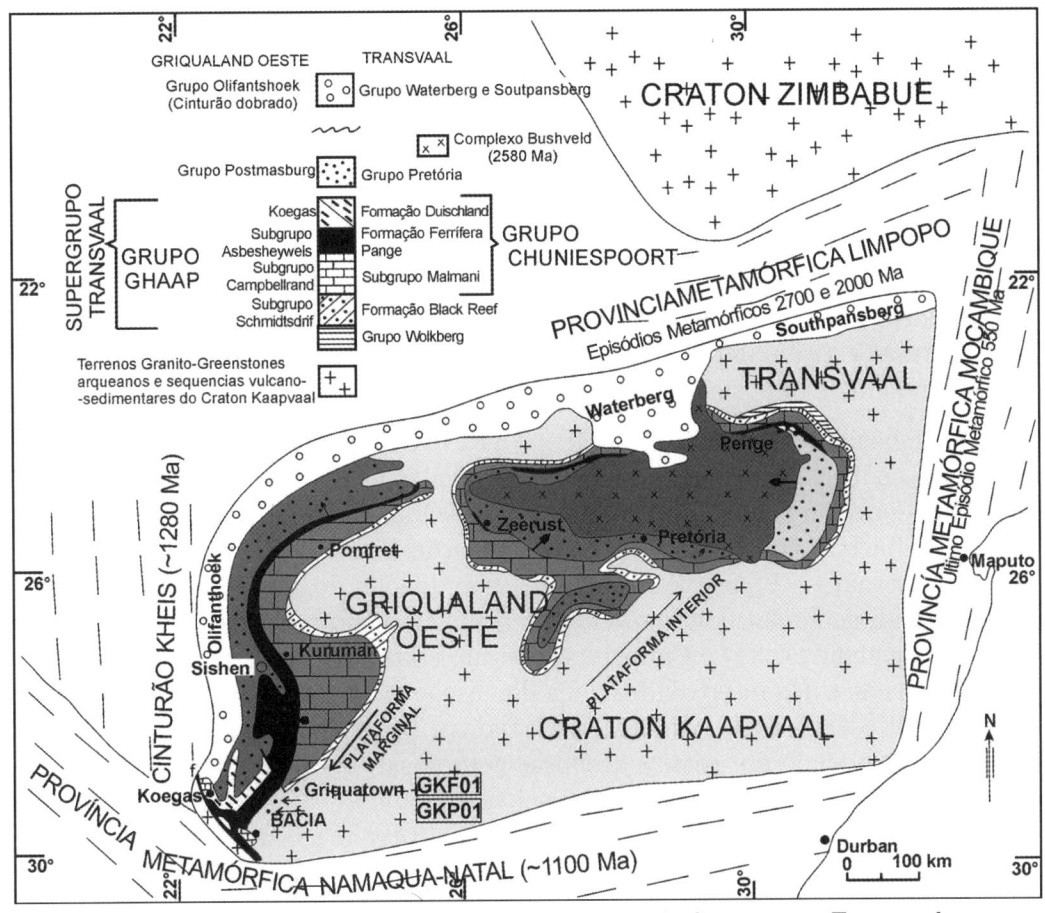

Figura 3.19 – Mapa geológico mostrando a distribuição do Supergrupo Transvaal e seus depósitos de Formações Ferríferas associadas.
Fonte: Knoll; Beukes, 2009.

de rochas vulcânicas bimodais, geradas em 3.074±6 Ma (ARMSTRONG et al., 1991) e as unidades superiores pertencentes ao Supergrupo Witwatersrand (FRIMMEL, 2005). O Supergrupo Witwatersrand é dividido em Grupo West Rand (inferior) e Grupo Central Rand (superior), cujos depósitos de ouro ocorrem dominantemente na interface dois grupos ou na base das unidades superiores. Os depósitos de formação ferrífera são encontrados apenas no Grupo West Rand (Figura 3.18). Esse Grupo apresenta três zonas sedimentares ricas em ferro (da base para o topo): Water Tower Slate – quartzito de granulação fina, rico em magnetita –, Folhelho West Rand – folhelho ferruginoso com gradação para arenito rico em magnetita e folhelho – e Camada Contorted – um BIF com intercalação de folhelho ferruginoso ou com ferro, argilito e arenito de granulação muito fina. A Camada Contorted é uma camada de ocorrência ampla e serve de marcador no Grupo Witwatersrand Inferior (BEUKES, 1973) ou Grupo West Rand.

3.2.3.2 BIFs da Sequência de Transvaal

Nessa sequência (ou bacias de Transvaal e Griqualand Oeste) encontram-se os maiores depósitos de ferro da África do Sul. Esses depósitos, a exemplo do Quadrilátero Ferrífero e Bacia de Hammersley, se formaram no fim do arqueano ao paleoproterozoico, sendo que as formações ferríferas bandadas foram geradas entre 2,4 e 2,6 Ga.

A Sequência Transvaal, depositada em desconformidade sobre a Sequência Ventersdorp, é caracterizada por ter dois depocentros, que são as sub-bacias de Transvaal e Griqualand West, que define uma área alongada de NE-SW de 1.100×350 km de exposição remanescente (Figura 3.19).

Em ambos depocentros o Supergrupo Transvaal inicia-se com a deposição de sedimentos siliciclásticos e vulcânicas intercaladas pertencentes ao Schmidtsdrif Subgroup, formado entre 2.642 Ma e 2.684 (KNOLL; BEUKES, 2009 e referências citadas) – Bacia Griqualand Oeste –, e Formação Black Reef e Grupo Wolberg – Bacia Transvaal – (Figura 3.20). Sobre as unidades do Schmidtsrif Subgroup, ocorre a sedimentação dominantemente química-bioquímica dos grupos Ghaap (Bacia Griqualand Oeste) e Chuniesport Group (Bacia de Transvaal), com inúmeras camadas de tufos intercalados, cuja deposição ocorreu entre 2.602 e 2.480 Ma (KNOLL; BEUKES, 2009 e referências citadas). Essas unidades são sobrepostas em desconformidade por rochas arenosas e argilosas, contendo finas camadas de rochas precipitadas quimicamente e rochas vulcânicas. Elas formam os Grupos Postmasburg e Olifanshoek (Bacia Griqualand Oeste) e Pretória (Bacia Transvaal), respectivamente (Figura 3.20). Essa similaridade de rochas, encontradas em ambas as regiões, demonstra a estabilidade da bacia cratônica que iniciou a sua formação no final do Arqueano e estendeu-se por grande parte do Paleoproterozoico.

Na Bacia Transvaal, o Grupo Chuniespoort consiste de dolomitos e calcários (Dolomito Malmani) e é sobreposto pela Formação Ferrífera (Formação Ferrífera Penge), que, por sua vez, é recoberta por uma sequência de carbonato, Formação Duitschland; essas três sequências estratigráficas correspondem aos estágios: Dolomito Principal; Formação Ferrífera Bandada e Dolomito Superior (BEUKES, 1973). A Formação Ferrífera Penge hospeda o depósito de ferro Thabazimbi e é composta por alternância de folhelho carbonoso com macro-, meso- e microbandas de BIFs (quartzo-magnetita-hematita-stilpnomelana-riebeckita-minnesotaita--grunerita e carbonatos ferríferos).

Na Bacia Griqualand Oeste, o Grupo Ghaap compreende ao Subgrupo Campbellrand na base (dolomito, calcário e chert), que corresponde uma plataforma carbonática bem desenvolvida e preservada; é sobreposto pelo Griquatown Jasper e Formação Koegas, que são sequências de minnesotaita- e riebeckita- com quartzo-clorita-siderita *slates* e argilitos (BEUKES, 1973). Em sobreposição a essa sequência, tem-se o Subgrupo Asbesheuwels, que é subdividido na Formação

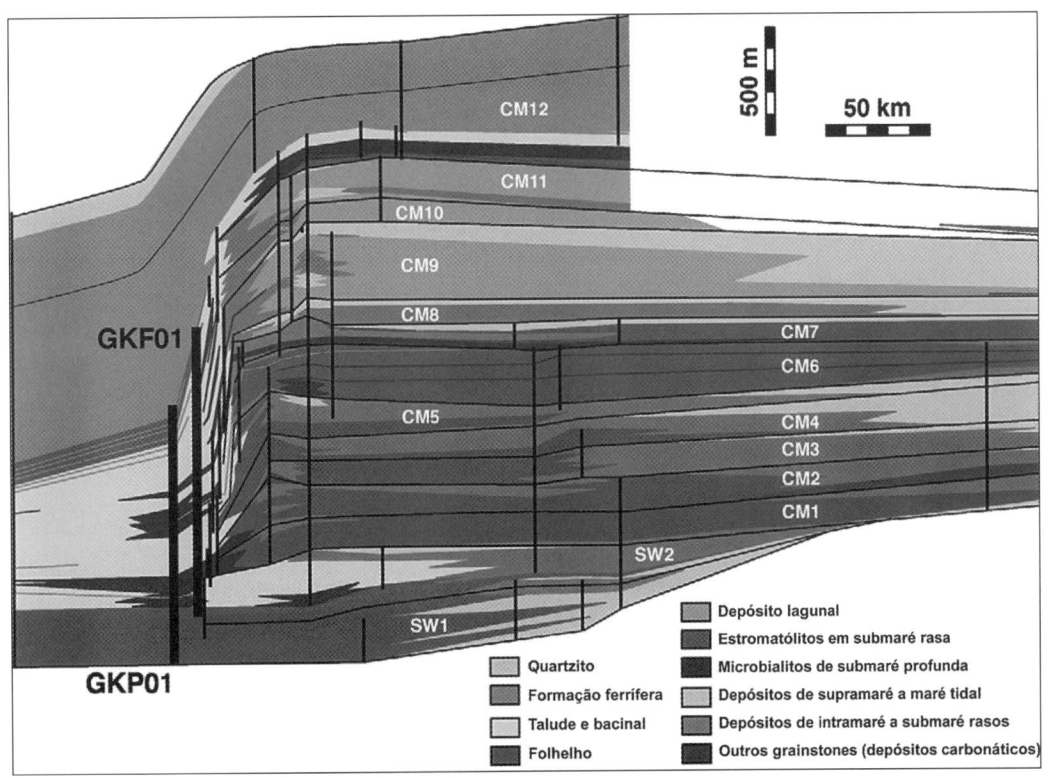

Figura 3.20 – Seção estratigráfica genética ao longo das bacias Griqualand e Transvaal com base nas informações dos furos estratigráficos GKF01 e GKP01 e demais informações geológicas da região.
Fonte: Adaptado de Summer; Beukes, 2006. In: Knoll, Beukes, 2009.

Ferrífera Kuruman, na base, composto por intercalação de folhelhos carbonáceo e Formação Ferrífera com chert-carbonato-stilpnomelana-magnetita-hematita-greenalita-siderita e, no topo, na Formação Ferrífera Griquatown, composto por siderita-hematita e siderita-greenalita lutitos. O Subgrupo Asbesheuwels hospeda o depósito de ferro gigante de Sishen.

Por meio de dois furos de sonda estratigráficos na Bacia de Griqualand (ver Figura 3.19) e demais informações geológicas da região de Transvaal, Sumner, Beukes (2006) conseguem definir a extensão e a espessura dessa plataforma carbonática, estimada em mais de 2,0 km de espessura (Subgrupo Campbellrand), cuja seção pode ser visualizada na Figura 3.20.

Estudos de correlação entre as unidades das Bacias de Transvaal e Griqualand (Cráton de Kaapavaal, Sul da África) e da Bacia de Hamersley são bem fortes ao afirmar que ambas as partes da África e da Austrália estiveram muito próximas no final do Arqueano, com desenvolvimento de uma das plataformas carbonáticas mais bem preservadas no registro geológico da Terra (Figura 3.21).

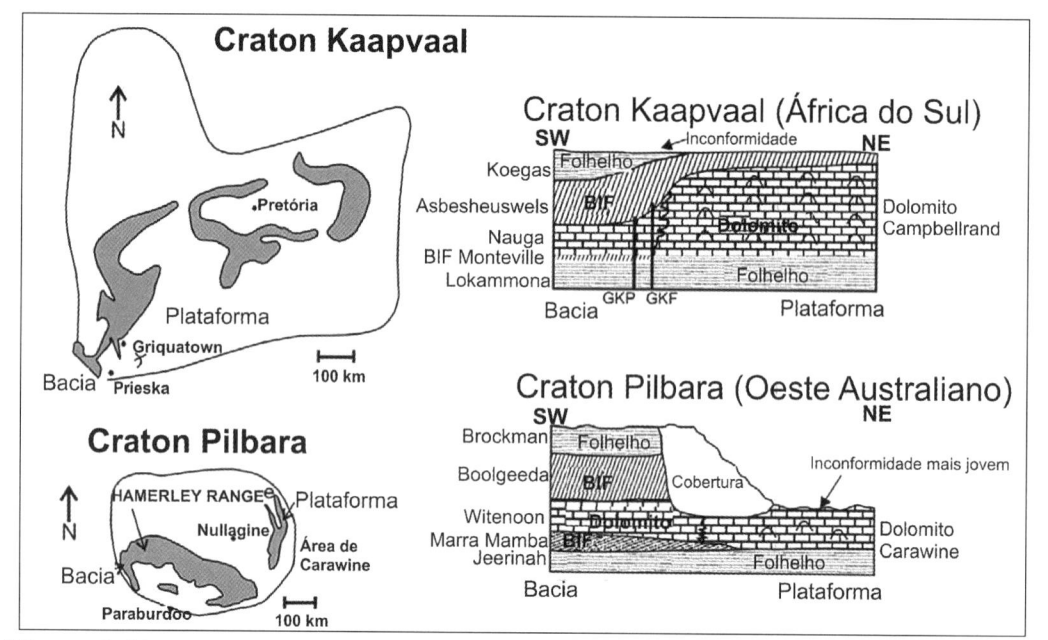

Figura 3.21 – Mapas e seções dos crátons Kaapvaal e Pilbara mostrando a distribuição das principais unidades dos grupos Ghaap-Chuniespoort e Hamersley.
Fonte: Knoll, Beukes, 2009.

As formações ferríferas de Kuruman e Penge estão intimamente associadas com a bacia do Supergrupo Transvaal e representam uma parte maior e mais significante do período de sedimentação química dentro da bacia.

A Formação Ferrífera Kuruman apresenta um contato gradacional com o Dolomito Campbell Rand, com intercalações de litologias características a ambos os tipos de rochas, que são carbonato calcário, chert ferruginoso bandado e folhelho carbonáceo com pirita; as camadas de cherts tornam-se mais abundantes em direção ao topo da sequência e os calcários intercalados tornam-se menos abundantes (BEUKES, 1973). O topo do Dolomito Campbell Rand é definido pela zona de alga escura no folhelho calcário e carbonoso. Essas mesmas características ocorrem na transição do Dolomito Malmani e a Formação Ferrífera Penge.

A presença de calcário com algas na zona de transição pode indicar que condições altamente estagnantes e redutoras precederam a deposição das formações ferríferas (BEUKES, 1973).

As Formações Ferríferas Penge e Kuruman consistem de alternância de: macrobandas de BIFs, chert ferruginoso bandado, stilpenomelana e folhelho carbonáceo. O metamorfismo de contato causado pelo Complexo Ígneo Bushveld obliterou grande parte da litologia primária e feições mineralógicas da Formação Ferrífera Penge, enquanto a Formação Ferrífera Kuruman não foi tão afetada. Em virtude da similaridade entre ambos os depósitos, considerar-se-á que a Formação Ferrífera Penge tenha as mesmas características que a Formação Ferrífera Kuruman.

Na Formação Ferrífera Kuruman, observam-se as três maiores variedades litológicas de BIFs: bandamento uniforme, bandamento irregular e bandamento maculado. As mesobandas dessas rochas podem ser formadas por camadas de monominerais ou camadas com misturas de minerais. As mesobandas hetero-minerálicas podem apresentar microbandamento interno com camadas monominerálicas dentro das mesobandas.

O Paleoproterozoico do Supergrupo Transvaal, na Província Northern Cape, da África do Sul, hospeda uma das maiores reservas conhecidas de minério hematítico de alto grau do continente sul-africano. Esses minérios estão sendo explotados nas minas de Sishen e Beeshoek, na Bacia Griqualand Oeste, e são exportados pelo porto Saldanha, ao sul da Cidade do Cabo e pela Mina Thabazimbi, ao norte de Johannesburg.

A África do Sul é o maior produtor de minério de ferro da África, com produção anual de 33 Mt e reserva estimada de 9 bilhões de toneladas; desse total, 45% da reserva estão localizados na Província de Northern Cape. A produção atual vem de duas áreas principais: Mina de Sishen, na Província Northern Cape, e Mina de Thabazimbi, na Província Northern.

3.2.3.2.1 Depósito de Sishen e Sishen South

Os depósitos de minérios de ferro de Sishen e Sishen South estão localizados na margem oeste do Cráton Kaapvaal, conectadas por ferrovia ao porto de exportação Saldanha Bay ao norte da cidade do Cabo, na África do Sul (Figura 3.22). Esses depósitos foram submetidos à intensa deformação estrutural, com dobramentos, falhamentos e empurrões; o tectonismo regional mais antigo (2.400 Ma a 1.700 Ma) foi importante na geração e preservação dos depósitos de minérios dos eventos erosivos mais jovens.

A propriedade e a operação da mina, pertencem a Kumba Resources Ltd., e são produzidas 27 Mt/ano de hematita compacta com 65% de Fe. Há uma grande proporção de granulados o os níveis de deletérios são menores que: 0,05% P; 2,5% SiO_2 e 1,2% Al_2O_3. A reserva estimada para o depósito é de 877 Mt e o depósito ao sul, Sishen South, tem reserva de 259 Mt de minério de alta qualidade e grande proporção de granulado, esse depósito iniciará a exploração em 2006.

Os depósitos de Sishen e Sishen South são encontrados nas litologias pertencentes aos Supergrupo Transvaal, na bacia de Griqualand Oeste. O Supergrupo Transvaal é composto por uma sequência de plataforma carbonática na base (Subgrupo Campbell Rand), sobreposta por uma unidade espessa de BIFs do Subgrupo Asbestos Hills, ambas pertencentes ao Grupo Ghaap do Supergrupo Transvaal.

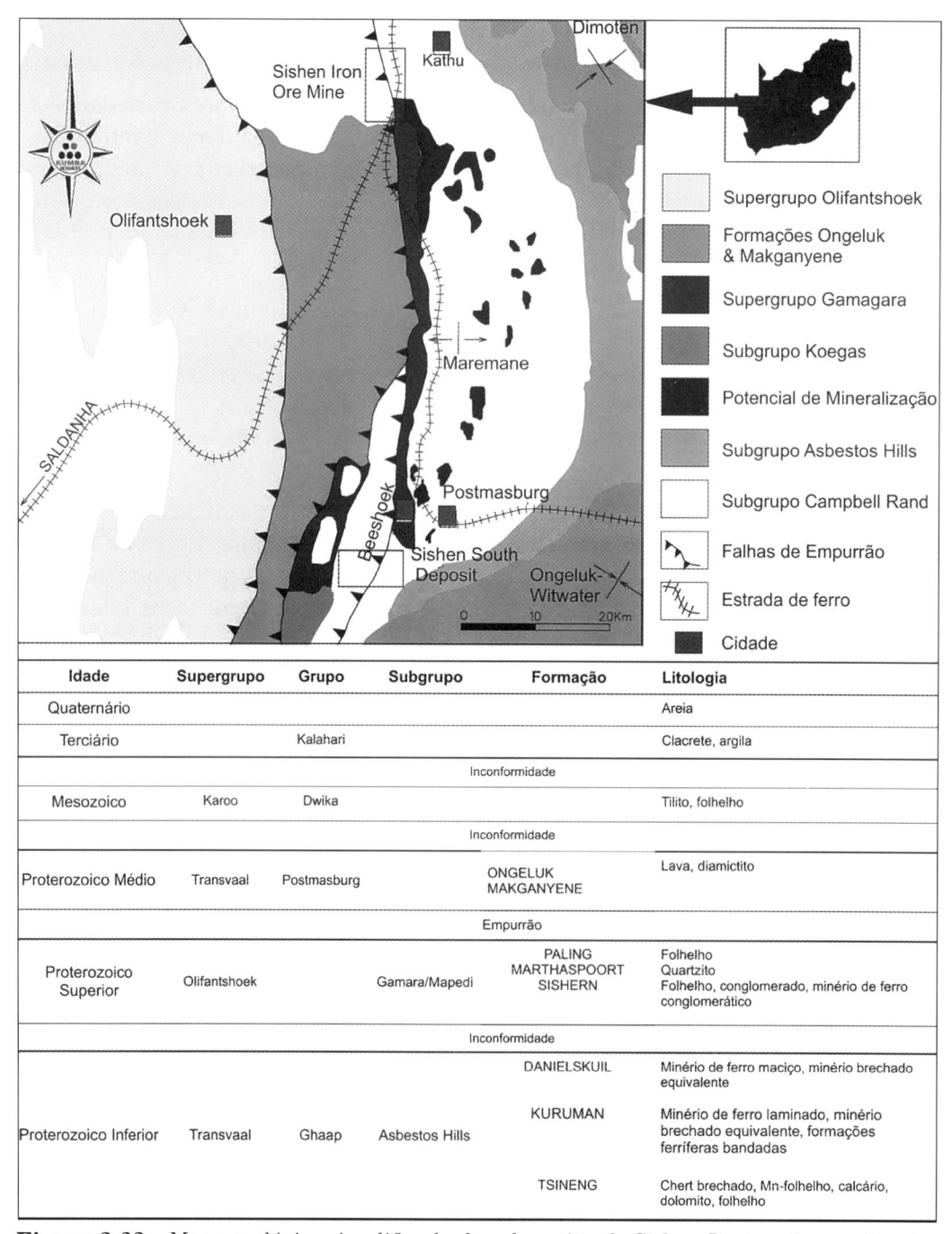

Idade	Supergrupo	Grupo	Subgrupo	Formação	Litologia
Quaternário					Areia
Terciário		Kalahari			Clacrete, argila
Inconformidade					
Mesozoico	Karoo	Dwika			Tilito, folhelho
Inconformidade					
Proterozoico Médio	Transvaal	Postmasburg		ONGELUK MAKGANYENE	Lava, diamictito
Empurrão					
Proterozoico Superior	Olifantshoek		Gamara/Mapedi	PALING MARTHASPOORT SISHERN	Folhelho Quartzito Folhelho, conglomerado, minério de ferro conglomerático
Inconformidade					
Proterozoico Inferior	Transvaal	Ghaap	Asbestos Hills	DANIELSKUIL	Minério de ferro maciço, minério brechado equivalente
				KURUMAN	Minério de ferro laminado, minério brechado equivalente, formações ferríferas bandadas
				TSINENG	Chert brechado, Mn-folhelho, calcário, dolomito, folhelho

Figura 3.22 – Mapa geológico simplificado da sub-região de Sishen-Postmasburg, situada na porção leste da Bacia Griqualand Oeste.
Fonte: Carney, Mienie, 2003.

O Subgrupo Asbestos Hills é sobreposto em desconformidade pelas rochas *red-bed* clásticas da do Subgrupo Gamagara. Esse último Subgrupo é correlacionado com a unidade basal do Supergrupo Olifantshoek, contendo formação ferrífera conglomerática (Figura 3.22).

As formações ferríferas bandadas do Subgrupo Asbestos Hills foram depositadas em uma paleodepressão desenvolvida na superfície de carbonatos do Subgrupo Campbell Rand. O Subgrupo Asbestos Hills contém minério de ferro laminado e brechas de formação ferrífera da Formação Kuruman e minério de ferro maciço e brechas associadas da Formação Danielskuil.

Apesar das similaridades litológicas e estratigráficas entre os depósitos Sishen e Sishen South, estes apresentam diferenças importantes, com impactos na exploração de seus minérios.

O maior contraste entre esses depósitos está na geometria e no tamanho. A mina Sishen é uma cava simples, com reserva minerável de 895 Mt, e seu corpo de minério é mais espesso e contínuo, bem maior que depósito de Sishen South. O depósito de Sishen South tem reserva de 228 Mt e é formado por vários corpos de minérios pequenos, estreitos e isolados, espalhados por uma área de 62 km^2. Além disso, há uma diferença significativa no grau de mineralização, em que a média do depósito Sishen South é maior no teor de ferro (+0,25%) e menor nos teores de potássio (–0,09%) e fósforo (–0,019%). O depósito de Sishen South tem menos folhelhos intercalados nos minérios maciços e laminados.

Em ambos os depósitos são encontrados quatro tipos de ocorrências de minério de ferro. Os minérios foram desenvolvidos em ambientes deposicionais específicos dispondo de propriedades físicas, químicas e metalúrgicas próprias:

- Minérios hematítico de alto grau formados por minério laminado e maciço encontram-se no topo do Subgrupo Asbesheuwels (esses minérios são mais bem desenvolvidos em estruturas de bacias e pseudograben).

- Minérios brechados de colapso, com médio a alto grau, preservados em paleodepressões (depressões causadas por colapso do teto de uma caverna). Essas depressões foram desenvolvidas dentro dos dolomitos do Subgrupo Campbell Rand.

- Minério conglomerático ou arenito grosseiro de baixo grau, constituem traços de depósitos. Esses minérios são encontrados na sucessão clástica de conglomerados, folhelhos e quartzitos sobrejacentes, pertencentes ao Subgrupo Gamagara.

3.2.3.2.2 Depósito de Thabazimbi

O depósito de minério de ferro Thabazimbi está situado na Província Norte da África do Sul, a 200 km ao norte de Johannesburg. A mina de Thabazimbi produz minério hematítico de alto teor (maior que 62% de Fe) com baixo teor de elementos contaminantes, sua produção é vendida exclusivamente para ArcelorMittal da África do Sul, que foi de 0,9 Mt em 2011 (KUMBA IRON ORE, 2011). A atividade mineira ocorre em três cavas a céu aberto; em dezembro de 2011 a reserva do minério foi estimada em 10,4 Mt e enquanto o recurso mineral (excluindo a reserva) é de 15,2 Mt.

Os depósitos Thabazimbi são hospedados nas rochas paleoproterozoicas do Supergrupo Transvaal, na Formação Penge da Bacia de Trasvaal, imediatamente acima da unidade de folhelho mais basal. Forma 10 m de espessura de chert bandado rico que sobrepõe a camada espessa de dolomito e sucessão de chert do Dolomito Malmani (Figura 3.23).

A Formação Penge é composta por espessas formações ferríferas, alternadas com unidades finas de formações ferríferas ortoquímicas. As lentes de minério de ferro estão restritas na base da Formação Penge, como ritmitos, como corpos irregulares e tabulares, distribuídos ao longo de 12 km de extensão. Possui corpos de lentes individuais, com 2 a 100 m de espessura (média de 20 m), separadas por porções não econômicas de formações ferríferas.

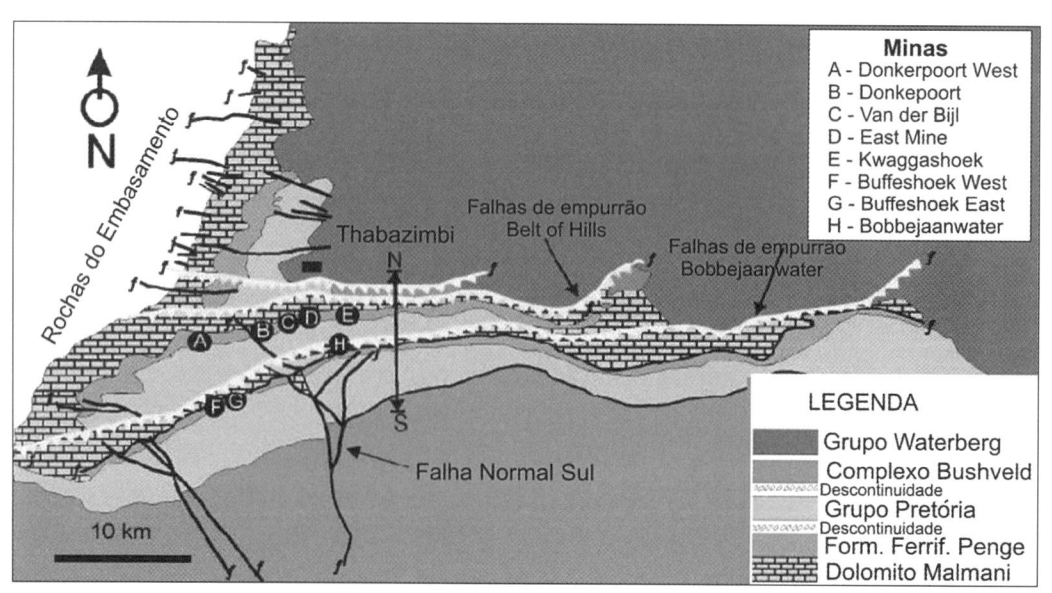

Figura 3.23 – Mapa geológico da Mina de Thabazimbi, situada na porção leste da Bacia de Transvaal.
Fonte: Gutzmer et al., 2005.

Em profundidade, o minério grada lateralmente para talco-hematita e, então, para rochas carbonatos-hematita, sendo encontradas lentes de corpos de minérios de formação ferrífera primária próxima à superfície. As zonas de minério têm um limite superior gradacional com formações ferríferas sobrejacentes não enriquecidas, enquanto o grau de enriquecimento de ferro no minério parece ser diretamente proporcional à quantidade de brechação da formação ferrífera, resultante da solução de colapso dos dolomitos subjacentes da porção superior do Dolomito Malmani.

A maior parte do minério é brechado, ocorrendo como fragmentos primários de hematita agregada por uma matriz fina de hematita secundária. Os clastos da hematita primária têm uma cor cinza-aço a azul acinzentada, brilho metálico e uma textura compacta densa. A matriz secundária fina, por sua vez, tem coloração variável de cinza-aço a cinza escuro, e, localmente, tem coloração marrom avermelhada.

A brechação e o conteúdo dos clastos *versus* a matriz é variável, tanto com relação à dureza e a friabilidade do minério quanto o grau de remoção do chert e de substituição por goethita e hematita. Estima-se que o enriquecimento do ferro é posterior ao tectonismo Waterburg (Paleoproterozoico) e pós-Karoo (Mesozoico), por processos intempéricos.

3.2.3.3 Depósito da Libéria

A Libéria é um país rico em recursos naturais e encontra-se entre os grandes produtores de minério de ferro. Sua produção teve início em 1951. Os seus depósitos encontram-se em quatro áreas: Bomi Hills, Bong Range, Mano Hills e Mount Nimba, sendo que esta última possui a maior ocorrência do minério.

A região de Mount Nimba está localizada no noroeste da Libéria, na cidade de Yekepa (Figura 3.24). As montanhas Nimba atingem 1.752 metros de altura e são conhecidas como montanhas de uma milha de altura de minério de ferro. O seu minério apresenta um dos maiores teores de ferro do mundo e, nas décadas de 1960, 1970 e 1980, esse país foi o maior produtor da África. O transporte é feito pela ferrovia de 267 km, da Liberian Mining Company (LAMCO), que liga a mina de ferro de Nimba até o porto da cidade de Buchanan.

Em agosto de 2005, a Mittal Steel, uma das maiores companhias de aço do mundo, assinou um tratado para desenvolver a reserva de minério de 1 bilhão de toneladas no Norte da Libéria, próximo à fronteira com a Guiné. Essas minas estavam fechadas desde 1990, em razão dos 14 anos de guerra civil.

O início das operações dessas minas foi feita pela Companhia de Minerais Libério-americana, com acordo para concessão inicial de 70 anos, o qual foi desfeito em 1953. Dois anos depois, um grupo sueco juntou-se ao consórcio, criando

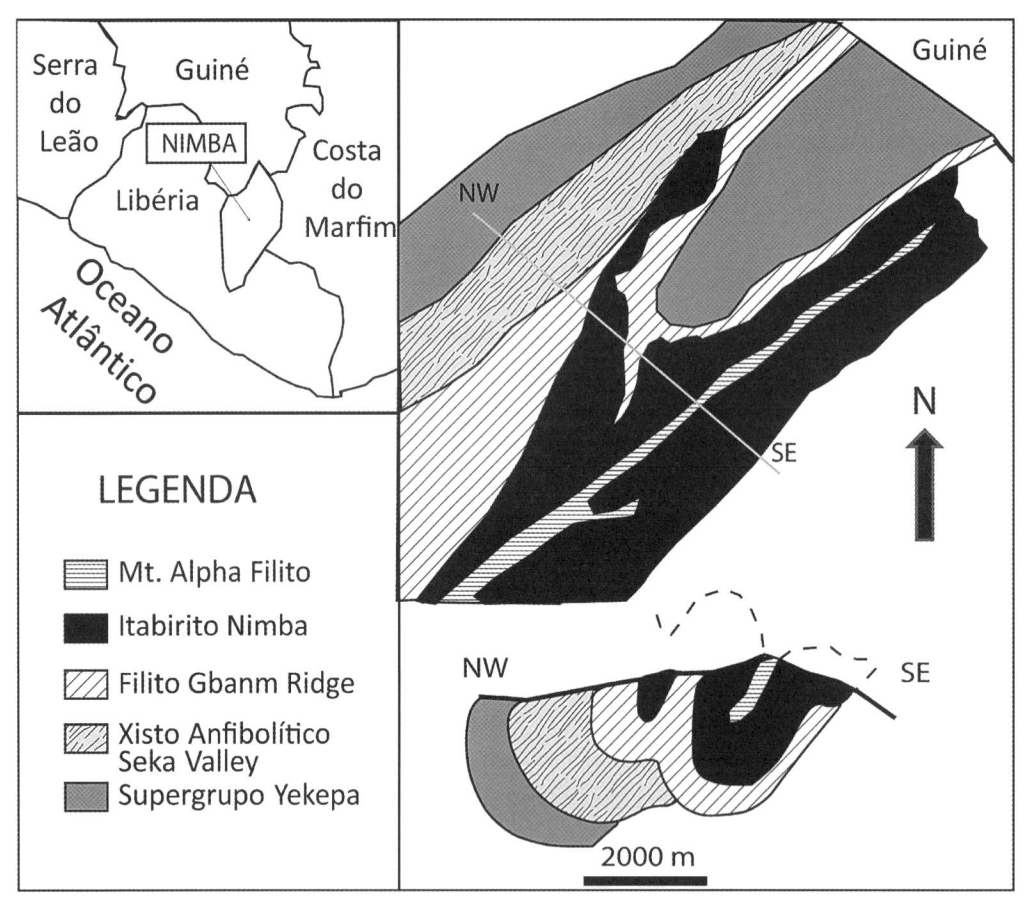

Figura 3.24 – Mapa geológico na regiâo nordeste de Nimba, Libéria, e perfil geológico-estratigráfico ao longo das unidades do Supergrupo Nimba. No canto superior, está indicada a região de Nimba.
Fonte: Modificado de Berge, 1974.

a companhia denominada Liberian-American-Swedish Minerals Company, conhecida como LAMCO. Essa empresa construiu 120 km de ferrovias ligando a capital, Monrovia, ao porto da cidade de Buchanan e às minas operantes. A ferrovia encontra-se próxima às reservas maiores, as quais ainda não são exploradas.

3.2.3.4 Depósitos de minério de ferro da Mauritânia

As minas de ferro da Mauritânia (Miferma) foram criadas em 1952 para explorar os depósitos de ferro na área de Kedia dldjil, ao norte da Mauritânia (Figura 3.25) (SNIN, 2009). O centro de mineração, em Zouerate, conta com 700 km de ferrovia, que o liga até o porto de Nouadhibou, na Costa Atlântica.

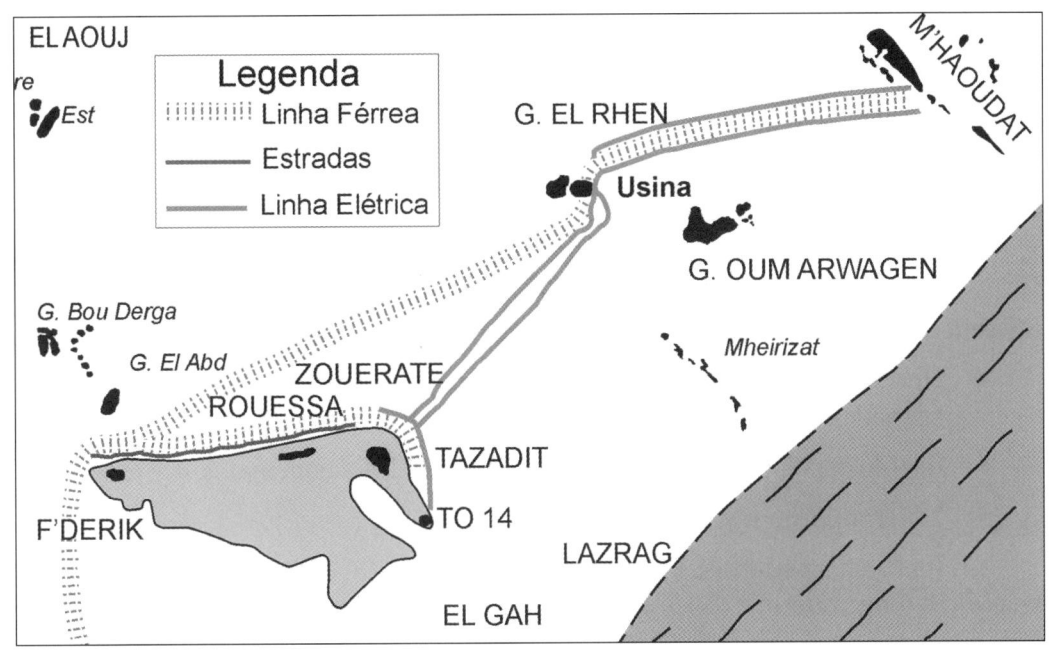

Figura 3.25 – Localização dos depósitos de minério de ferro da Mauritânia.
Fonte: SNIM, 2009.

A SNIM (Société Nationale Industrielle et Minière) foi criada com a nacionalização do consórcio Miferma. Atualmente o governo da Mauritânia é dono de 78% da SNIM, junto com financiamento árabe e recursos da própria mina. A partir de 1997, com o aumento da exportação para 12 Mt/ano, foram feitos investimentos em extração, beneficiamento e transporte do minério.

Os depósitos ocorrem nas áreas do Escudo Arqueano de Birrimian Regueïbat. As minas de Kédia d'Idjil são compostas por mineralização de hematita nas cristas das elevações, denominadas Guelbs. Os corpos de minério de magnetita do maciço Guelb Rhein e Oum Arwagen são depósitos sedimentares muito dobrados. A crista M'Haoudat, de 14 km de comprimento, contém quatro depósitos em forma de lentes fortemente inclinadas, sendo compostos basicamente por hematita. Os corpos mais ricos contêm 65% de ferro; enquanto, os mais silicosos, 55% de ferro. As reservas prováveis e provadas são de 300 Mt, para os minérios de embarque direto, e os minérios que necessitam de beneficiamento correspondem a 3.000 Mt.

Estima-se que o depósito de magnetita, separado em Guelb el Aouj, contenha 500 Mt de minério com 37,5% de ferro; esse minério vem sendo estudado para ser utilizado como *pellets* para redução direta, por empresas australianas e sul--africanas.

Os minérios hematíticos explorados para embarque direto são das minas de F'Derik, Rouessa e Tazadit, passam por moagem primária e secundária na mina de Tazadit e são transportados para o Porto de Noaudhibou.

As três áreas de mineração produzem, aproximadamente, 75 Mt/ano de minério; das quais 50%, de 10-12 Mt/ano de minério produzido, são processadas nas plantas de beneficiamento; a SNIM coloca no mercado, principalmente o Europeu, minérios com dimensões de: 0 mm a 90 mm e 8 mm a 30 mm, granulados; *sinter feed* e concentrados com alto fósforo. A exportação consiste de 60% de granulados e *sinter feed* e 40% de concentrados. Atualmente, essas áreas tiveram um aumento substancial de exportação para a China – 12 Mt, em 2004.

As minas Kediat D'Idjil, Kediat Ijil, Idjill Kedia, Kédia, Seyala, Azouazil, F'Derik Segazou e Snim têm como características:

- morfologia principal – camada estratiformes sindeposicional com a rocha hospedeira;

- tipo de depósito – rochas sedimentares tipo BIFs com manganês associado;

- Zouerate, tipo Kalahari;

- rochas hospedeiras: Fe-quartzito; BIF, itabirito – quartzito, quartzo arenito – micaxisto;

- tipo de explotação – céu aberto.

A mina Idjill (district) (Tazadit, Rouessa, F'Derick) – Zouerate district tem como características:

- morfologia principal – camada estratiformes sindeposicional com a rocha hospedeira;

- tipo de depósito – rochas sedimentares tipo BIFs com manganês associado;

- rochas hospedeiras – Fe-quartzito, BIF, itabirito e rochas sedimentares indiferenciadas – anfibolito;

- tipo de explotação – céu aberto.

A mina M'Haoudat – El M'haoudat tem como características:

- morfologia principal – camada estratiforme, sindeposicional com as rochas hospedeiras;

- depósito tipo – sedimentar (BIF) com manganês associado;

- rochas hospedeiras – Fe-quartzito, BIF, itabirito – quatzito, quartzo arenito- micaxisto – chert hidrotermal;

- tipo de explotação – mineração a céu aberto.

3.2.4 Depósitos da Rússia

Os depósitos ocorrem tanto no lado europeu quanto do lado asiático da Rússia, no entanto, os depósitos do lado europeu são bem maiores e de maior expressão econômica, em comparação com os encontrados no lado asiático (Figura 3.26). As formações ferríferas bandadas na parte europeia da Rússia ocorrem, principalmente, ao longo da região costeira do Mar Azov (sul) e Península Kola (norte) (Figura 3.27).

A Rússia, em 2007, foi o sexto maior produtor de minério de ferro do mundo, com produção de 104,9 Mt e um teor médio de 60% de Fe, exportando em torno de 30% de sua produção. Nos anos subsequentes, manteve a produção em torno 100 Mt/ano, colocando-se como terceiro maior produtor de ferro contido do mundo, atrás da Austrália e Brasil (USGS, 2011). Em termo mundiais, a Russia vem se mantendo como a maior produtora de aço na Europa e a quarta maior do mundo, com volume de produção de 72, 4 Mt em 2008, 68,5 Mt em 2009, 60,01 Mt em 2010 e 66,94 Mt em 2011(Worldsteel, 2011).

Figura 3.26 – Mapa da Rússia, com a distribuição dos principais depósitos de minério de ferro, bem como a porcentagem da participação de cada depósito na produção de 2001. Fonte: Metalbulletin, 2005.

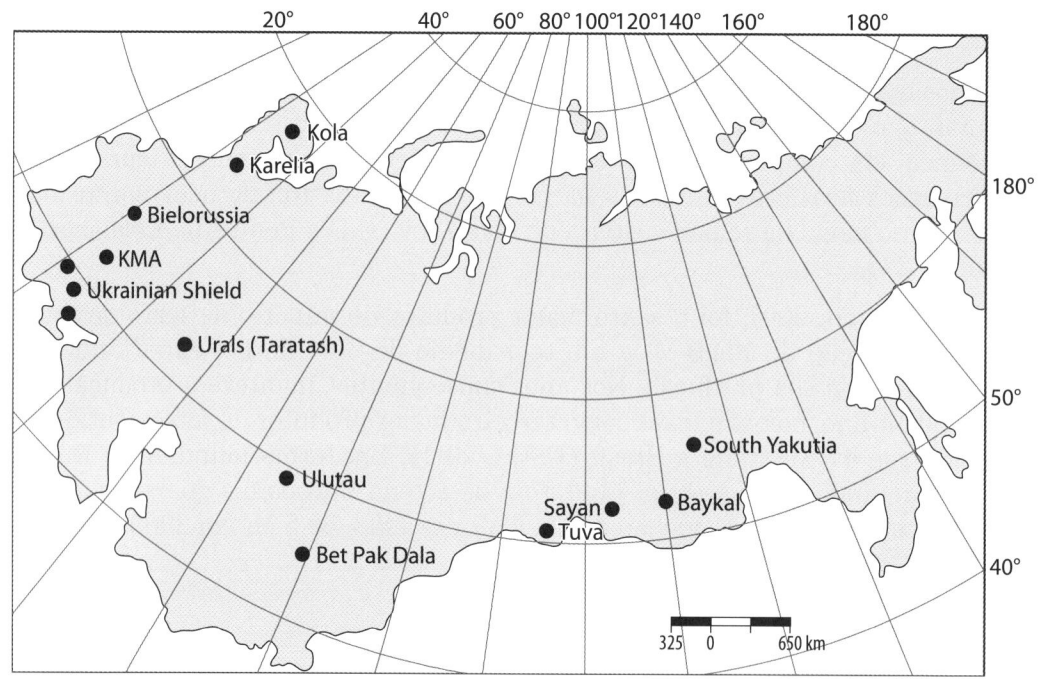

Figura 3.27 – Depósitos de formações ferríferas bandadas na ex-URSS.
Fonte: Alexandrov, 1973.

3.2.4.1 Depósito de minério de ferro Kostomusha

O depósito de Kostomuksha está localizado na República Karelian próximo à fronteira com a Finlândia com boa conexão ferroviária para portos da Rússia (Murmansk e Vysotsk) e Finlândia (Raahe e Kokkola). O sistema ferroviário torna esse depósito mais competitivo que outros depósitos russos, sendo permitido também, o embarque em diferentes tamanhos de vagões (METALBULLETIN, 2005).

As reservas estão localizadas a uma profundidade substancial, onde o minério apresenta uma baixa produtividade *in situ* que é de 16% a 31%; alta dureza e mineralogia de minério complexa; composto basicamente por magnetita quartzito. Esse depósito responde por 40% da exportação de *pellet feed* da Rússia.

A reserva é avaliada em 1.299 Mt, sendo 314 Mt encontradas na nova área de Korpanga com início em 2006; com suprimento do mercado em mais de 7 Mt/ano de *pellets* de alta qualidade. Se mantiver esse ritmo de produção, esse depósito poderá ser minerado por mais 65 anos.

Os depósitos de BIFs pertencem ao cinturão Greenstone Arquenos com idade entre 2,79 a 2,75 Ga. Os BIFs da área de Ladoga de Karelia são partes da Sequência Sortavala do Proterozoico Inferior com espessura total de 4.000 m;

dados geofísicos indicam a presença desses BIFs por 500 km ao longo da zona no Oeste Karelia, que representam os depósitos Kostomuksha. Os Karelidos contêm as sequências de rochas vulcano-sedimentares Gimola, Tishkozero e Parandava, consistindo de depósitos de leptitos, formações ferríferas e piritas, com 700 a 1.000 m de espessura, e sugerem que as formações ferríferas de Karelia são semelhantes aos depósitos de KMA e Krivoy Rog. As analogias são: similaridades litológicas e estratigráficas e a direção geral dos cinturões orogênicos (ALEXANDROV, 1973).

O minério de magnetita bandado consiste de bandas contendo magnetita, quarto e anfibólio, que alterna com bandas de quartzo, esse bandamento apresenta espessuras milimétricas a centimétricas.

3.2.4.2 Depósitos de minérios de ferro na Península Kola

Os BIFs da Península Kola são formados por formações ferríferas metamorfisadas de anfibolito a granulito fácies, e consiste de xistos e anfibolitos básicos, biotita-gnaisse aluminosos, leptitos (vulcânicas félsicas e sedimentos vulcanoclásticos metamorfisados), carbonato-xisto, rochas de diopsídio-magnetita e quartzitos com ferro (MITROFANOV; TOROKHOV; ILJINA, 1997).

As formações ferríferas ocorrem entre blocos, oval a lenticular, de gnaisse cinza (migmatito-tonalito-granodiorito), com tamanhos variáveis de 500 a 1.000 km^2. A foliação pode ser incipiente a fortemente penetrativa e podem ser intersectadas pelos BIFs, cujos contatos estão em conformidade. Assim, podem ser separados dois grupos de depósitos de minério de ferro em relação ao tipo de rocha associado: 1) tipo anfibolito – quartzito com ferro, que está confinado na camada de anfibolito (depósitos de Pecheguba e Uraguba); e 2) tipo leptito – quartzito com ferro, que ocorre dentro dos vários gnaisses aluminosos, e anfibolito, que tende a ser concentrado próximo ao contato com tonalito (Depósitos de Olenegorsk, Kirovogorsk, Bauman, Komsomol e Ivar) (GORYAINOV; BALABONIN, 1988 apud MITROFANOV; TOROKHOV; ILJINA, 1997).

A feição notável dessa sequência de minério é a sua simetria de estruturas zonadas, com sucessão das rochas tonalito-anfibolito-leptitos-quartzito ferroso-leptitos- anfibolito-tonalito, que permanece invariável, independentemente da espessura da unidade com minério, e não muda quando o corpo é cortado por outros corpos menores. Essa sucessão é observada em tipos de depósitos de lente simples e em complexos com multilentes.

Atualmente, após mais de 70 anos de exploração intensiva com descobertas de várias ocorrências de minério tipo BIFs, apenas quatro minas se encontram em funcionamento: os depósitos de Olenegorsk, Kirovogorsk, Bauman e October.

3.2.4.3 Depósito de Kirovogorsk

O depósito de minério de ferro está situado na intersecção da estrutura oval principal e a zona de falha Kolozero-Kirovogosk que limita a área de distribuição dos BIFs à NO; as rochas encontradas apresentam um zoneamento proeminente, cuja estrutura apresenta a sua parte marginal composta de hornblenda gnaisse e anfibolito, seguido de biotita gnaisse melanocrático, ao longo da parte axial os quartzitos ferrosos estão associados com leptitos e alumina gnaisse leucocrático (MITROFANOV; TOROKHOV; ILJINA, 1997).

O quartzito ferroso desse depósito não ocorre como um corpo único e nem como vários corpos fraturados e alinhados. Podem ser encontrados em três "clusters", porções de lentes fortemente empacotados de diferentes tamanhos, acompanhados de lentes menores isoladas. O quartzito ferroso tem contato abrupto com a alumina gnaisse hospedeiro e seu contorno é atenuado por falhas marcadas por diques de diabásio e granito pegmatito, blastomilonitos e rochas micáceas.

O depósito de Kirovogorsk pode ser dividido em rochas com hematita-magnetita, magnetita e sulfeto-magnetita quartzitos e magnetita-diopsídio e carbonatos com magnetita, de acordo com a porcentagem dos principais minerais de ferro encontrados. Na maior parte dos depósitos, o quartzito hematita-magnetita é encontrado nas partes internas dos corpos de minérios, que são contornados por quartzito com sulfeto, diopsidito e carbonato xistos.

O quartzito de ferro é uma rocha bandada composta por bandas alternadas ritmicamente. As bandas diferem na composição mineral e granulométrica e têm diferentes concentrações e propriedades de minerais. Dependendo do tipo de mineral presente, a coloração da rocha muda. Além disso, o minério mostra uma variação nas estruturas de: maciço, disseminado a gneissoide para predominatemente bandado (plano-paralelo, lenticular bandado). A assembleia de mineral mais abundante desse depósito é magnetita (±hematita)-actinolite-quartzo (50%), magnetita-diopsidio-actinolita-quartzo (16%) e magnetita-diopsidio-hornblenda--quartzo. O carbonato xisto forma corpos lenticulares (de centenas de centímetros a poucos metros), que ocorrem em contato metassomático com o quartzito de ferro.

As cavas têm 168 m de profundidade, com capacidade de explotação de 5.000 Mt de minério por ano; o teor de corte do minério é de 14% de teor de ferro, o teor mínimo para uso industrial de teor de ferro é de 25%, assim as reservas de minérios com 14% a 25% de ferro presente nas cavas são consideradas econômicas. A reserva econômica estimada é de 14 anos de mineração, com lavra subterrânea.

3.2.4.4 Depósito de Olenegorsk

Olenegorsk está localizada no centro da Península Kola e é formada por terrenos de morros e lagos rasos. Os depósitos de minério de ferro foram descobertos em 1932, tendo iniciado sua exploração em 1947, quando deu origem à fundação da cidade, cuja distância até o porto de Murmansk é de 112 km (OLENOGORSK, 2009).

A região de Olenegorsk é rica em reservas de minério de ferro, no entanto, o seu minério apresenta baixo teor de ferro (em média, 28%), a sua propriedade positiva é a baixa quantidade de elementos deletérios (como fósforo e enxofre), tornando possível o enriquecimento do minério sem prejudicar o meio ambiente. Essa região é o centro da indústria de minério de ferro do Transártico, contando com uma das principais companhias industriais da região, por meio da combinação da produção e processamento de minérios de ferro.

A exploração da mina ocorre a céu aberto com camadas horizontais, mineradas do topo para a base; a forma de produção básica é o concentrado de minério de ferro (com concentração de 67% de ferro), incluindo a produção de minério de ferro superconcentrado, que é uma excelente matéria-prima para obter o pó de ferro puro. O teor de ferro no superconcentrado é maior que 72%.

Os depósitos de BIFs pertencem ao cinturão Greenstone Arquenos com idade de 2,79 a 2,75 Ga. Os depósitos de Olenegork são típicos da região de Kola e as formações ferríferas ocupam uma área de 50 por 20 km, os corpos de minérios são representados por camadas e lentes descontínuas com extensão de 3 a 4 km (ALEXANDROV, 1973). O minério hematítico bandado grada para minério magnetítico bandado ao sul, na mesma direção em que os corpos são afinados. Ocorre também bandamento vertical, sendo finalizado por minério bandado magnetítico.

3.2.5 Depósitos da Ucrânia

A Ucrânia possui 80 depósitos de minério de ferro, sendo que 30 deles respondem por 58% das reservas exploradas, as quais correspondem a 6% dos depósitos globais. Seus minérios estão entre os mais ricos em ferro no mundo, seu principal depósito é encontrado na bacia de Krivoy Rog (UCRÂNIA, 2009). Em 2011, o país foi o oitavo maior produtor de aço (35,3 Mt) (WORLDSTEEL, 2011).

O escudo ucraniano tem 700 km de comprimento e 300 km de largura, com eixo de direção oeste-noroeste. Esse escudo é cortado por três cinturões, que contêm formações ferríferas, e cada um possui 300 a 400 km de comprimento por 30 a 50 km de largura.

O Distrito Ferrífero de Krivoy Rog está localizado na parte central do Cráton Ucraniano e tem aproximadamente 120 km de extensão por 2 a 10 km de largura, formando uma bacia gerada no Proterozoico inferior. No centro, encontra-se a zona denominada Krivoy-Rog-Kremenchug (KRK) (Figura 3.28).

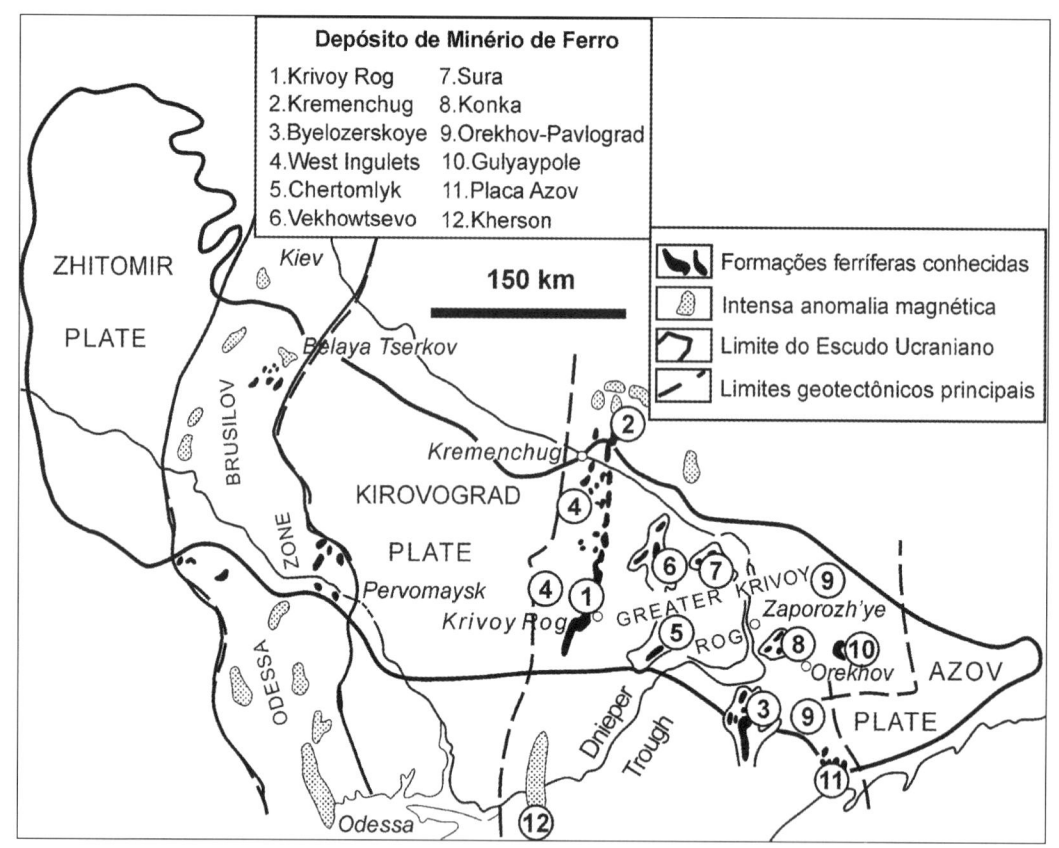

Figura 3.28 – Formações ferríferas da grande região de Krivoy Rog, e suas posições no Escudo Ucraniano.
Fonte: Alexandrov, 1973.

A Bacia de Krivoy-Rog, formada no final do Arqueano ao Paleoproterozoico, ocorre sobre rochas granito-gnáissicas e vulcano-sedimentares arqueanas, na porção oeste do terreno granito-*greenstone* Middle Dnieper do Escudo da Ucrânia. O nome deriva da estrutura Krivoy Rog, que corresponde a um sinclinório N-S, com até 75 km de comprimento, sendo composta por rochas do Supergrupo Krivoy Rog (KULIK; KORZHNEV, 1997).

As unidades do Supergrupo Krivoy Rog ocorrem ao longo da estrutura norte--sul Krivoy Rog-Kremerchug, que é definida por sistema de falhas profundas (Figura 3. 29). As estruturas Krivoy Rog e Kremenshug são segmentos sul e norte da Bacia Krivoy Rog-Kremenshug.

As unidades do Supergrupo Krivoy Rog sofreram processos de deformação (dobramentos e falhas) e metamorfismo de fácies xisto verde superior a anfibolito inferior. Na Figura 3.30 tem a distribuição das unidades da Bacia de Krigoy Rov, mostrando os dobramentos e *falhas* associadas.

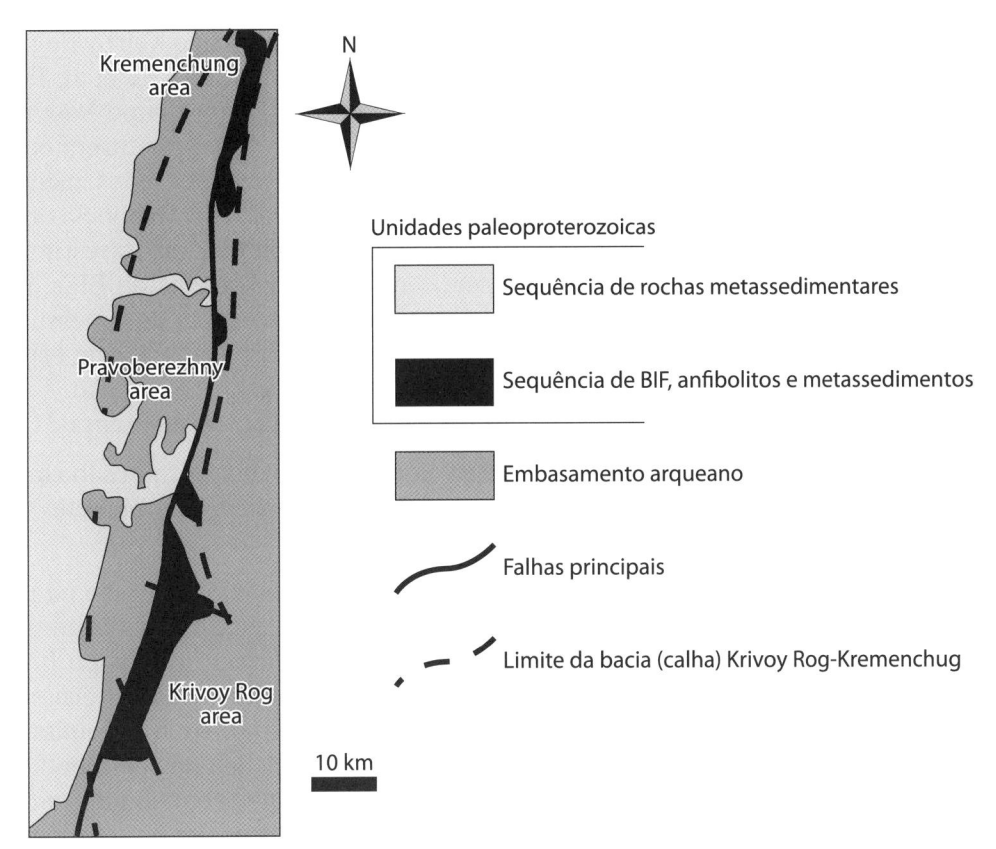

Figura 3.29 – Esboço geológico da região de Krigoy Rog-Kremenshung, no Escudo Ucraniano.
Obs.: As unidades paleoproterozoicas pertencem ao Supergrupo Krivoy Rog.
Fonte: Kulik, Korznnev, 1997.

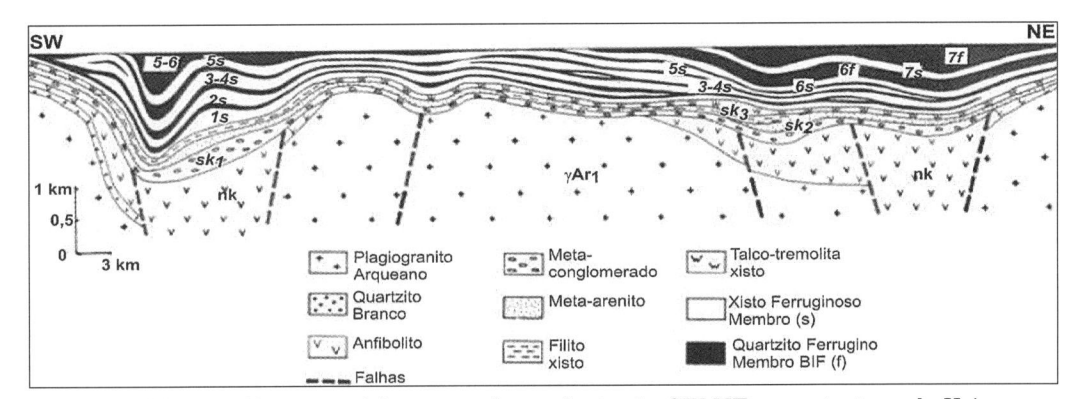

Figura 3.30 – Perfil esquemático segundo a orientação SW-NE, na estrutura de Krivoy Rog, mostrando a variação de espessura das Formações Ferríferas Bandadas (BIF).
Fonte: Kulik, Korznnev, 1997.

A sequência estratigráfica no Krivoy Rog consiste do Supergrupo Krivoy Rog, dividido em cinco grupos (BELEVTSEV, BELETESEV, 1981; BELEVTSEV et al. 1983, apud KULIK; KORZNNEV, 1997, p. 45), a saber (Figura 3.31): (i) Grupo New Krigvoy Rog, composto por metatoleiítos, metaandesitos e quartzitos/metarenitos da Formação Latovka; (ii) Grupo Skelevat, composto por metaconglomerados, metarenitos, micaxistos e talco-xistos (ca. de 100 m a 250 m espesso); (iii) Grupo Saxagan com intercalações de BIFs e xistos ferruginosos alternados (espessura estimada entre 1.200 a 1.300 m); (iv) Grupo Gdantsev, composto por brechas de BIFs, metarenitos, xistos carbonosos e mármores dolomíticos (ca. de 800 m de espessura); (v) Grupo Gleevat, composto por metaconglomerados e meata-arevitos com espessura de 2.500 m. A passagem das unidades do Grupo Skelevat para o Saxagan é gradacional, enquanto, no restante dos grupos, há discordância entre si (Figura 3.31).

A Bacia de Krivoy Rog mostra diferentes estágios de evolução, que são caracterizados por litologias específicas, as quais refletem as condições ambientais, que variam desde ambiente continental a marinho profundo.

O Grupo Saxagan, que contém a formação ferrífera, é o mais espesso na parte central da bacia de Krigoy Rog, com decréscimo na espessura e no número de membros desse grupo. As formações ferríferas que ocorrem no grupo Intermediário são separadas por camadas de xistos de vários tipos. Essa alternância de camadas representa deposição cíclica de material clástico e de precipitados quimicamente de ferro e sílica (Figura 3.32). A natureza cíclica da sedimentação foi controlada por movimentos tectônicos similares aos que contribuem para a formação de depósitos marinhos profundos. A variação litológica-mineralógica, apresentada nessa bacia, é muito semelhante àquela apresentada no Quadrilátero Ferrífero e demais locais com formações ferríferas bandadas de idade neoarqueana a paleoproterozoica.

A Bacia de Kremenchug representa a extensão norte da bacia de Krivoy Rog e é parte da mesma estrutura. A bacia de Kremenchug tem 50 km de extensão, 20 km de largura e 5 km de rochas vulcano-sedimentares, a sucessão contendo formações ferríferas tem de 1,5 a 2,0 km de espessura. A coluna estratigráfica de Kremenchug correlaciona-se com a de Krivoy Rog. O primeiro e segundo grupos, Grupo Kremenchug, correspondem às formações do Supergrupo Krivoy Rog, mas são separados por desconformidades. No Grupo Kremenchug, há maior quantidade de membros de formações ferríferas bandadas que no Krivoy Rog; a primeira formação de Kremenchug tem de 10 a 400 m de espessura e são intercaladas por xistos e arenitos com espessuras de 1 a 470 m. Os membros de formações ferríferas do segundo grupo tem espessura de 7 a 240 m e são intercalados por xistos e arenitos com 4 a 240 m de espessura. Entre esses dois grupos, há uma camada de arenito arcóseo e conglomerado, formando a desconformidade (ALEXANDROV, 1973).

Segundo Bordunov (1969) apud Alexandrov (1973), a intercalação de formações ferríferas e xistos são resultados de micropulsos tectônicos controlados por microciclos de sedimentação. Os micropulsos seriam causados pela variação na

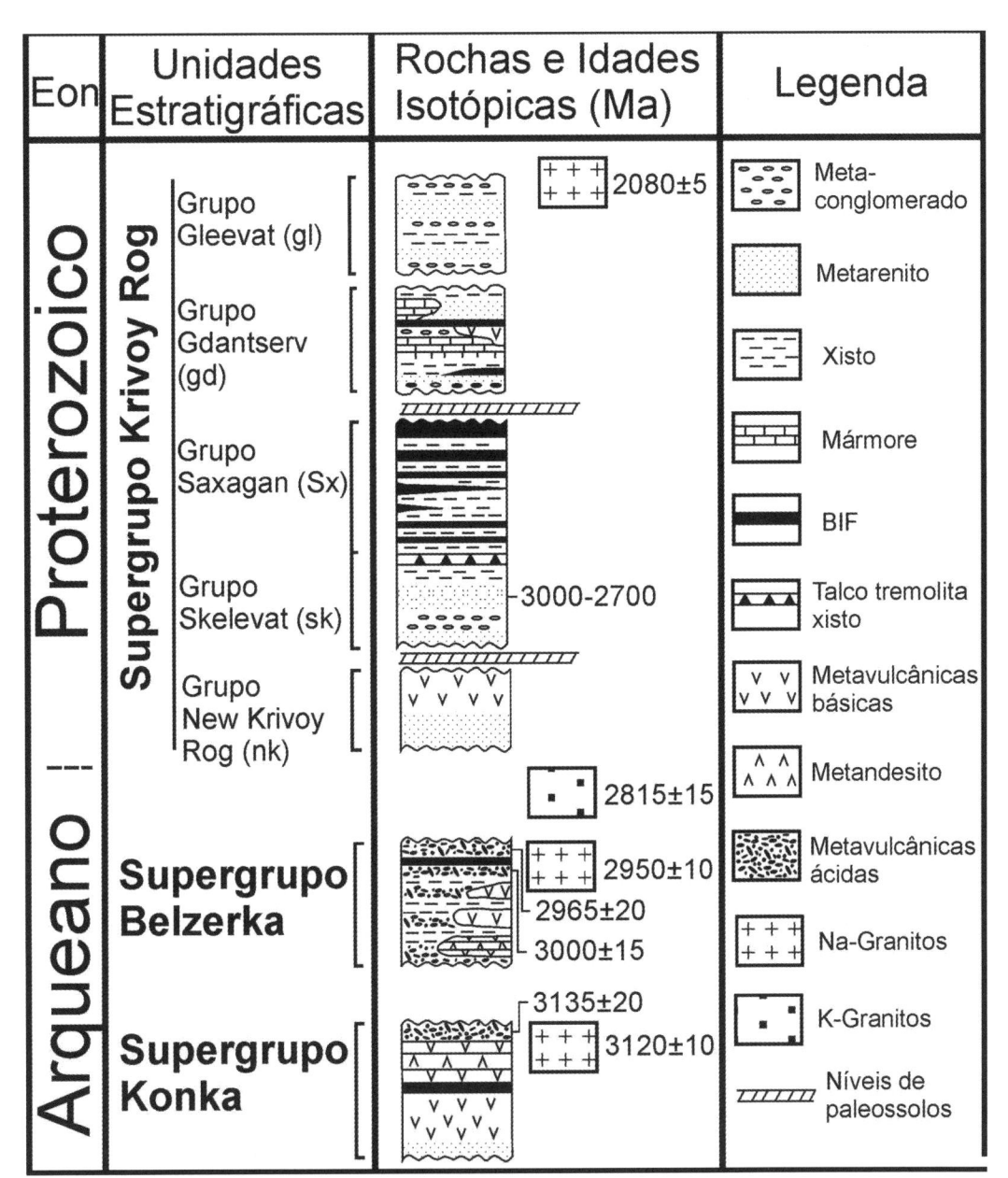

Figura 3.31 – Coluna estratigráfica para a área de Middle Dnieper do Escudo Ucraniano. Idades de U-Pb em zircão a partir de rochas graníticas arqueanas e paleoproterozoicas, de metavulcânicas arqueanas e metassedimentos da Bacia Krivoy Rog (idade de deposição mais jovem que 2,7 Ga).
Fonte: Kulik; Korzhnev, 1997.

profundidade das águas na bacia de sedimentação, e eram acompanhadas pela ativação vulcânica durante a subsidência da bacia, o aumento da atividade vulcânica é observada nas sequências transgressivas.

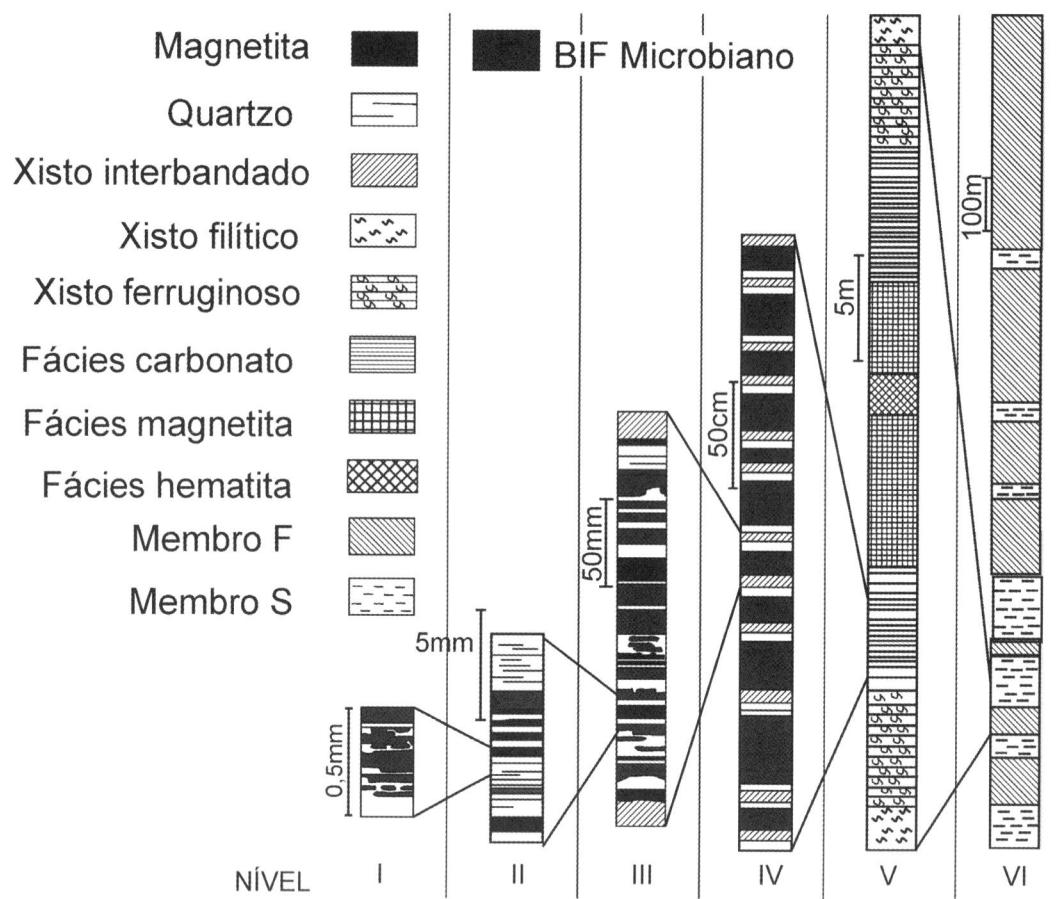

Figura 3.32 – Detalhe da variação da composição litológica/mineralogia em diferentes escalas, variando de bandamento (I-III) a ciclicidade (IV-VI).
Fonte: Adaptado de Kulik; Korzhnev, 1997.

As formações ferríferas de Kremenchug são representadas principalmente pelas fácies: silicato, silicato-magnetita, magnetita e hematita-magnetita. Estudos geoquímicos das rochas da KRK, particularmente das formações ferríferas, indicam que as litologias chert, chert-BIF, folhelho, BIF folhelhos, rochas alcalinas e BIF alterados dentro dos minérios de ferro Krivoy Rog, com evolução geoquímica e mineralógica faciológica lateral. As investigações na distribuição dos elementos maiores e traço padrão de REE mostram que os BIF de Krivoy Rog tem origem mista de ambiente marinho hidrotermal com água do mar, visto que muito do Fe e SiO_2 derivaram dos fluidos hidrotermais.

Os folhelhos e BIF folhelhos foram depositados e supridos por entradas clásticas e terrosas, dentro da plataforma, durante o primeiro estágio de deposição, e a maior parte dos cherts são de áreas profundas.

Assim os depósitos de BIF da Bacia Krivoy Rog-Kremenschug apresentam quatro fases principais:

- Estágio sedimentar hidrotermal, com deposição de sedimentos ricos em ferro;

- Estágio tectono-metamórfico, a sequência Krivoy Rog foi dobrada, empurrada e metamorfoseada regionalmente. Cherts e folhelhos foram depositados. Segundo estágio de metamorfismo (fácies xisto verde superior a anfibolíto) com geração de sistemas de falhas e dobras, com recristalização metamórfica de sedimentos argilosos e silicosos;

- Atividade hidrotermal alcalina dentro do sistema de falhas secundário e terciário, caracterizando o estágio pós-metamórfico. Interpretado como processo metassomático, com formação de rochas alcalinas alteradas de BIFs com nova paragênese mineral: aegirina-hematita-quartzo ou riebeckita-magnetita-quartzo;

- Modificações mineralógicas por meio da ação de águas profundas no sistema de falhas primárias, pelas exposições das zonas mineralizadas permitindo a formação de BIFs ricos em martita e goethita, que marcam o estágio final da evolução do BIF de Krivoy Rog.

3.2.6 Depósitos da América do Norte

Os grandes depósitos de minério de ferro da América do Norte, ocorrem na região do Lago Superior, englobando os Estados Unidos e o Canadá, com depósitos menores distribuídos no continente. Os depósitos da região dos Grandes Lagos são de grande importância para a indústria siderúrgica dos dois países, visto que essas indústrias encontram-se dispostas ao longo do contorno desses lagos, contribuindo fortemente para a economia da região.

3.2.6.1 Depósitos dos Estados Unidos

A região do Lago Superior, em 2004, produziu 95% do minério de ferro dos Estados Unidos, sendo que, desse montante, o estado de Minnesota produz 75% de minério de alto teor (VADIS; JORDAN, 2008).

A indústria siderúrgica norte-americana iniciou-se ao longo da costa atlântica durante o período colonial, com diversas fundições pequenas e produtos de qualidade inconsistente. Assim, perdiam em competitividade para a Inglaterra, que dominava o mercado da época.

A colonização do oeste, no início do século XIX, favoreceu as descobertas dos depósitos de minérios na região dos Grandes Lagos, com a descoberta de novos depósitos de minérios e carvão a oeste das montanhas dos Apalaches, permitindo uma nova realidade para a indústria siderúrgica, visto que a construção de ferrovias para o oeste, entre 1860 e 1885, consumia 1/3 de todo o ferro produzido. Além disso, os produtores de minério limitavam a produção para manter os preços altos, dificultando a sua expansão.

A proximidade do combustível aos centros de produção de minério foi um fator decisivo na instalação das plantas siderúrgicas no local. Apesar dessa proximidade, os custos de transporte dos combustíveis eram muito altos, em virtude da dificuldade de transportar via navio, pelas condições dos lagos, na época, que eram rasos e tinham quedas d'águas, aumentando a dificuldade e o tempo nesse transporte. Além disso, os minérios eram ricos em enxofre, produzindo apenas aços de qualidade inferior, fazendo que o aço produzido tornasse muito caro. A solução encontrada foi construir canais, contornando as quedas d'águas, utilizando barcos menores no transporte do combustível e do minério. Essa solução coincidiu com o aumento da demanda por ferro no mercado, com a expansão da construção das ferrovias para oeste, entre 1850 e 1860. Assim, a rede de ferrovias quadruplicou em tamanho.

A utilização de transporte fluvial permitiu uma maior integração entre as regiões dos Grandes Lagos, com expansão das operações de minerações e siderúrgicas, juntamente com diminuição dos custos operacionais da indústria siderúrgica norte--americana. A Guerra Civil aumentou a necessidade da utilização do minério de ferro do Lago Superior, com um maior volume de embarque e aumento na abertura de minas da região. Em 1861, a região de Marquette produzia 120.000 toneladas e, em 1873, passou a produzir mais de 1,0 Mt. Essa produção permaneceu até o século passado.

Outro problema encontrado foi o fim do minério rico, em decorrência da extensa extração do minério durante a Segunda Guerra Mundial. Segundo dados históricos, 85% do ferro norte-americana foi consumido nessa guerra; além disso, a exploração a céu aberto já não era mais comum, sendo necessário extrair o minério via mina subterrânea, encarecendo muito a exploração.

Em resposta a isso, a indústria siderúrgica norte-americana passou a importar minérios ricos de outros países, e passou a desenvolver tecnologia capaz de enriquecer o seu próprio minério, que, apesar de abundante não era economicamente viável. Por meio de auxílio governamental, foram desenvolvidas tecnologias para o enriquecimento do taconito, que tinha entre 25% e 30% de teor de ferro.

O taconito era moído e o ferro separado por processo de gravidade e flotação; os finos de minérios eram aglomerados por processo de aquecimento e moldagem, e, então, embarcados. Embora fosse um processo caro, o produto passava a ter 60% a 65% de ferro, além de se tornar adequado ao transporte. Apesar de não ser competitivo com os minérios de alto teor estrangeiros, em razão do custo, os *pellets* representam 80% da carga metálica utilizada nos altos-fornos norte-americana. Atualmente, 97% da produção de minério de ferro norte-americana é de *pellets*.

Em termos geológicos, a região do Lago Superior é um dos maiores distritos ferríferos do mundo, sendo bem conhecido desde o início do século passado (BAY-LEY; JAMES, 1973). Essa região é compreendida por um embasamento de idade anterior a 2,6 Ga, que é sobreposto por uma espessa sequência de rochas sedimentares e vulcânicas fraca a fortemente metamorfoseadas, incluindo diversos horizontes de formações ferríferas. Essa sequência é sobreposta por rochas vulcânicas e sedimentos clásticos pouco deformados, de idade pré-cambriana superior.

As três maiores unidades refletem os três grandes ciclos da história geológica do Pré-cambriano na região, cada uma consiste uma época de sedimentação e vulcanismo que foram finalizadas por deformação e posicionamento de rochas ígneas. Relictos de ciclos mais antigos são preservados no vale do Rio Minnesota, com rochas de idades de 3,55 Ga e no Dickinson County (Michigan).

As formações ferríferas mais antigas ocorrem em menores quantidades. Essas formações são denominadas tipo Algoma e têm associações vulcânicas, sendo encontrados no distrito de Vermilion (Minnesota), ao norte do distrito de Mesabi, e em Dickson County (Michigan). Essas ocorrências não são exploradas economicamente.

As principais formações ferríferas da região encontram-se dentro do Supergrupo Marquette Range e seu equivalente parcial, o Grupo Animikie de Minnesota, tendo sido depositadas no período Huroniano (entre 1,8 e 2,0 Ga), o que representa a grande importância econômica desses depósitos, que são semelhantes aos outros depósitos do Proterozoico Inferior, encontrados em outras partes do mundo.

Os depósitos encontrados na região do Lago Superior são importantes fontes de minério para a indústria siderúrgica da América do Norte, e seus depósitos principais encontram-se localizados ao redor do Lago Superior, o maior depósito é o Mesabi Range (Minnesota) (Figura 3.33)

Os principais depósitos de minério de ferro dos Estados Unidos são: Mesabi Range, Cuyuna, Marquette Range, Menominee, Gogebic e Iron River-Crystals falls.

3.2.6.1.1 Depósito de Mesabi Range

Mesabi Range é um depósito de ferro, localizado na margem norte do orógeno Penokean do Proterozoico Inferior, ao norte de Minnesota (Estados Unidos). O distrito ferrífero produziu 3,6 Gt de minério de ferro, de 525 minas existentes desde 1890, dos quais 2,3 Gt eram de minérios hematíticos ou goethíticos de alto grau, respondendo por 27% da Formação Ferrífera de Biwabik. A Formação Ferrífera Biwabik é uma unidade do Proterozoico Inferior que forma um cinturão contínuo aflorante de 0,4 a 5,0 km de largura por mais de 200 km de extensão, com 60 a 230 m de espessura. Essa formação ferrífera sobrepõe o quartzito Pokegama basal com restos de embasamento granitoide Arqueano, e é sobreposta por uma sequência espessa de grauvaca-folhelho da Formação Virgínia (PORTEGEO, 2009). Essas três unidades compõem o Grupo Animikie.

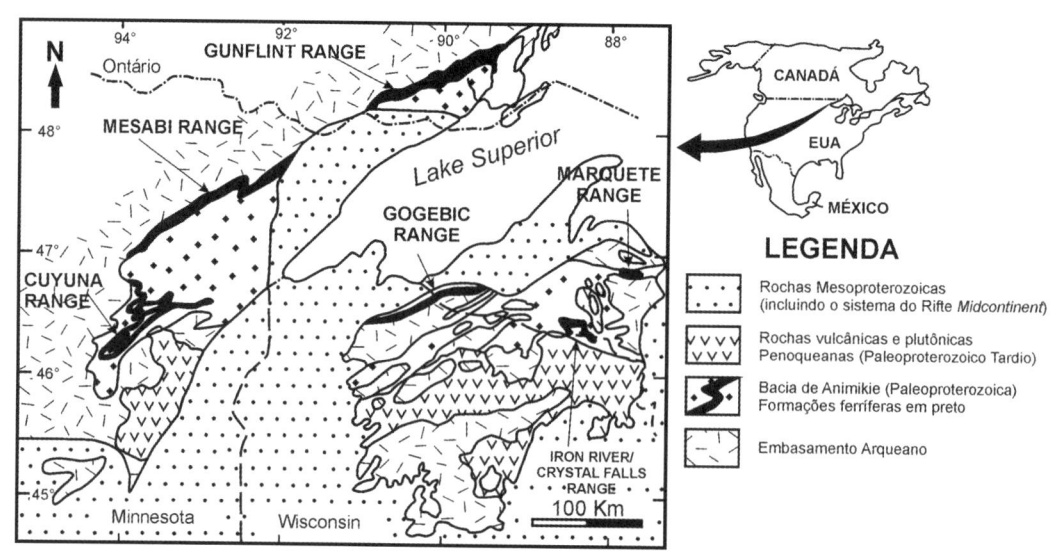

Figura 3.33 – Mapa com os principais depósitos de minério de ferro da região do Lago Superior.
Fonte: Pufahl; Hiatt; Kyser, 2010.

As formações ferríferas da Formação Biwabik são divididas em dois tipos: 1) rochas de cherts que são granulares e maciças, ricas em chert, quartzo e óxidos de ferro (dominantemente magnetita), com menor quantidade de hematita; e 2) rochas finamente foliadas, de granulação e laminação finas, e compostas, principalmente, por silicatos de ferro (minnesotaita e stilpnomelana) e carbonatos de ferro (siderita, ankerita e calcita).

Os minérios de alto grau são classificados como: a) minério de alto grau azul ou marrom, com teor médio de ferro entre 59% e 61%, alumina e fósforo < 1% e sílica entre 2,0% e 3,0%, derivados dos protólitos ricos em magnetitas que foram alterados para minérios ricos em martita; b) minério de grau intermediário marrom ou amarelo, com teor médio de ferro de 55% e 56%, com >1,5% de alumina e 5,0% a 10% de sílica; c) minério de baixo grau amarelo ou marrom com teor médio de 50% de ferro, > 6% de alumina e 5,0% a 10% de sílica, derivados das rochas laminadas, da parte superior da Formação Biwabik.

O enriquecimento do minério é gerado pela lixiviação das rochas com mais de 40% a 60%, principalmente do minério de chert, formando minério muito poroso e compactado em dois terços de sua espessura original.

Dos corpos de minérios ricos, 80% estão relacionados espacialmente com as falhas, e podem ocorrer de três formas: corpos em fissuras (15 a 20 m de largura, 15 m de espessura por 60 m de comprimento); corpos grandes (1.500 m de comprimento, 330 m de largura e 60 a 120 m de espessura) e corpos tabulares.

Além disso, também foram minerados sedimentos marinhos de idade Cretácica, formados pelo retrabalhamento do minério de alto grau, esses sedimentos mais jovens são conglomerados de ferro com clastos de minérios de alto grau da Formação Biwabik.

O minério de alto grau desse depósito exauriu no início da década de 1970, passando a ser minerado o minério magnetítico pobre da formação ferrífera conhecida como taconito.

3.2.6.2 Canadá

No século passado, o processo de industrialização dos Estados Unidos e do Canadá foi baseado no minério naturalmente enriquecido dos depósitos encontrados na Região dos Grandes Lagos (GROSS, 1980). No Canadá, antes da Segunda Guerra Mundial, o minério era produzido pelos pequenos depósitos. Após a Segunda Guerra Mundial, foi iniciada a exploração de minérios de alto grau em outras regiões, como Steep Rock Iron Range (Ontário) e Knob Lake Iron Range de Quebec e Labrador (Schefferville).

O aparecimento no mercado de minérios ricos e em grandes quantidades passou a oferecer riscos ao minério canadense, quando ocorreu a redução do custo do transporte. No entanto, os fatores que favoreceram a continuação de suas minas foram os mercados cativos com a propriedade das minas; a capacidade de engenharia e planejamento da produção e as aplicações tecnológicas avançadas na mineração e no processamento de enriquecimento do minério (GROSS, 1980).

Os depósitos de minério de ferro, de idade Arqueana, do Canadá, são de grande importância econômica, cuja soma representa 25% do total da reserva de minério de ferro do país. Esses depósitos encontram-se amplamente distribuídos no Escudo Canadense, com maior quantidade na Província Superior, seguida da Província Churchill, e com uma menor quantidade na Província Slave.

3.2.6.2.1 Labrador Trough

O depósito de Labrador Trough iniciou sua mineração em 1954. O minério granulado de Knob Lake vinha sendo minerado na mina de Schefferville de 1954 a 1982. Atualmente, há três minas produzindo concentrados e pelotas com produção de 35 Mt/ano, que se iniciou em 1961.

O termo Labrador Trough é utilizado para descrever o geosilcinal formado de rochas Proterozoicas que corta a Península Quebec-Labrador por 1.100 km, formando um cinturão de 100 km de largura. O lado oeste desse geossinclinal é formado por espessa sequência sedimentar (Figura 3.34 A e B), que alguns autores dividem em três partes, de acordo com as variações litológicas e metamórficas (NEAL, 2000).

Os principais tipos de formações ferríferas são: 1) minério supergênico, enriquecimento por lixiviação e com baixo grau de metamorfismo, consiste de formação ferrífera com chert, composto principalmente por óxido de ferro secundário (hematita, goethita e limonita) de granulação fina friável; 2) taconitos de granulação fina, pouco metamorfisadas, com conteúdo de magnetita acima das formações ferríferas, geralmente, denominadas formações ferríferas magnetíticas; 3) minério mais metamorfisados, denominados metataconitos (GROSS, 1968, apud NEAL, 2000) de granulação grosseira, com hematita especular em quantidade subordinada e magnetita como mineral de ferro dominante (NEAL, 2000).

A seção Norte estende-se de 250 km ao norte do Koksoak River e segue para noroeste da Baía de Ungava. Nessa seção, a formação ferrífera é uma continuação das camadas de chert para o sul, com modificações devidas ao metamorfismo de fácies epidoto anfibólio. A formação ferrífera resultante é o tipo 3, denominado metataconito, que consiste de: xisto magnetita-hematita especular associados a quartzo granular recristalizado, com finas placas de hematita e bandamento localizado, de carbonato e grunerita. O conteúdo de magnetita é variável, sendo dominante no depósito Morgan a sul da Baía Payne.

As rochas sedimentares encontram-se altamente dobradas com sinclinais virados para oeste e cortados por falhas de cisalhamentos de direção noroeste e mergulho para leste. Essa seção apresenta uma estratigrafia semelhante à seção Central com a sequência sedimentar depositada em desconformidade sobre gnaisses Arqueanos. A formação basal é composta por: biotita-clorita-granada xisto sobreposto por quartzito e silicatos.

O processo de beneficiamento do metataconito concentra o minério em 65% a 67% de ferro, os depósitos dessa seção são Morgan (sul da Baía Payne) e Castle Mountain (Baía Hopes Advance).

A seção central (ou Knob Lake Range) estende-se a 550 km para sul do Rio Koksoak ao Grenville Front, situado a 30 km ao norte do lago Wabush e ocupa uma área de 100 km de comprimento por 8 km de largura. As rochas sedimentares incluem a formação ferrífera com chert e estão pouco metamorfisadas; na fácies xisto-verde, apresentam arranjo estrutural complexo, associado ao processo de lixiviação e enriquecimento secundário. Produz depósitos de minérios de textura terrosa. A formação ferrífera magnetítica bandada sem alteração é denominada taconito e é a principal fonte do minério concentrado; ocorre em camadas com suave mergulho no depósito de Howells River (oeste de Schefferville), Kaniapiskay River (December Lake) e Otelnuk.

As rochas sedimentares de Knob Lake Range, encontradas na direção noroeste, têm superfície corrugada, em virtude das cadeiras de quartzito, e formações ferríferas que se alternam com vales de folhelhos e slates. A orogenia Hudsoniana comprimiu os sedimentos em uma série de sinclinais e anticlinais que são cortados por falhas reversas de mergulho primário para leste. Os sinclinais estão

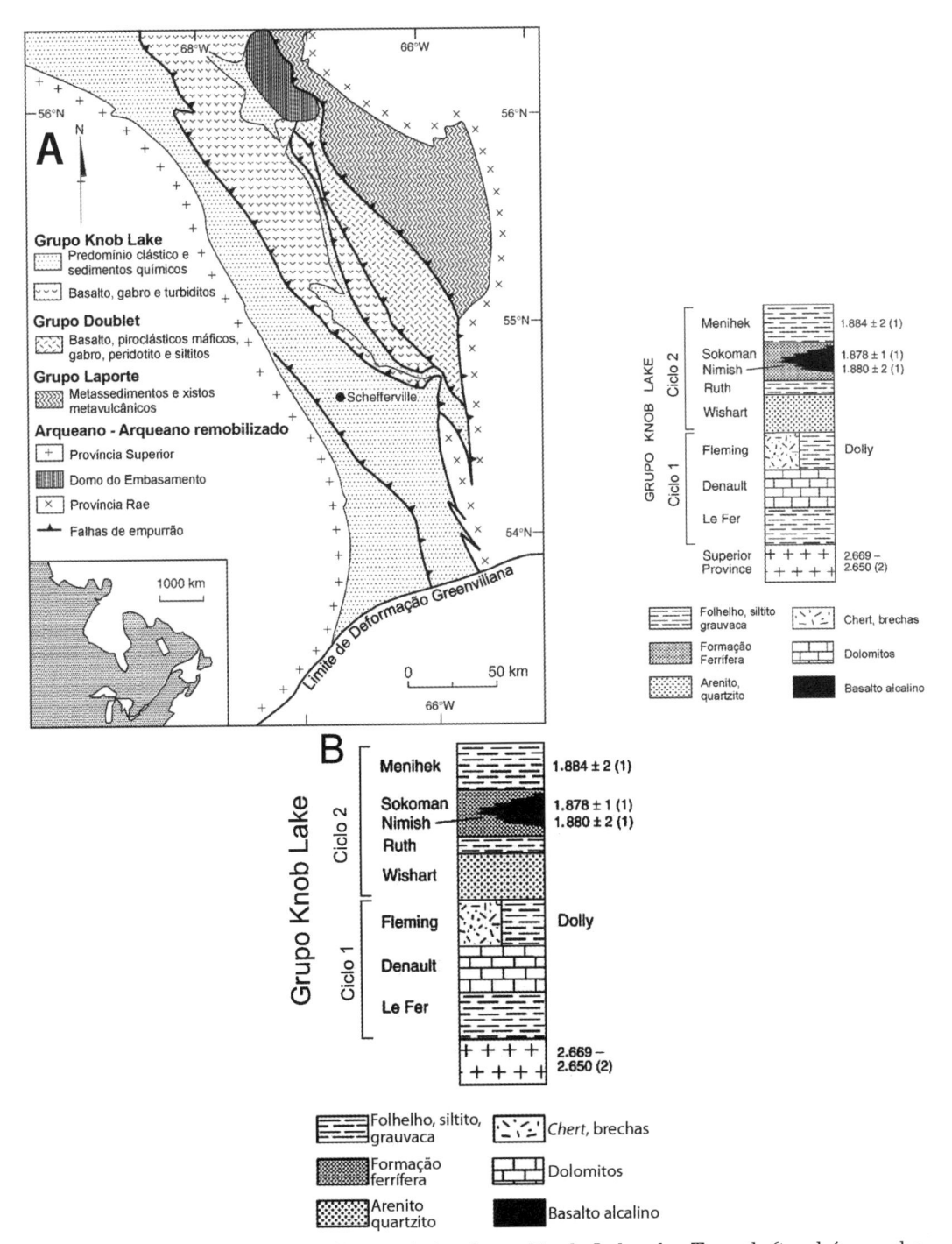

Figura 3.34 – (A) Subdivisão litotectônica da região de Labrador Trough (também conhecido como orógeno de New Quebec), onde estão localizados os depósitos de minério de ferro; (B) Coluna estratigráfica do Grupo Knob Lake.
Fonte: Williams; Schmidt, 2004.

tombados para sudoeste e limitados a leste por falhas. A maioria dos depósitos de minério com textura terrosa ocorre nos sinclinais na forma de canoa; alguns têm corpos tabulares com profundidades de, pelo menos, 200 m, e poucos depósitos estão achatados pelo sistema de falhamento.

Os processos supergênicos atuantes na seção Central, transformaram as formações ferríferas em minérios de alto grau, preferencialmente nas depressões dos sinclinais e/ou nos blocos rebaixados por falhas. As texturas sedimentares originais estão preservadas, pela lixiviação seletiva e substituição dos depósitos originais.

A seção Sul estende-se do sul de Grenville Front pela região de Wabush-Mont Wright até o Lake Pletpi. Essa seção encontra-se dentro da Província Tectônica Grenville, onde as formações ferríferas e os sedimentos associados estão dobrados e falhados durante, pelo menos, dois períodos orogênicos: Hudsoniano (eixo de direção norte para N20 E) e Grenville (cortando a orogenia anterior com eixo leste para N60 E). Essas rochas são metamorfisadas no fácies epidoto-anfibólio, e formam xistos e gnaisse. A oeste do Lago Wabush, as dobras recumbentes iniciais foram redobradas em repetidos anticlinais e sinclinais abertos, voltados para oeste. O depósito de Carol é resultado do aumento de espessamento da camada de magnetita-hematita especular xisto nos narizes dos sinclinais e pela repetição das dobras paralelas. O sistema de dobramento tem gerado diversos depósitos com larguras estimadas de 200 a 600 m, com 400 m de profundidade.

3.2.6.2.2 Depósito de Snake River (tipo Rapitan)

O depósitos de formações ferríferas ocorrem nas Montanhas Mackenzie dos Territórios de Yukon e Noroeste do Canadá (YOUNG, 1976). Forma um arco de 400 km de comprimento (Figura 3.35), é de idade neoproterozoica, constituído principalmente de formação sedimentar com depósitos de origem glacial (Figura 3.35).

A sequência estratigráfica desse depósito mostra que a Formação Rapitan, no qual se encontra o minério pode ser dividido em três sequências (Figura 3.36) sedimentares, com evidências claras de processos glaciais (p. ex.: ESIBACHER, 1981, KELIN e BEUKES, 1993). A Formação Mount Berg, na base com 300 m de espessura, consiste de diamitito maciços com clasto de carbonato intrabacinai. A Formação Sayunei, com espessura de 300 a 600 m, contém turbidíticos silticos escuros (ferruginosos) e claros com camadas de arenitos e conglomerados intercaladas. Esta unidade apresenta-se interdigitada com a Formação Mount Berg. O topo da sequência é representado pela Fm. Shezal composta por diamititos com matriz argilosa ou grauváquica separados por camadas delgadas de argilitos, siltitos e arenitos (HALVERSON et al., 2011). Halverson et al. (op. cit.) detalha uma das seções do Grupo Rapitan na região Hayhook Lake (Figura 3.35) e apresenta a coluna estratigráfica para a região estudada e a coluna composta para as Montanhas Mackenzie (Figura 3.36).

Na Formação Sayunei ocorre a redução de tamanho de grão para o topo, o que é interpretado por KLEIN e BEUKES (1993) como elevação do nível do mar, como consequência da carga isotática do avanço da calota polar durante o Esturtiano (em torno de 716 Ma). A Formação Ferrífera, cujas camadas constituem importantes depósitos de ferro, são constituídas por siltitos e argilitos hematíticos e jaspelito-hematita finamente bandado, nodular ou peloidal (KLEIN, BEUKES, 1993).

Nesta sequência do Grupo Rapitan (topo da Fm. Sayunei e base da Fm. Shezal), observa-se a presença de: argilitos laminados bem acamadados, indicando ambiente profundo e de água calma; blocos estriados, típico de depósitos glaciais, e formações ferríferas formadas em ambiente glacial. Pelos sedimentos encontrados, sugere-se que sejam formados em ambientes glaciomarinhos, com diferentes regimes de transgressão e regressão marinha, resultando em processos com depósitos diferenciados.

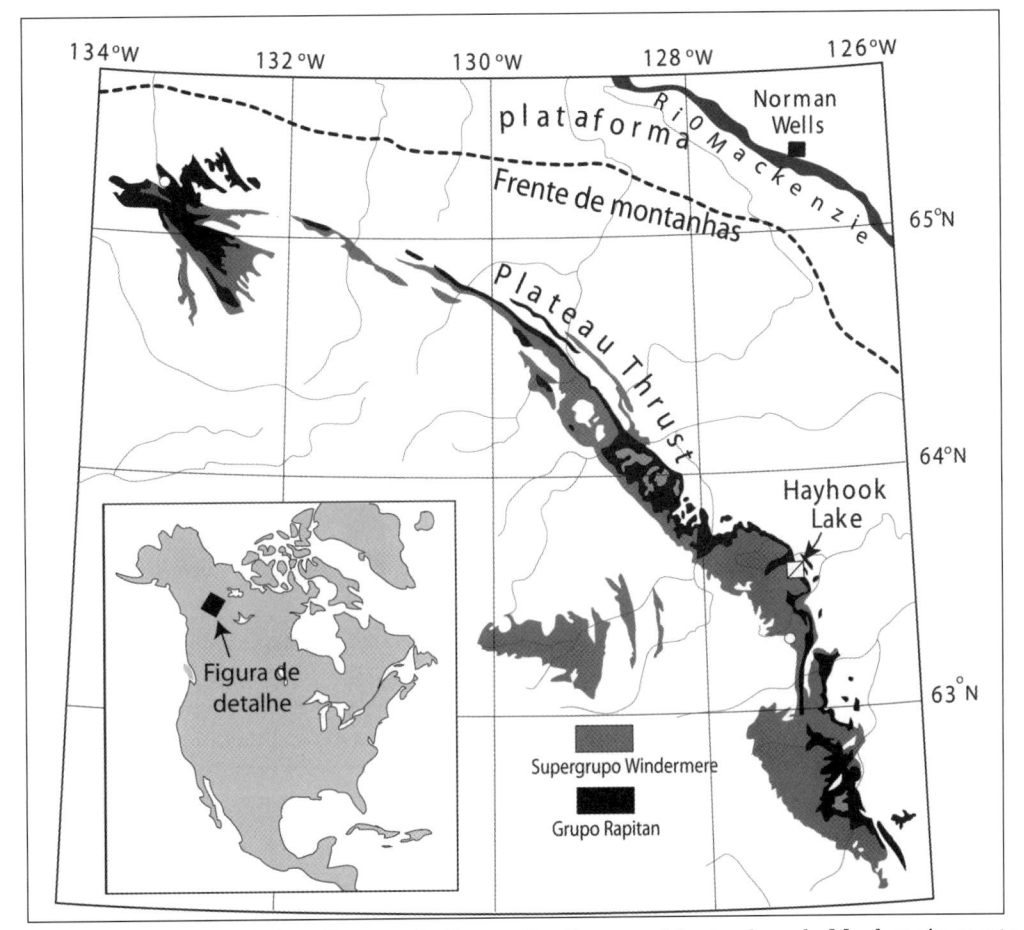

Figura 3.35 – Mapa de localização do Grupo Rapitan nas Montanhas de Mackenzie, norte da Cordilheira Canadense.
Fonte: Halverson et al., 2011.

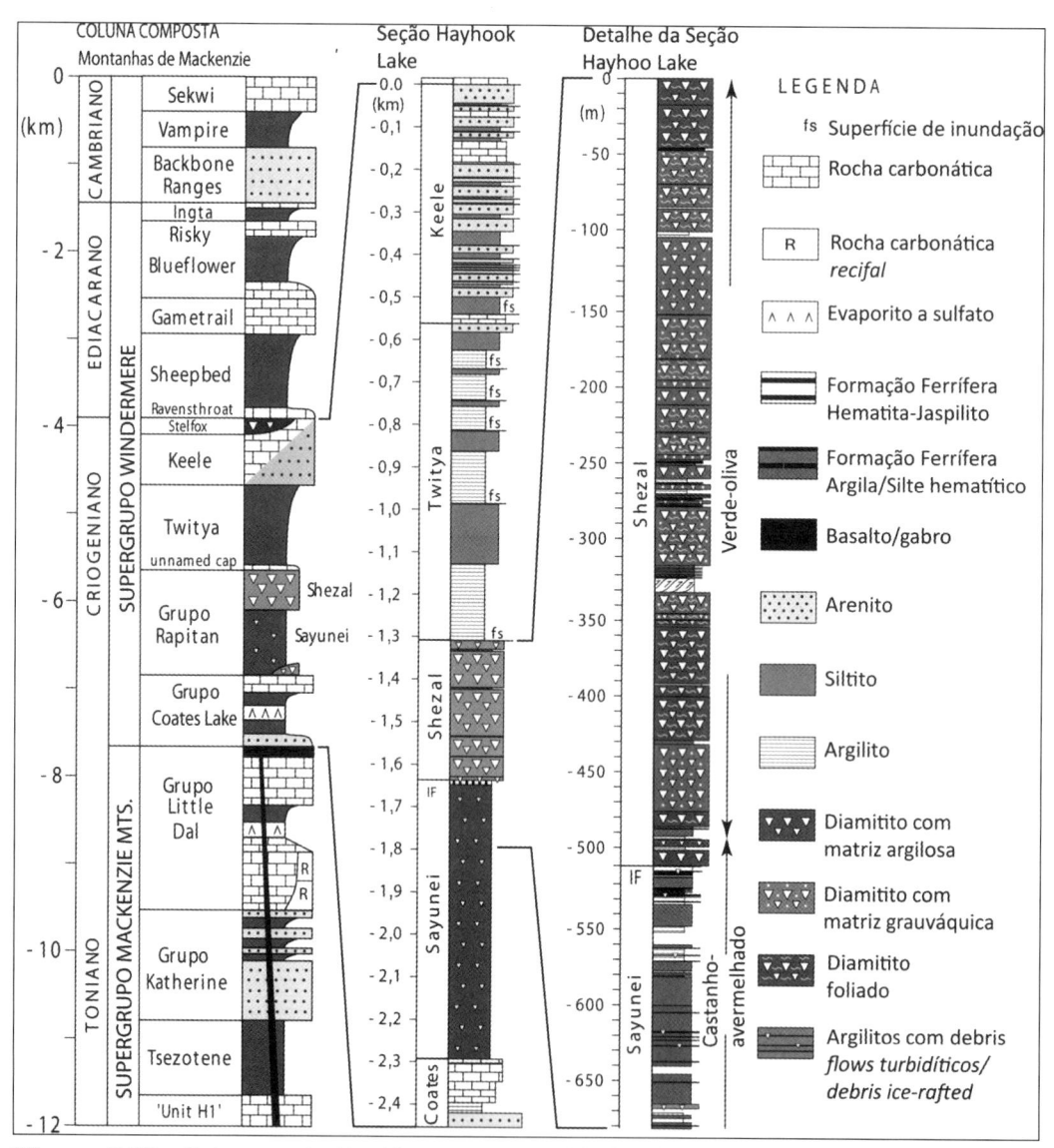

Figura 3.36 – Colunas estratigráficas para as unidades das Montanha Mackenzie (à esquerda). Na parte central, seção estratigráfica da região de Hayhook Lake com detalhamento do Grupo Rapitan e unidades logo abaixo e acima. Na direita, detalhe da porção intermediária e superior do Grupo Rapitan com a sequência de sedimentação, incluindo as camadas de formação ferrífera.

Fonte: Halverson et al., 2011.

3.3 Relacionados a atividades magmáticas e/ou vulcano-sedimentares (tipo Kiruna e Lahn-Dill)

3.3.1 Depósito de minério tipo Kiruna

3.3.1.1 Depósitos da Suécia

Os principais depósitos de ferro da Suécia são as minas de Kiruna e Malmberget e o minério é exportado pelos portos de Lulea (pelo Mar Báltico) e Narvik (para o resto do mundo) (Figura 3.37). As plantas de processamento e pelotização estão localizadas em ambas as minas e em Svappavaara. Os demais depósitos apresentam pequena importância econômica e são utilizados, principalmente, para consumo interno.

3.3.1.1.1 Depósito de Kiruna

Nesse depósito, o minério é composto basicamente por magnetita de granulação fina com abundância local de disseminações finas de apatitas (principalmente como fluorapatita). Os minerais acessórios são: actinolita, biotita, calcita, quartzo, titatina, diopsídio e albita. Esse minério pode ser dividido em dois tipos, um mais precoce pobre em apatita (<0,1% P) e outro posterior (cortando a sequência) mais rico em apatita, denominado minério magnetítico com apatita com (> 0,1% a

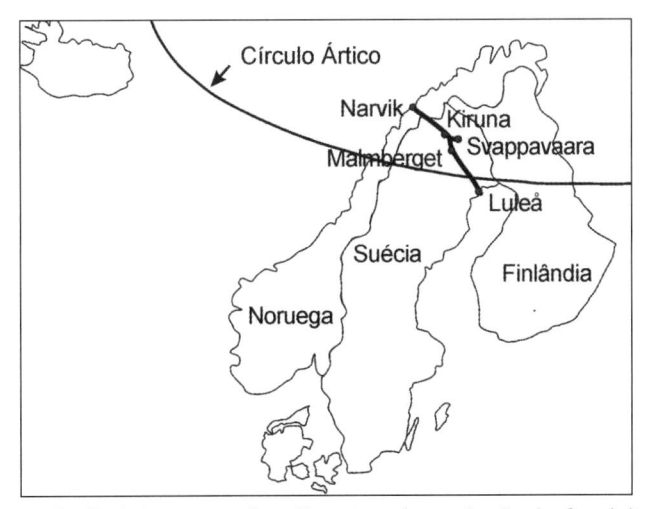

Figura 3.37 – Mapa da Suécia com as localizações dos principais depósitos de minério de ferro (Kiruna e Malmberget).
Fonte: LKAB, 2009.

4% P); esse depósito tem uma reserva total calculada de 2.000 Mt com 60% a 68% de Fe, 0,97% de P, 0,03% de S e 0,07% Mn (Figuras 3.38 e 3.39).

O depósito tipo magnetita-apatita forma corpos tabulares ou como canais e diques, o corpo do minério é uma massa concordante a subconcondante, lentes ou "pods" de minério maciço a submaciço cortando o minério pobre em apatita. Os minérios de coloração preta têm menores quantidades de apatita que os minérios de coloração cinza.

A mina de Kiruna pertence à empresa LKAB, situada nas proximidades da cidade de Kiruna, na região de Norboten ao norte da Suécia. Essa é a maior mina subterrânea de minério de ferro do mundo, cujo corpo de minério tem 4 km de comprimento, 80 m de espessura e 2 km de profundidade; atualmente, estão extraindo no nível 1.045 m, cuja produção se estenderá até 2018.

A mineração dessa mina teve início há mais de 100 anos, com produção de aproximadamente 950 Mt de minério, tendo sido extraído apenas 1/3 do corpo de minério original. A mina de Kiruna produz 2/3 da produção total da Suécia, que é de 30 Mt/ano.

3.3.1.1.2 Depósito de Malmberget

A descoberta do depósito de Malmberget deve ter ocorrido no final do século XVII, com início da exploração em pequena escala no século XVIII, vindo principalmente do corpo de minério de Kapten (Figura 3.40). Com a construção da ferrovia ligando Lulea a Gallivare, em 1888, a produção aumentou rapidamente, havendo a abertura de novas cavas em muitos dos corpos aflorantes (MARTINSSON; WANHAINEN, 2000).

A mina de minério de ferro de Malmberget pertente à LKAB e está localizada em Gällivare, a 75 km de Kiruna. Essa mina contém 20 corpos de minério, espalhados em subsuperfície, sobre uma área de 5 km por 2,5 km (MARTINSSON; WANHAINEN, 2000). Desses corpos, apenas sete estão sendo explotados, atualmente. No total, foram extraídos mais de 350 Mt desde 1892, quando iniciaram a sua extração, com produção média de 7 Mt de minério fino de 10 Mt do minério *run-of-mine*, representando 1/3 da produção da companhia.

O minério de Malmberget está hospedado em rochas vulcânicas de composição félsica a máfica, de idade pré-cambriana, que foram fortemente metamorfoseadas e deformadas, e que recebem a denominação de leptitos, na área de Malmberget. A textura porfirítica é preservada, localmente, em rochas félsicas; as amígdalas são observadas ocasionalmente, sugerindo uma origem extrusiva e um caráter primário, similar aos pórfiros de Kiruna. As rochas máficas são encontradas próximas aos corpos de minérios, como lentes em conformidade a discordantes; essas rochas podem ser diques formados como *sills* ou extrusões.

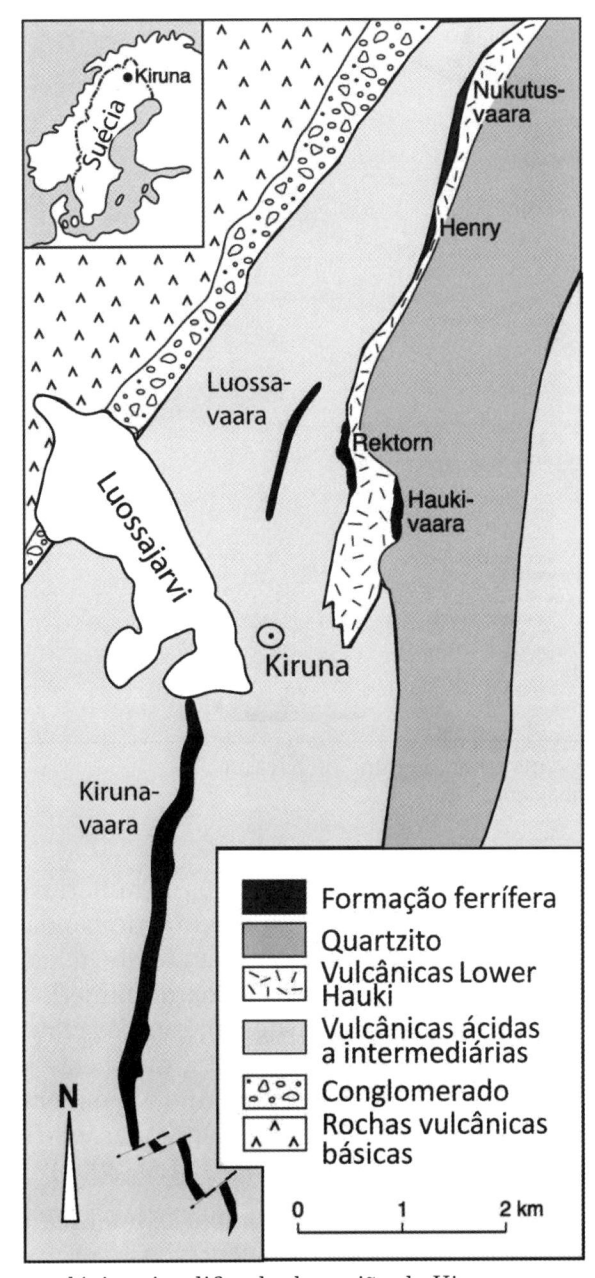

Figura 3.38 – Mapa geológico simplificado da região de Kiruna com os depósitos de ferro principais, norte da Suécia. Corpos de minério tabulares mergulham de 50° a 70° para leste e hospedam-se nas rochas vulcânicas ácidas a intermediárias do Grupo Porphyry. As Vulcânicas Lower Hauki são compostas de rochas piroclásticas e sedimentares.
Fonte: Harlov et al., 2002.

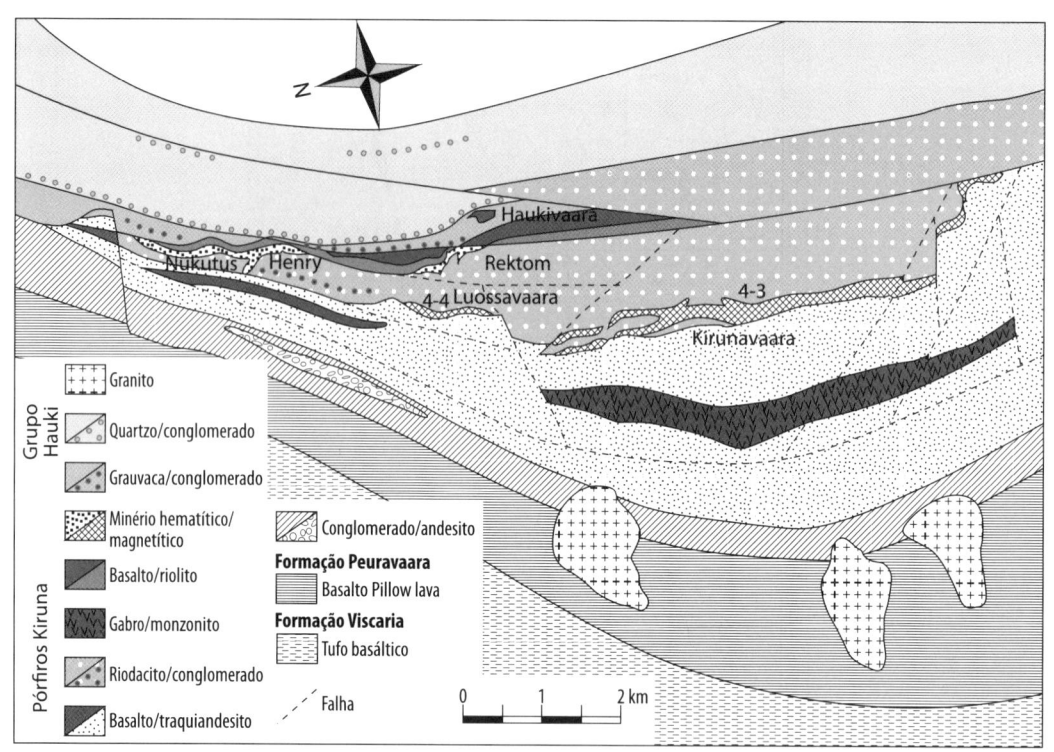

Figura 3.39 – Seção transversal da mina de Kiruna.
Fonte: Martinsson e Wanhainen, 2000.

Na porção oeste e norte do depósito, os corpos de minérios formam horizontes quase contínuos, com extensão de 5 km, apresentando bandamento de apatitas, que é uma feição comum desse minério, e contêm também magnetita e hematita. Na porção leste, ocorrem vários corpos isolados de minério de magnetita, que contêm menor quantidade de apatita. Nesses minérios, os minerais de ganga principais são apatitas, anfibólios, piroxênios e biotita; raramente são encontrados piritas, calcopititas, bornita e molibdenita. O tamanho dos minerais de minério varia de 0,5 a 2 mm, com porfiroblastos maiores de magnetitas, que são encontrados no minério com hematita (MARTINSSON; WANHAINEM, 2000).

A rocha hospedeira dos minérios tem composição félsica predominante, rica em feldspatos potássicos. Localmente, são encontradas rochas albíticas, e algumas apresentam estruturas amigdaloidal relícticas. As rochas máficas são, usualmente, ricas em biotitas e escapolitas alteradas. No entanto, a magnetita é o principal mineral de ferro. Em algumas áreas, ocorre presença de quantidades significativas de hematita. O conteúdo de apatita varia de um corpo de minério para outro, com teor médio de fósforo abaixo de 0,8%. A reserva atual é de 300 Mt.

O método de lavra predominante é desenvolvido em cavas subterrâneas de larga escala; com utilização de perfuratriz e equipamento de carregamento, con-

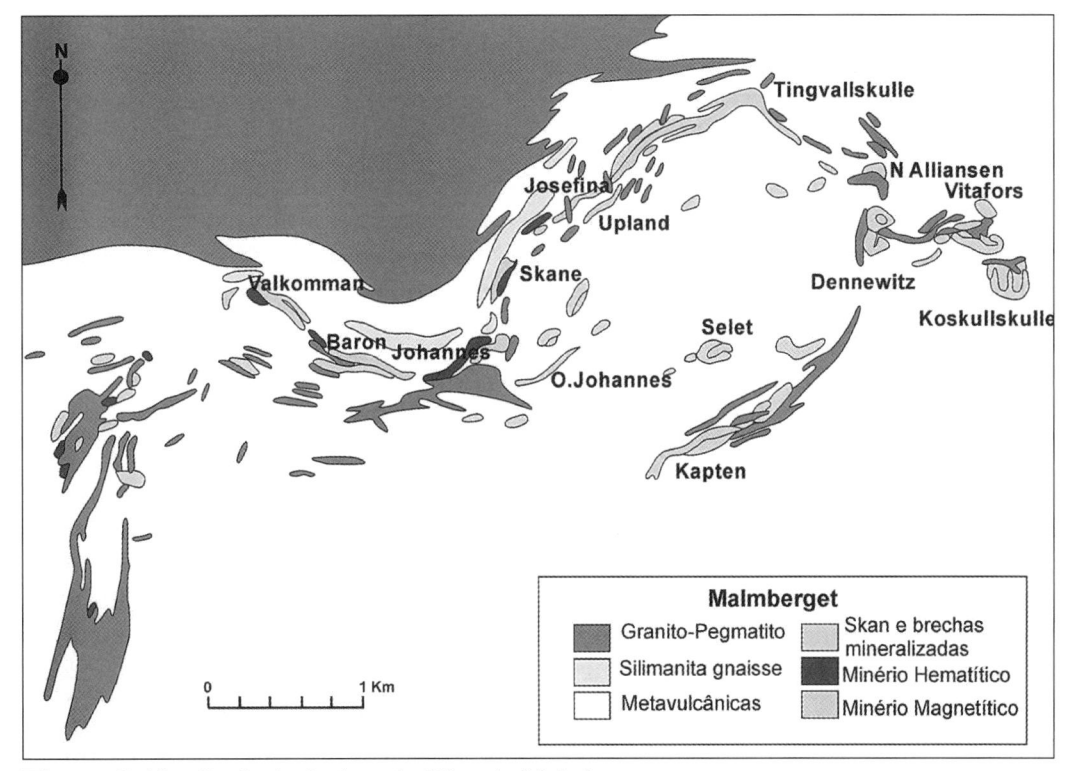

Figura 3.40 – Geologia da área da Mina de Malmberget.
Fonte: Martinsson; Wanhainen, 2000.

trolados por controle remoto, permitindo uma produtividade muito alta de trabalho.

O minério quebrado é transportado por correias para o nível de distribuição e com a utilização de caminhões com capacidade de 120 t (Sisu Mammut) são conduzidos às estações de moagem (em subsuperfície). O sistema de correias é empregado por apresentar um melhor controle da mistura dos minérios de cada uma das sete áreas em operação (MARTINSSON; WANHAINEN, 2000). Após a moagem primária, em subsolo, o minério é transportado para superfície para beneficiamento. Todo minério da mina de Malmberget é moído e peneirado, e, então, é enriquecido pela técnica de separação magnética. Na saída do concentrador, o minério processado é dividido, com a produção de finos de *sinter feed*, olivina pellets ou concentrado de ferro em pó.

3.3.1.2 Depósitos Andinos

A maioria dos depósitos de minério de ferro do Chile é do tipo Kiruna e ocorre ao longo de um estreito cinturão de direção norte–sul com aproximadamente 500 km de extensão, com reservas estimadas de 2.000 Mt (60% Fe) (OYARZÚN et al.,

2003). Esses depósitos formam o denominado Cinturão Ferrífero, que consiste de corpos irregulares, veios, disseminações e pseudobrechas de magnetitta, actinolita e apatita, e que está posicionado em lavas andesíticas, da Formação Bandurrias (Figura 3.41) (Cretáceo Inferior) (ESPINOZA, 1990).

O período Cretácico corresponde importante período tectônico, magmático e metalogenético do Chile; evidências geológicas indicam que as maiores mudanças ocorreram durante o período Neocomiano, com o posicionamento da superpluma (Superpluma do Mid-Pacífico) e o processo de reorganização das placas do Pacífico (OYARZÚN et al., 2003).

A paragênese mineral desse depósito de minério inclui magnetita com baixo teor de Ti, actinolita e apatita, como minerais dominantes, e, como minerais acessórios, são encontradas a escapolita e uma fase posterior de sulfetos.

As evidências de presença de clastos de magnetita envolvidas por lavas e brechas, ausência de mineralização em rochas sedimentares associadas com a rocha mineralizada e as idades radiométricas dos diques andesíticos serem pós-mineralização, mostram que houve a intrusão de corpos dioríticos em rochas andesíticas vulcânicas e subvulcânicas, formando complexos mineralizados, que são comagmáticos com as rochas andesíticas subvulcânicas (OYARZÚN, 2000; ESPINOZA, 1990).

Apesar de serem depósitos cogenéticos, os diferentes depósitos encontrados no Cinturão Ferrífero são formados em ambientes tectônicos diferenciados, gerando diferentes tipos de depósitos, conforme pode ser observado nas Figuras 2.10 e 3.42.

A mineralização do ferro foi depositada quase contemporaneamente com as lavas das rochas hospedeiras. Durante o desenvolvimento do arco vulcânico Bandurrias, foram formados depósitos vulcanogênicos de magnetita, actinolita e apatita (depósitos tipo Carmem e El Algarrobo); em ambiente marinho costeiro, eram formados os depósitos vulcano-sedimentares de chert ferrífero e lentes magnetíticos (depósito tipo Bandurrias – Figura 2.10B).

As intrusões subsequentes de *plutons* (batólito Cretácico) poderia remobilizar parte dessas mineralização, que transportado por fluidos, transformando e enriquecendo os depósitos vulcanogênicos existentes (ou seja, depósito tipo El Algarrobo – Figura 2.10C); a possibilidade da contribuição de uma quantidade pequena de ferro dos *plutons* também é considerada (ESPINOZA, 1990). Algum ferro permanece dentro da massa plutônica como uma fração imiscível (tipo depósitos La Suerte– Figura 2.10D). Finalmente, a erosão dos depósitos de ferro durante o Plio-Pleistoceno formando o depósito tipo E, depósito Desvío Norte. (ESPINOZA, 1990).

O depósito de ferro El Laco é um depósito tipo Kiruna, de caráter vulcânico e subvulcânico (OYARZÚN, 2000; FRUTOS et al., 1999). Esse depósito apresenta algumas particularidades: é o único depósito, ao longo da Cadeia Andina, com apenas a ocorrência de óxido de ferro e é um depósito excepcionalmente novo

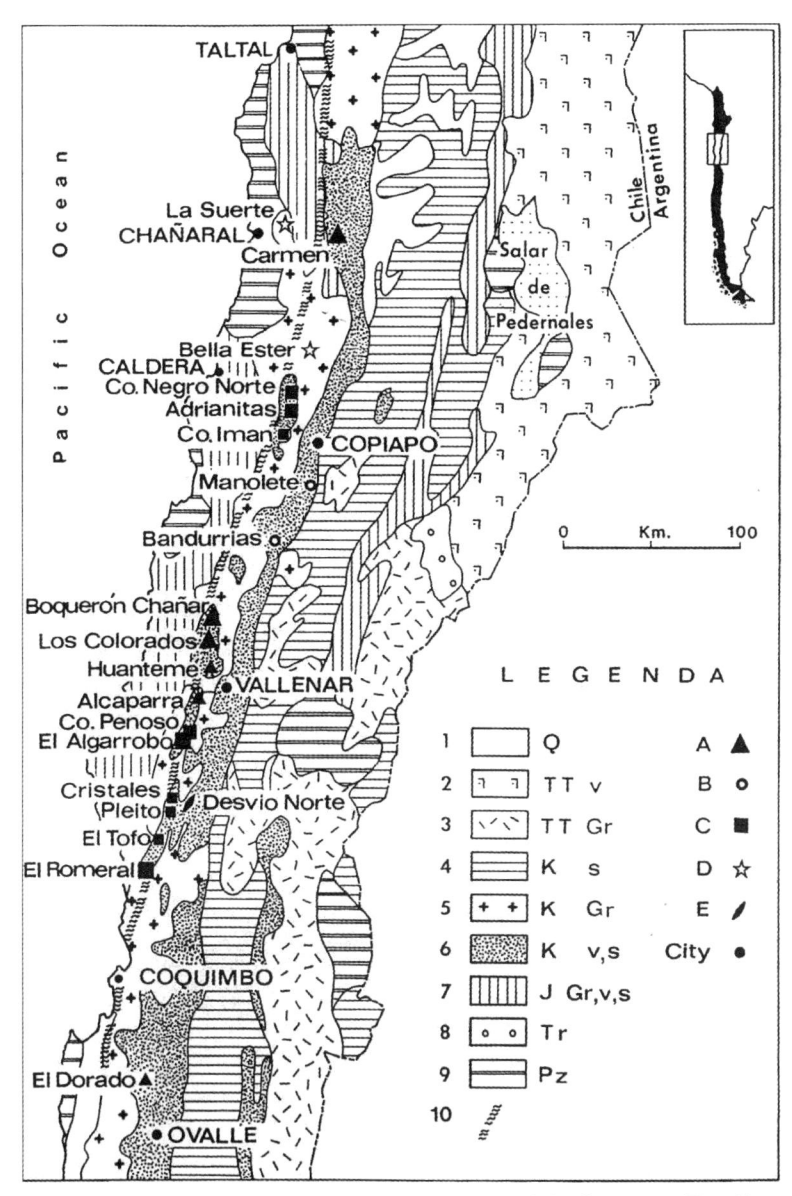

Figura 3.41 – Localização dos depósitos e geologia geral do Cinturão Ferrífero Atacama-
-Coquimbo. 1) Sedimentos Plio-Pleistoceno; 2) Rochas vulcânicas ácidas do Terciário;
3) Rochas plutônicas do Terciário; 4) Vulcânicas e rochas sedimentares continentais do
Cretáceo Superior; 5) Dioritos, monzonitos e granodioritos do Neocomiano; 6) Andesitos
(Fm Bandurrias) e folhelhos (Gr Chañarcillo) do Neocomiano; 7) Rochas vulcânicas,
intrusivas e sedimentares do Jurássico; 8) Rochas sedimentares continentais do Triássi-
co; 9) Rochas metamórficas do Paleozoico; 10) Cinturão milonítico. A – depósitos de ferro
vulcanogênico (tipo Carmem); B – depósitos de ferro sedimentar (tipo Bandurrias);
C – depósitos de ferro tipo El Algarrobo; D – depósitos de ferro tipo La Suerte; E – Depósitos de ferro Quaternário tipo Desvio Norte.
Fonte: Espinoza, 1990.

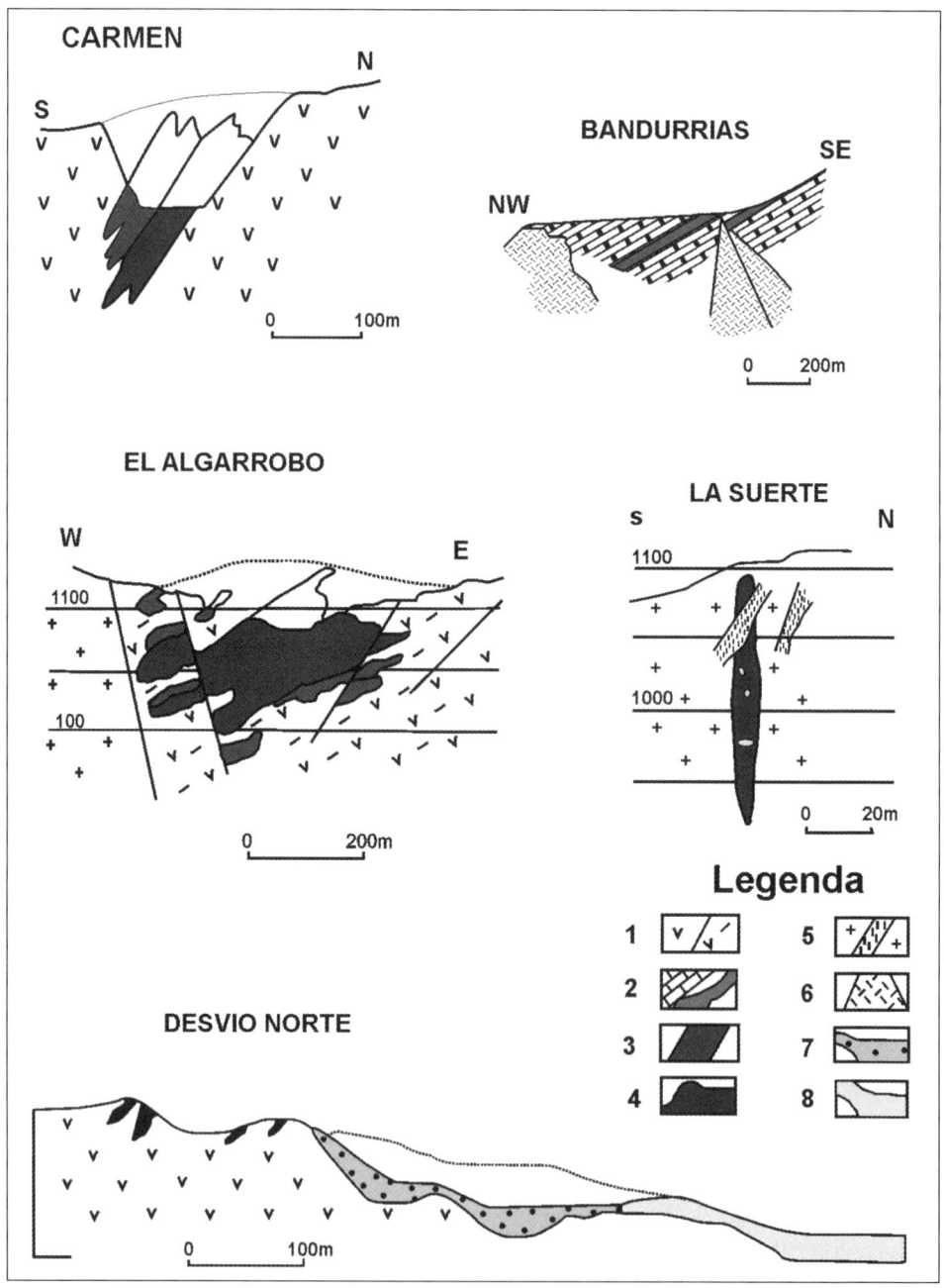

Figura 3.42 – Detalhe dos depósitos citados na Figura 2.10. (1) Fm Bandurrias, andesitos vulcânicos e metavulcânicos Neocomiano; (2) Grupo Chañarcillo, folhelhos e brechas sedimentares Neocomiano; (3) mineralização de baixo grau – pseudobrechas; (4) mineralização de alto grau – corpos maciços; (5) Batólitos Costeiros de dioritos do Neocomiano, com diques andesíticos; (6) *Stocks* dioríticos e apófises; (7) Aluvião Plio-Pleistoceno com magnetita flutuada; (8) Aluvião do Plio-Pleistoceno.
Fonte: Espinoza, 1990.

(Cenozoico), cuja sequência geológica não foi, ainda, obscurecida pelos processos tectônicos ou metamórficos.

O vulcão El Laco é um complexo vulcânico calco-alcalino, localiza-se a 320 km da costa oeste e encontra-se na mesma latitude de Antofagasta, faz parte do grupo de vulcões denominado cordón de puntas negras (Figura 3.43) (FRUTOS et al., 1999; ALVA-VALDÍVIA et al., 2003).

Os depósitos de ferro El Laco estão dispostos nos flancos formados por corpos, em um arranjo semicircular com 4 a 5 km de diâmetro. Esses depósitos ocorrem como corpos maciços, sub-horizontais de lava de minério e material piroclástico (Laco Sur, Laco Norte, San Vicente Alto e San Vicente Bajo) e complexos de diques e veios (Rodados Negros, Laquito e Cristales Grandes) (Figuras 3.43 e 44) (ALVA-VALDÍVIA et al., 2003). Esses corpos de minérios foram solidificados de magmas compostos inteiramente por óxidos de ferro e gás abundante. Em áreas próximas ao contato, as amígdalas são preenchidas por apatita, actinolita e quartzo (FRUTOS et al., 1999). Os depósitos de ferro de El Laco contêm, aproximadamente, 1.000 Mt com 50% de Fe.

Na parte subvulcânica dos corpos, a magnetita é maciça, com predomínio de cristais de apatitas em abundância (observável em Laquito, Rodados Negros, Cristales grandes e San Vicente Bajo); enquanto, no fluxo de lavas, as estruturas das magnetitas do tipo idiomórfico, esferulítico e dendrítico são mais abundantes (FRUTOS et al., 1999). Os piroxênios andesíticos são dominantes nos fluxos vulcânicos, mas a porção subvulcânica intrusiva central é de composição dacítica (OYARZÚN, 2000).

A magnetita encontrada nos depósitos de El Laco apresenta variados graus de oxidação para hematita, cuja intensidade depende da proximidade relativa das áreas de circulação dos fluidos pós-magmáticos (ESPINOZA, 1990).

3.3.2 Depósito de Lahn-Dill

Esse tipo de depósito forma pequenos corpos com conteúdos variáveis de teores de ferro, podendo formar corpos com alto grau de hematita pura, que representam a maior concentração de ferro em ambiente sedimentar (Figura 2.15). As reservas dos corpos de minérios isolados, no passado, não excediam a 5 Mt; no entanto, arcos vulcânicos, com mais de um centro de erupção (consequentemente, mais de um corpo de minério), poderiam conter mais de 100 Mt.

Atualmente, esses corpos não apresentam importância econômica; apesar de não terem sido de grande importância no passado, apenas nas primeiras décadas do século XX e nos períodos das grandes guerras mundiais, quando centenas de minas estavam em operação na Alemanha, Polônia e Tchecoslováquia, com a produção de minério hematítico do tipo calcário (Figura 3.45).

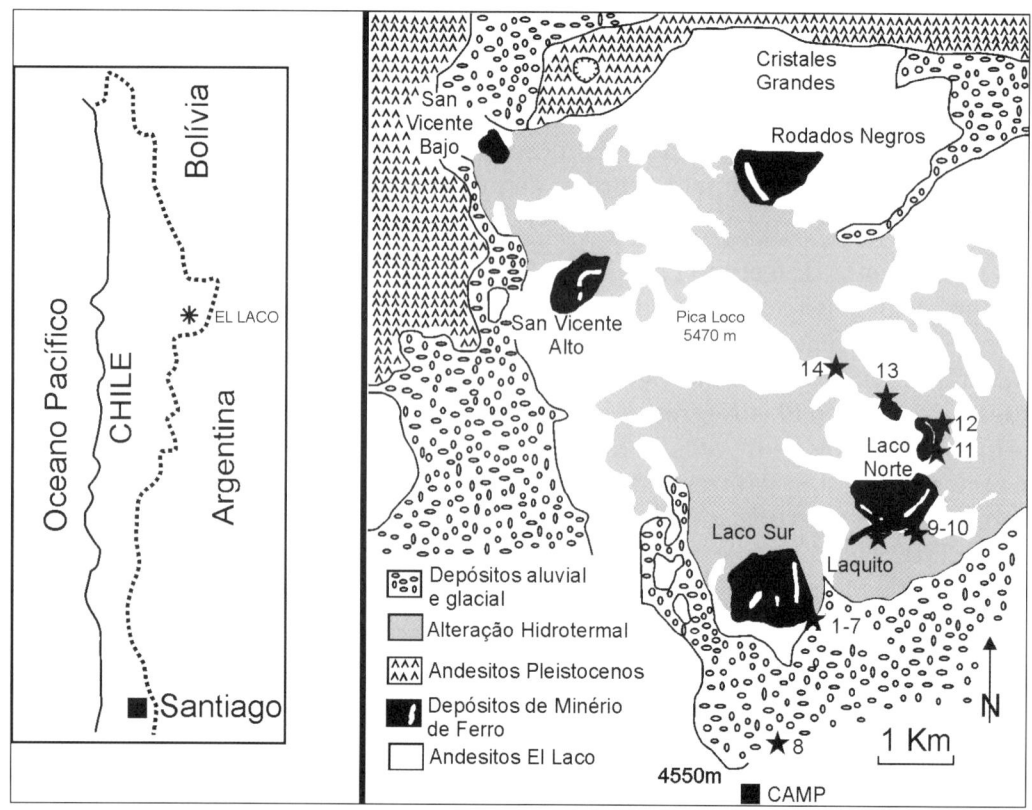

Figura 3.43 – Mapa simplificado mostrando a localização dos depósitos de minério de ferro de El Laco.
Fonte: Alva-Valvídia et al., 2003.

Figura 3.44 – (A) Vista leste do vulcão El Laco, onde os corpos escuros correspondem aos depósitos de magnetita; (B) detalhe do depósito de magnetita com o posicionamento dos corpos de minérios.
Fonte: Aguillera; Tambley, 2011.

A falta de homogeneidade do minério é devida à intensa deformação tectônica das sequências mineralizadas e à grande variação das fácies do minério, dentro de um mesmo horizonte e a curtas distâncias, o que levou à perda da sua importância econômica. O estudo desses depósitos, atualmente, se deve ao interesse científico para estabelecer seus conceitos genéticos com enfoque de modelo conceitual ou protótipo da inter-relação entre sedimentação marinha e o vulcanismo submarino singenético.

3.3.3 Depósitos complexos de minérios de ferro na Cadeia Andina

O Cinturão Andino tem importância especial, pois serve como modelo de evolução de arcos magmáticos desenvolvidos próximos à crosta continental, sobre uma margem ativa de consumo de placa convergente (OYARZÚN, 2000). O Cinturão Andino é um complexo sistema orogênico de 800 km de largura média, composto por várias cordilheiras, serras, platôs, bacias e vales (Figura 3.46).

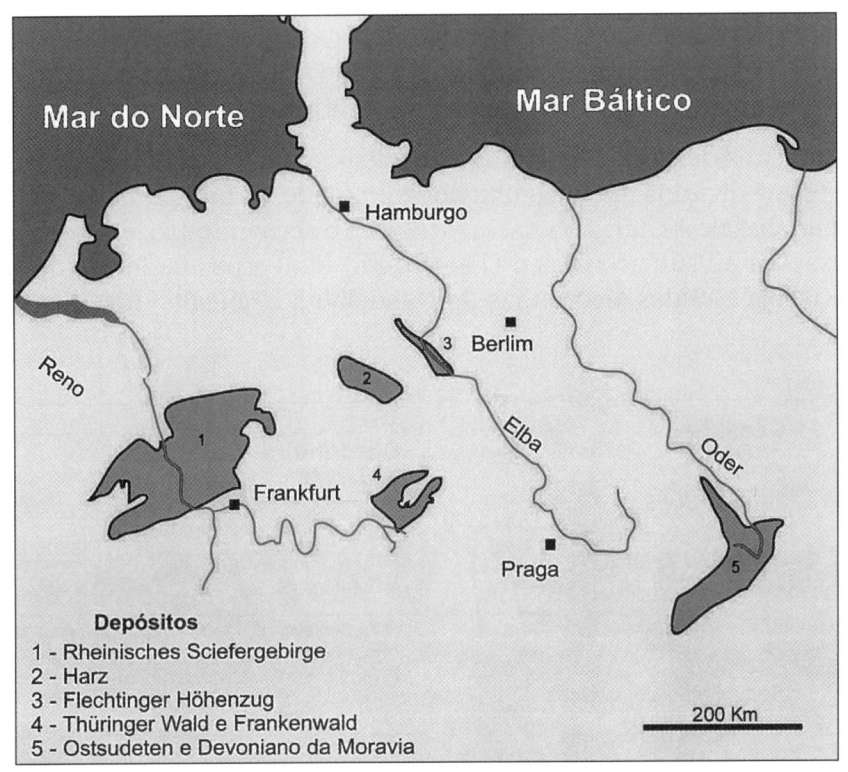

Figura 3.45 – Distribuição dos depósitos vulcano-sedimentar do sistema Variscano da Europa Central.
Fonte: Quade, 1976.

As cordilheiras presentes subiram sobre a borda oeste e noroeste da Placa Tectônica Sul-americana que encontram com outras quatro placas tectônicas, sendo três placas do tipo oceânico: Placas de Nazca, Cocos e Caribe; e uma do tipo oceânico-continental: a Placa Antártica. As placas Cocos, Nazca e Antártica mostram subducção ativa e a Placa Caribe mostra movimento do tipo transcorrente. A movimentação dessas placas é responsável pela geração de vários tipos de depósitos metálicos ao longo da extensão do Cinturão Andino (Figura 3.47).

Os depósitos de minério de ferro na Cadeia Andina podem ser agrupados em quatro tipos: depósitos tipo BIF – Cinturão Nahuelbuta (Chile); depósitos de formação ferrífera de oolíticos (noroeste da Argentina e Colômbia); depósitos tipo Kiruna (Costa: norte do Chile e do Peru) e depósitos de Fe-Cu tipo *Skarn* (zona Andahuaylas-Yauri no Peru) (OYARZÚN, 2000).

Os depósitos de minérios de ferro ocorrem associados aos depósitos de sulfetos maciços em rochas metamórficas do Paleozoico, pertencente à parte centro--sul do embasamento cristalino do Chile, ao longo da cordilheira (Figura 3.48) (COLLAO et al., 1990).

O embasamento cristalino é afetado por deformação e metamorfismo da fácies xisto-verde; e é dividido em duas séries (Leste e Oeste) (AGUIRRE et al., 1972 apud COLLAO et al., 1990). A Série Leste é caracterizada por alternância de metapelitos e matagrauvacas; enquanto a Série Oeste é composta de micaxistos, quartzitos, xistos verdes, metabasaltos e serpentinitos (Figuras 3.49 e 3.50).

Os depósitos de BIFs e de sulfetos maciços são encontrados apenas na Série Oeste, e esta é dividida em duas unidades: Unidade Tirúa – constituída de xistos verdes (metabasaltos), micaxistos, *metacherts* e serpentinitos, e são encontrados mineralizações de sulfeto maciço (Fe, Cu, Zn) em corpos na forma de lentes ao longo da franja N-S das Montanhas de Nahuelbuta e Queule, divididas em cinco

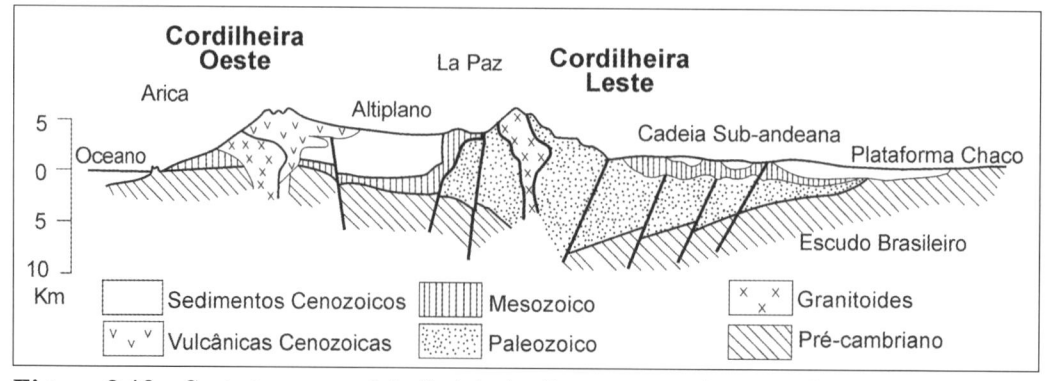

Figura 3.46 – Corte transversal da Cadeia Andina, mostrando o complexo sistema orogênico andino, direção NE–SW (Arica – La Paz).
Fonte: Oyarzún, 2000.

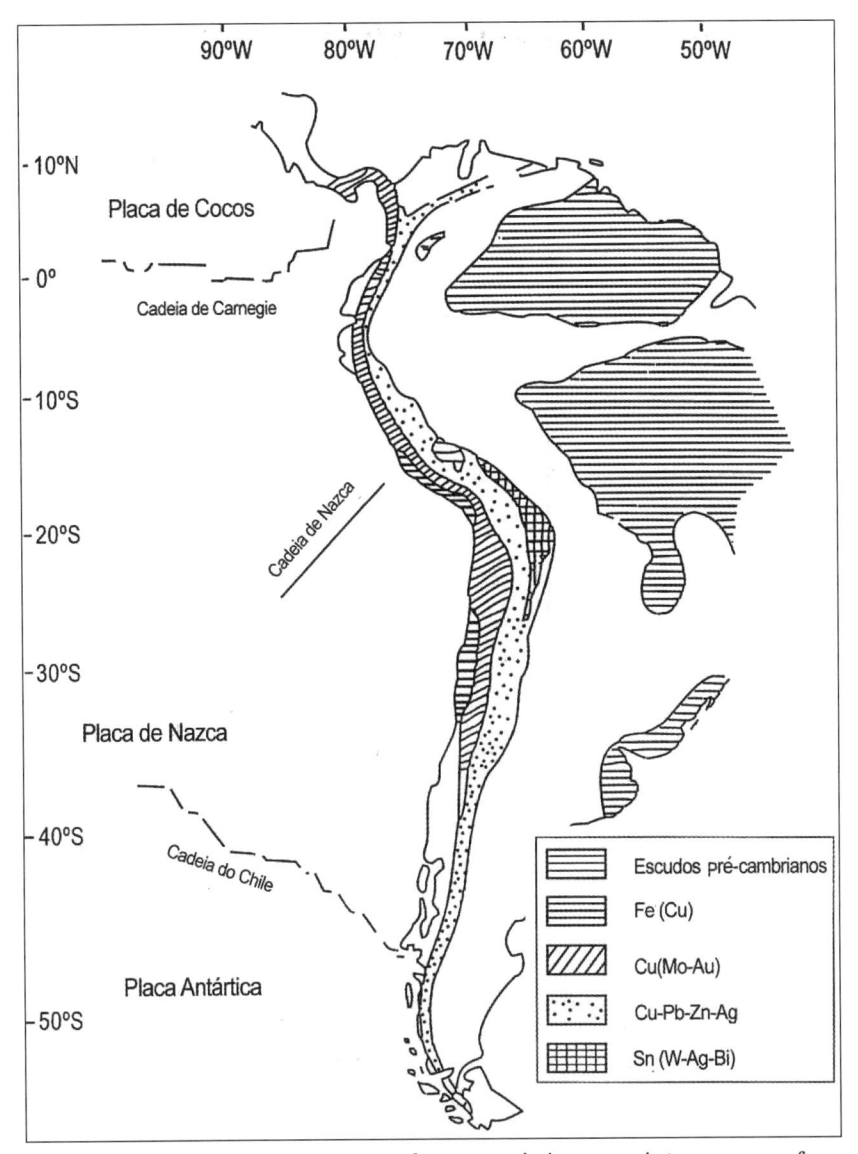

Figura 3.47 – Figura esquemática com as placas tectônicas que interagem na formação da cadeia e depósitos metalíferos andinos e as faixas com os principais depósitos metalíferos. Fonte: Oyarzún, 2000.

setores, de norte para sul: Tirúa (Mina Vieja), Casa de Piedra, Hueñalihuén, Trovolhue e Pirén; Unidade Nahuelbuta – constituída de micaxistos, metacherts e serpentinitos, e no qual são encontrados os depósitos de BIFs.

A litologia dominante da unidade Nahuelbuta é constituída por extensa sequência de micaxistos com metacherts intercalados, sendo encontrados dois tipos de metacherts: não mineralizado e mineralizado com ferro. Os metacherts

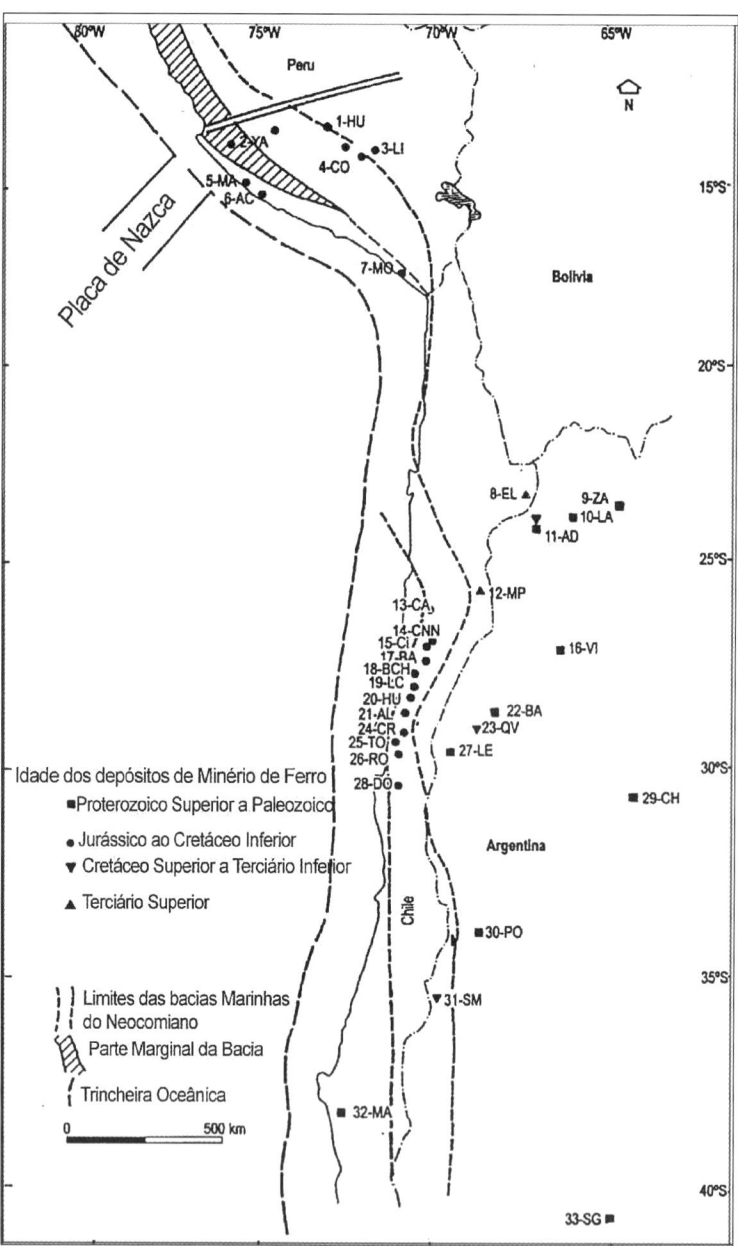

Figura 3.48 – Principais depósitos de minério de ferro do sul do Peru, Chile e Argentina. Lista dos depósitos: 1 (Huancabamba); 2 (Yaurilla); 3 (Livitaca); 4 (Colquemarca); 5 (Marcona); 6 (Acari); 7 (Morrito); 8 (El Laco); 9 (Zapla); 10 (Lagunillas); 11 (Água Del Desierto); 12 (Magnetita Pedernales); 13 (Carmen); 14 (Cerro Negro Norte); 15 (Cerro Imán); 16 (Visvil); 17 (Bandurrias); 18 (Boquerón Chañar); 19 (Los Colorados); 20 (Huantemé); 21 (Algarrobo); 22 (Borde Atravessado); 23 (Quebrada Varela); 24 (Cristales); 25 (El Tofo); 26 (Romeral); 27 (Leoncito); 28 (El Dorado); 29 (Characato); 30 (Potrerillos); 31 (Sur de Mendoza); 32 (Mahuilque); 33 (Sierra Grande).
Fonte: Oyazún, 2000.

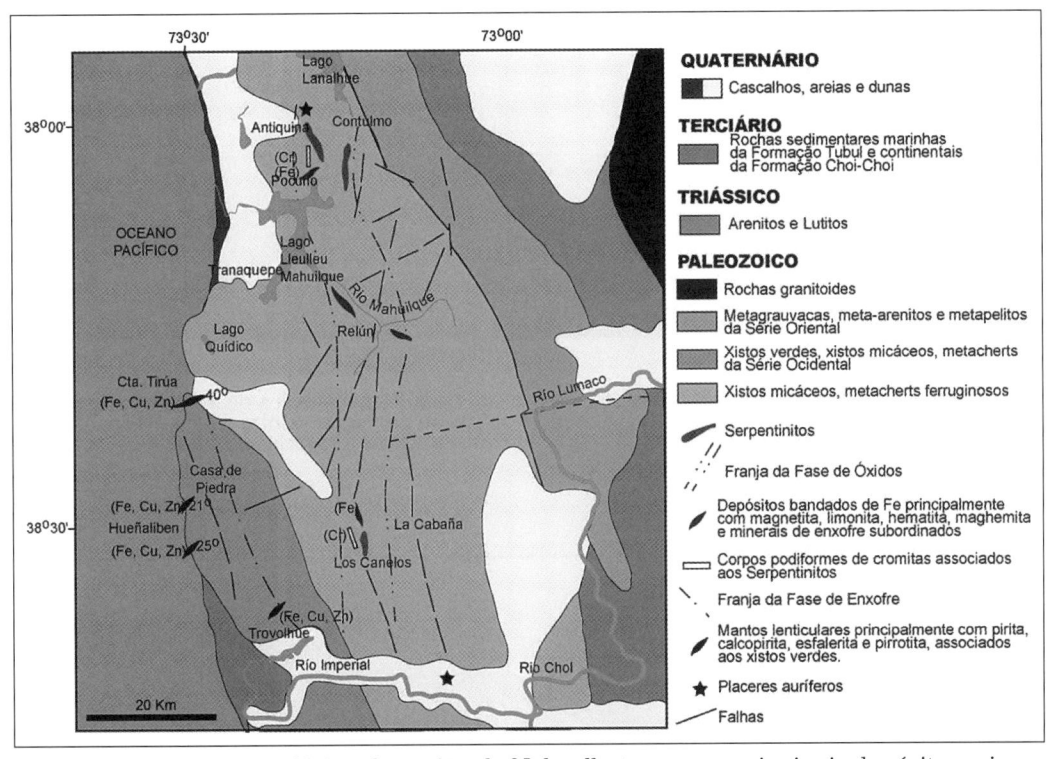

Figura 3.49 – Mapa geológico da região de Nahuelbuta com os principais depósitos minerais da região.
Fonte: adaptado de Oyarzún; Clemmey; Colao, 1986.

com ferro ocorrem na porção norte: áreas de Pocuno, Mahuilque-Relún e La Cabana. Os depósitos da área de Mahuilque-Relún são mais espessos e a formação ferrífera bandada ocorre em cinco zonas, de norte a sul. Essas zonas seriam: as áreas de Lisperguer, Mahuilque, Flores, Fernández e Relún. A zona de Mahuilque é a mais importante com, reserva de 90 a 100 Mt e teor médio de 31% de ferro (COLLAO et al., 1990; OYARZÚN, 2000).

O tipo de depósito BIF de Nahuelbuta é do tipo Algoma, em virtude de sua associação com a origem vulcanogênica, cujas características geoquímicas, bem como pelas suas feições mineralógicas, esse depósito está mais associado à atividade vulcânica exalativa submarina. Os dados obtidos pelo isótopo de enxofre confirmam essa observação de fonte magmática, confirmando a hipótese de origem vulcanogênica (COLLAO et al., 1990).

A) PALEOZOICO INFERIOR A MÉDIO

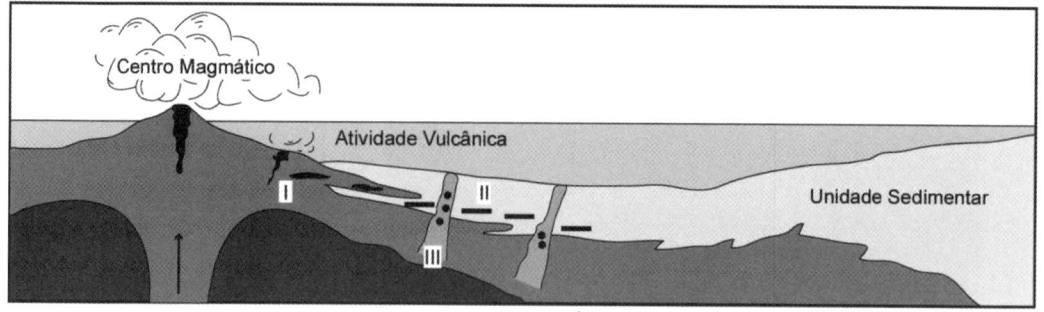

FÁCIE PROXIMAL

FÁCIE DISTAL

— I - Depósitos vulcânico-estratiformes de Fe-Cu-Zn, associados a vulcanismo básico (perto do centro magmático)

⁞ III - Depósitos de Cr associados a diques serpentiníticos (intrusões ultrabásicas)

— II - Depósitos bandados de ferro com traços de enxofre e ilmenita, dentro de quartzitos (mineralização associada a atividade vulcânica)

B) PALEOZOICO SUPERIOR

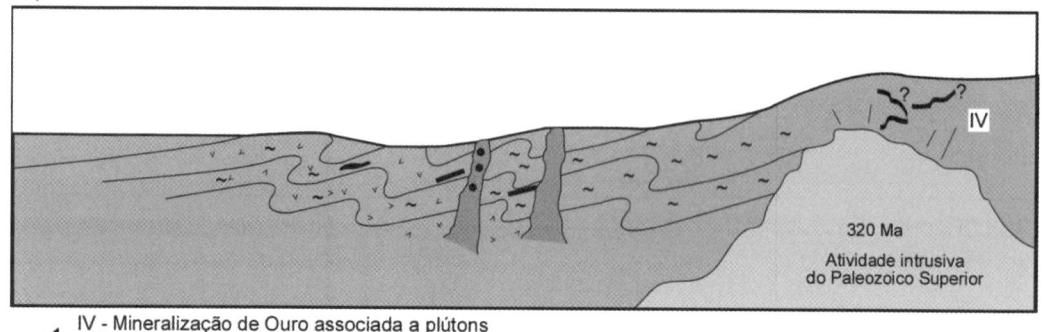

∿ IV - Mineralização de Ouro associada a plútons félsicos (rocha fonte dos depósitos de ouro em placers)

Figura 3.50 – Figura esquemática da evolução geológica dos depósitos ferríferos de Nahuelbuta.
Fonte: Collao et al., 1980.

3.3.4 Depósitos tipo *Skarn*

3.3.4.1 Depósitos de ferro do México

Os depósitos de ferro tipo *Skarn* encontram-se nos terrenos Guerrero, o grupo de depósito Peña Colorada-La Truchas está localizado ao longo da costa do Pacífico (Figura 3.51) (MIRANDA-GASCA, 2000).

As rochas hospedeiras do depósito são quartzo-monzonitos e dioritos de idade Terciário Inferior. Essas rochas intrudiram os calcários cretácicos do Terreno Guerrero e tufos riolíticos e andesíticos. Os *skarns* e *hornfels* no contato intrusivo são compostos por granada, escapolita, tremolita-actinolita, epidoto, anfibólio e piroxênio como hendenbergita. Os minerais de minério são: magnetita e hematita.

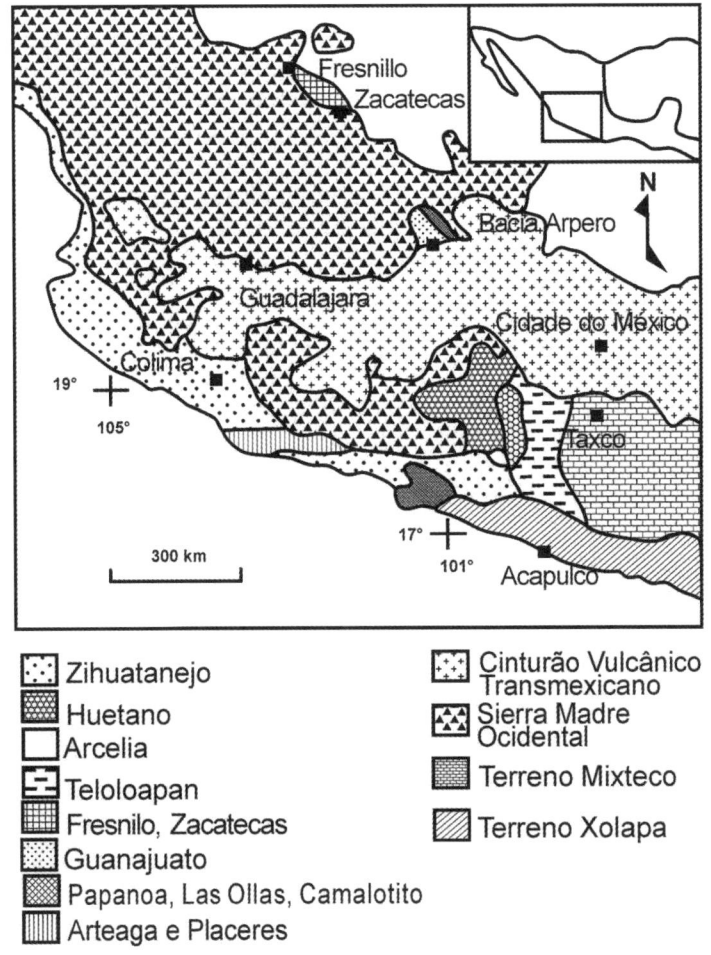

Figura 3.51 – Mapa Geológico do Terreno Guerrero, com a localização dos depósitos de minério de ferro tipo *Skarn*.
Fonte: Miranda-Gasca, 2000.

A produção de Peña Colorada, Las Truchas e El Encino tem sido significante, visto que a reserva original de Peña Colorada é de 191 Mt a 68% Fe e a de Las Truchas de 74 Mt a 63% de Fe (MIRANDA-GASCA, 2000).

3.3.4.2 Depósito tipo *Skarn* de ferro do Cinturão Andahuaylas-Yauri – Peru

O Cinturão Andahuaylas-Yauri é formado por grandes corpos de rochas intrusivas encontrados na borda NE do Oeste da Cordilheira, a uma distância de 250 a 300 km para o interior do continente, na trincheira atual Peru-Chile (Figura 3.52).

Área de depósitos tipo *Skarn* de Fe-Cu com magnetita

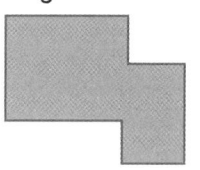

A - Andahuryias
AC - Abancay
M - Machupichu
Y - Yauri

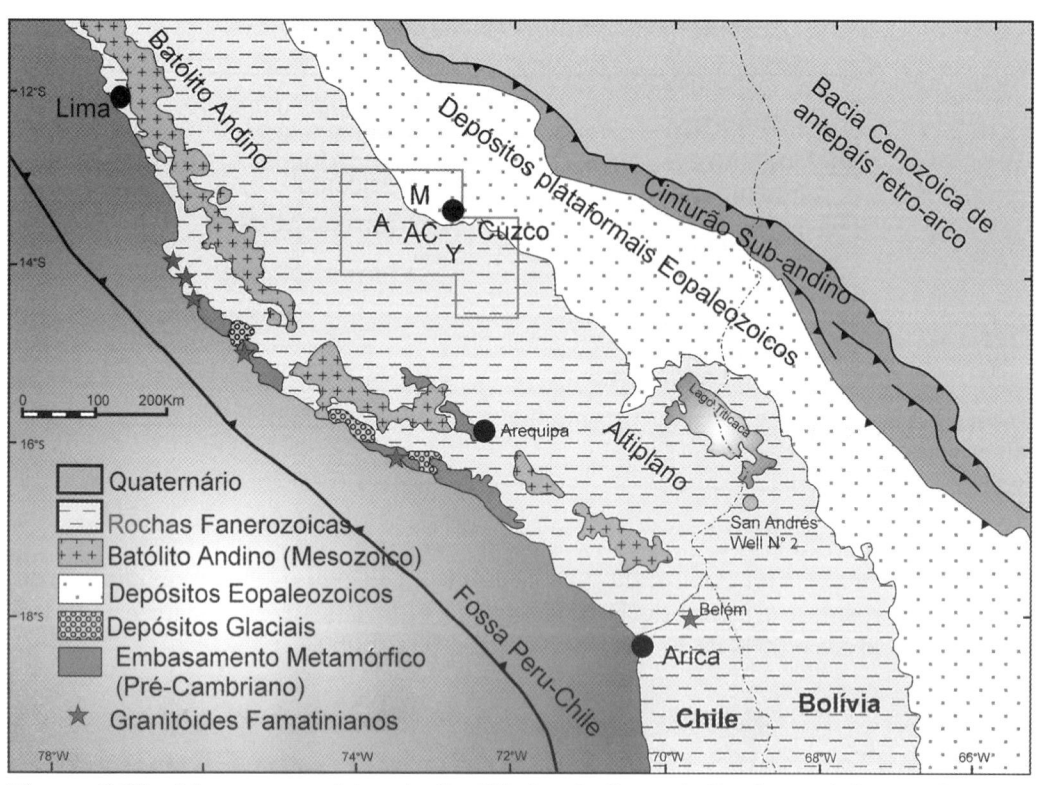

Figura 3.52 – Mapa esquemático da Cordilheira da Costa do Perú com definição das áreas de depósitos de *Skarn* de Fe-Cu.
Fonte: compilado de Perolló et al., 2003 e Ramos, 2008.

O batólito é composto por múltiplas intrusões que afloram de forma descontínua por mais de 300 km entre as cidades de Andahuaylas no NO e Yauri no SE; com larguras variáveis de ~25 km em Tintaya e ~130 km em Chalhuanca-Abancay. Em termos gerais, o batólito inicia-se com intrusão de cumulados (gabros, troctolito, olivina gabro, gabrodiorito e diorito) seguidos por rochas de composições intermediárias (monzodiorito, quartzo diorito, quartzo monzodiorito e granodiorito) (Figura 3.53). As rochas subvulcânicas são de composições dominantemente granodiorítica/dacítica, localmente, associadas com mineralização tipo pórfiro e representam o estágio final desse processo (PERELLÓ et al., 2003).

As rochas, do estágio inicial, encontram-se expostas, principalmente, ao longo da borda norte do batólito, indicando serem cumulados cálcio alcalino cristalizados na base das câmaras rasas de magma, com temperaturas de posicionamento de 1.000 °C e pressão de 2 a 3 kbars.

As intrusões do estágio intermediário são de coloração cinza clara, com granulação média a grosseira, textura equigranular a levemente porfirítica e possui

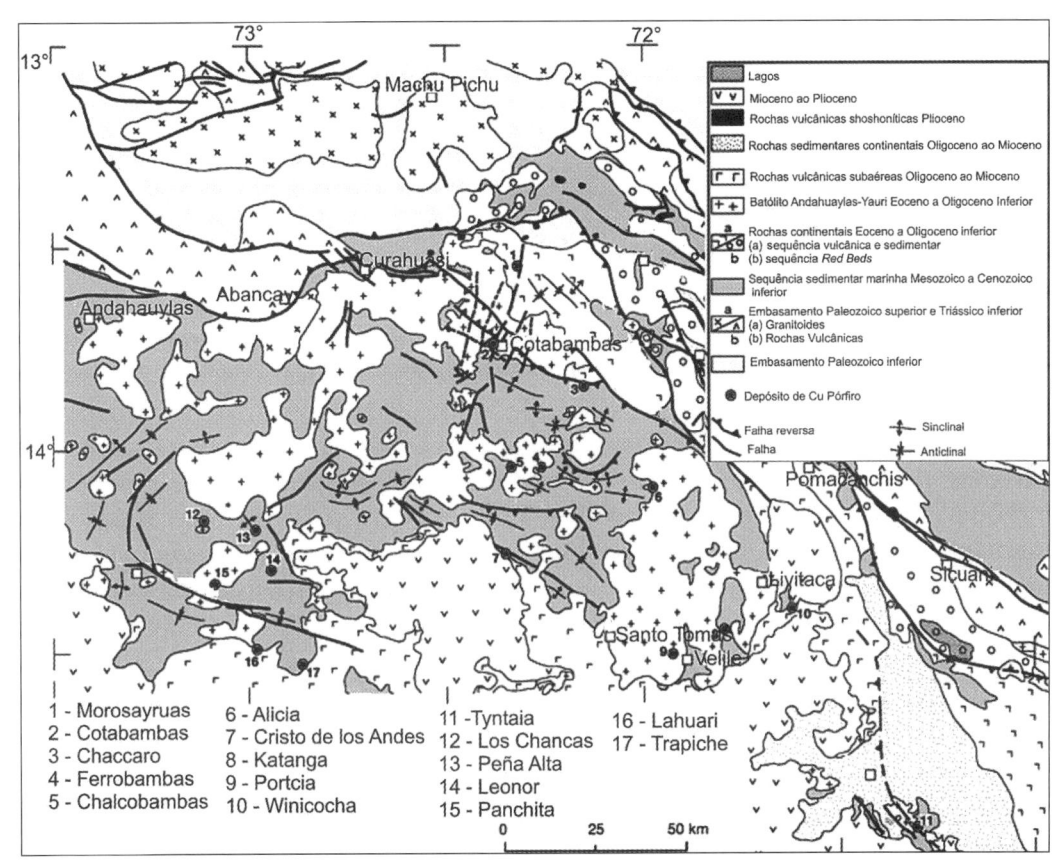

Figura 3.53 – Mapa geológico da região do Cinturão Andahuaylas-Yauri.
Fonte: Perelló et al., 2003.

maior quantidade de anfibólios que biotita, com predominância de fases ferro-magnesianas, com piroxênio como membro máfico final. A distribuição dessas intrusões é irregular, no entanto, constituem a principal massa de batólitos. As auréolas de contato com as rochas encaixantes são extremamente irregulares na: forma; tamanho e composição. A granada do *skarn* formada tipicamente em rochas calcárias, com formação de *hornfels* de biotita e cordierita desenvolvidas em fácies mais pelíticas das formações do Mesozoico (PERELLÓ et al., 2003).

As idades obtidas indicam que os posicionamentos dos batólitos ocorreram em, pelo menos, dois estágios principais: no período Mesozoico e Cenozoico Inferior, intrudiram estratos marinhos e continentais e, no Eoceno e Oligoceno Inferior, a Formação Anta (PERELLÓ et al., 2003). É observado também, que há sobreposição entre a intrusão das rochas mais máficas e mais félsicas do grupo mais jovem.

O Cinturão Andahuaylas-Yauri é formado por 31 depósitos e prospecção de mineralização e alteração do tipo pórfiro, sendo acompanhadas de centenas de ocorrências de mineralização Fe-Cu tipo *Skarn* com magnetita. O minério inclui magnetítica com pouco ouro nativo, como fase primária e calcopirita como fase sulfeto posterior. O depósito constitui o maior potencial de reserva de minério no Peru, com estimativa de 2.000 Mt com 60% Fe (OYZARZÚN, 2000). Os principais depósitos são: Huancabamba, Colquemarca, Livitaca e Tintaya.

3.3.4.3 Depósito da região de Um Nar, Egito

O depósito de Um Nar é um deserto tipo *Skarn* e encontra-se localizado no Deserto Centro Leste do Egito (Figura 3.54) (EL HABAAK, 2004).

Os depósitos tipo Fe-*skarn* da área de Um Nar foi desenvolvido durante metamorfismo regional termal e de baixa temperatura que afetaram os BIFs Neoproterozoicos ricos em calcários (EL HABBAAK, 2004). As zonas de *skarn*s são identificadas pela presença de andradita, diopsídio, anfibólios e epidotos associados com variadas quantidades de magnetita e hematita. Dois estágios de formação de *skarn* e desenvolvimento de mineralização foram observados: o primeiro estágio, metamorfismo progressivo, com domínio de minerais anidros; e o segundo estágio, metamorfismo regressivo, com domínio de minerais hidratados (EL HABAAK, 2004).

A região de Um Nar é uma parte do complexo de embasamento exposto do centro-leste do Deserto do Egito. Consiste de granodiorito cataclasado autóctone, denominado granito tipo Shaitian, falhado com fatias de serpentinitos, sobrepondo rochas vulcânicas metagabros e máficas metamorfoseadas e rochas metassedimentares.

As rochas de Um Nar foram submetidas a metamorfismo regional (alto a médio) fácies xisto-verde. El A ⸱ ⸱t al. (1993) consideram que a região de Um Nar

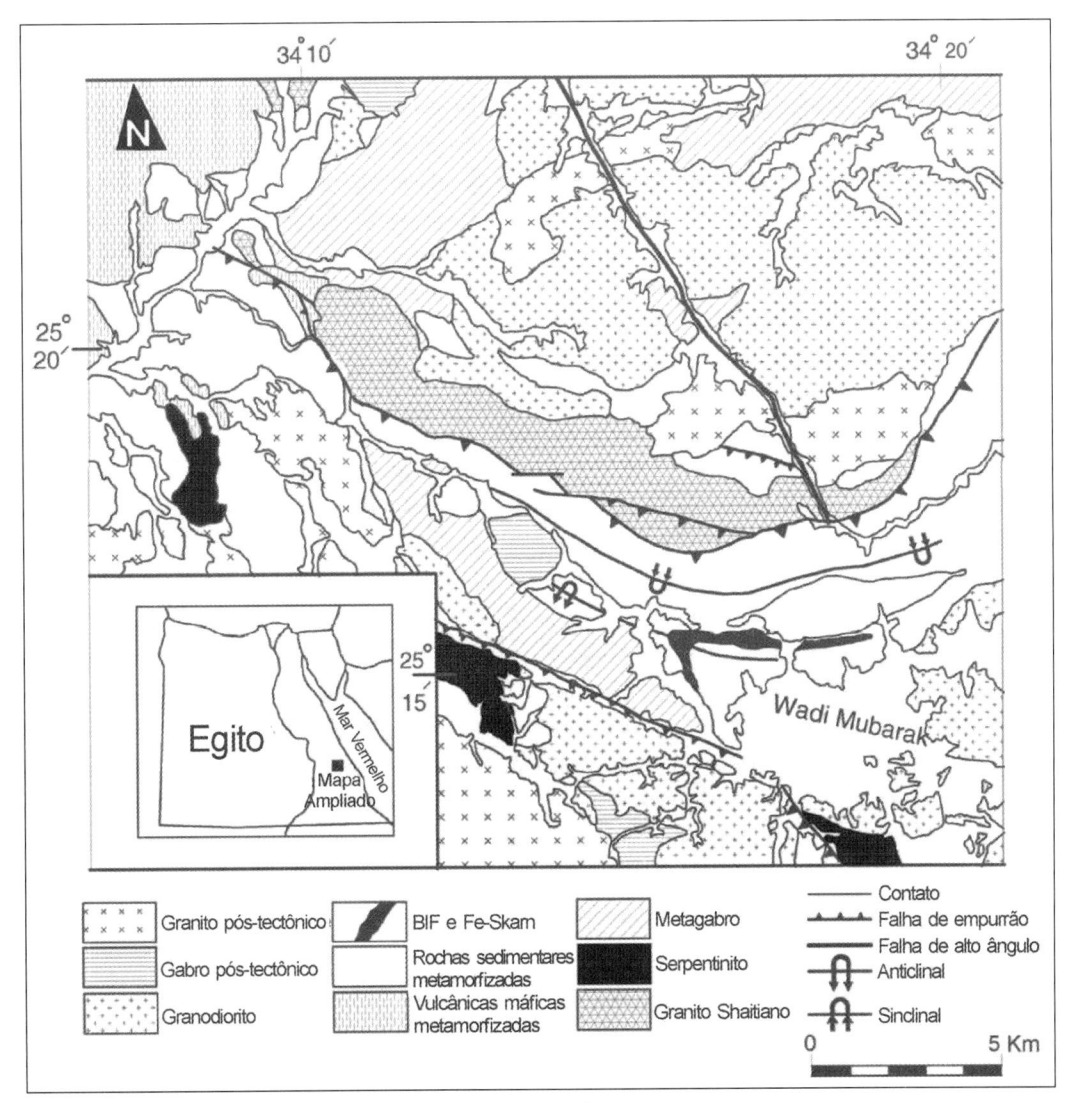

Figura 3.54 – Mapa geológico da região de Um Nar.
Fonte: El Habaak, 2004.

tem três unidades tectônicas: o granito Shaitian cisalhado, as rochas sedimentares plataformais e o BIF e a melange ofiolítica pan-africana.

O depósito tipo *Skarn* Um Nar é hospedado em sucessão de rochas sedimentares clásticas e calcárias metamorfoseadas, que representam o topo da melange ofiolítica. As sequências de rochas sedimentares metamorfoseadas foram afetadas por diversas fases de deformação rúptil, formando anticlinal de direção NW-SE e mergulho para SW, cortado por três conjuntos de falhas de cisalhamento de direção N-S, NE-SW e NNW-SSE.

3.4 Depósitos sedimentares oolíticos e pisolíticos

3.4.1 Tipo Clinton-Minette

O minério do tipo Clinton-Minette é o segundo maior tipo de depósito de minério de ferro marinho precipitado quimicamente. É composto por pequenos oólitos (arredondados, massas acrescionadas, formadas por deposição repetida de pequenas camadas de minerais de ferro). Esses depósitos de minério de ferro oolíticos são menos importantes que os BIFs, no entanto, tiveram grande importância para a indústria siderúrgica no Oeste Europeu e na América do Norte (EVANS, 1992).

Na Europa, o depósito é denominado tipo Minette; a rocha mineralizada é encontrada em plataforma marinha de folhelho carbonoso, argilito, mármore, calcário e sequência ferrífera. Os principais minerais de ferro são limonita, siderita e chamosita, com menor quantidade de magnetita, hematita, greenalita e pirita. Trata–se de depósitos formados em ambientes marinhos rasos e de plataforma e apresentam maior desenvolvimento na Inglaterra, região de Lorraine na França, Bélgica e Luxemburgo. O minério é formado por formação ferrífera não metamorfoseada com 30% a 35% de ferro por peso, e, geralmente, não é um depósito economicamente viável.

Na América do Norte, esse depósito oolítico, contém oólitos de hematita, siderita e chamosita e é denominado tipo Clinton. O nome e dado pelos minérios oolíticos da Formação Clinton do Siluriano no leste dos Estados Unidos da América. O minério está associado aos folhelhos argilosos e carbonosos, calcários, dolomitos e foram formados em ambiente marinho raso. Os minerais de ferro principais desse minério são: hematita, chamosita e siderita, e estão associados a calcita e sílica.

O ambiente geológico de ambos os tipos: Minette e Clinton, são muito similares, sendo que a maior diferença é a ocorrência da goethita no depósito tipo Minette e da hematita no depósito tipo Clinton. Os depósitos tipo Clinton são encontrados nas Montanhas Appalachians de Newfoundland (sul do Canadá) até o Alabama, e são centenas de milhões de anos mais velhos que os depósitos tipo Minette, sendo a principal diferença entre ambos os tipos de depósitos, visto que a goethita desidrata lentamente e se transforma espontaneamente em hematita.

3.4.2 Depósito de Rob River Mesa "J" (Austrália)

O distrito Mesa "J" é formado por vários depósitos de minérios pisolíticos e é minerado pela empresa Robe River Associates. Esses depósitos estão localizados na região de Pannawonica, que se encontra a 190 km NW de Tom Price e 140 Km a SW do porto de exportação Cape Lambert.

A mineralização de Robe River consiste de uma série de mesas, nucleada pelos depósitos goethíticos pisolíticos duros de idade Terciária que ocorre nessa região. Em geral, as mesas são planos acima do fluxo corrente dos rios com 46 a 62 m e têm paredões de erosão recente. Muitos dos depósitos são desenvolvidos em desconformidade com o Grupo Fortescue, que é marcada por uma zona de argila caolinítica branca a cinza.

Mesa "J" é o maior depósito explorado no distrito é um minério goethítico hematítico pisolítico com 57,2% de Fe e mais de 50 m de espesssura. A capa que recobre o minério consiste de um fino horizonte de solo, argila e goethita intemperizada, além de pouco calcrete, colúvio e alúvio com espessura que pode atingir 15 m. O minério goethítico hematítico pisolítico possui 55%-59% de Fe, 0,04% de P, 5%-6% de SiO_2 e 2,5% a 3% de Al_2O_3. Lentes horizontais descontínuas de argila e argilito ocorrem dentro do corpo de minério principal, sendo encontrado, na argila, o contaminante alumina, que ocorre como produto de alteração próximo às juntas e fraturas. A zona do minério é geralmente estratificada, com textura pisolítica porosa, e um brilho metálico marrom escuro. O minério com menor grau de mineralização é mais friável e tem grande quantidade de argila ocre, de coloração laranja/amarelo.

O minério pisolítico tem aspecto pisolítico a oolítico, com esferulitos de dimensões oolíticas (< 2 mm em diâmetro) com maior grau de mineralização e mais duras. Os minérios pisolíticos, de tamanho de concreção com 10 mm ou mais em diâmetro, apresentam grau de mineralização menor e uma maior quantidade de diluente e porosidade.

Os pisolitos consistem da mistura de: óxido de ferro goethita, limonita, hematita e maghemita e matriz; em que o núcleo hematítico é rodeado por camadas concêntricas finas de goethita, hematita e maghemita. Os diluentes são, usualmente, pequenas partículas de sílica. A matriz consiste de limonita coloforme isotrópica, de coloração amarela a marrom ou goethita de coloração marrom a preto. As pequenas cavidades, em minérios mais friáveis, estão frequentemente alinhadas com sílica opalina.

A empresa Robe River produz mais de 30 Mt por ano e é de propriedade da Robe River Iron Associates, *uma joint-venture* que a opera, e que envolve as empresas: Rio Tinto Ltd (53%), Mitsui Iron Ore Development Pty Ltd (33%), Nippon Steel Australia Pty Ltd (10,5%) e Sumitomo Metal Australia Pty Ltd (3,5%).

3.4.3 Roper Bar e Constance Range (Austrália)

Os depósitos, Roper Bar e Constance Range, estão inseridos em uma espessa sequência de rochas sedimentares pré-cambrianas não deformadas, que foram depositadas em bacias contíguas, na parte norte do Northern Territory e Queensland.

A Bacia maior e central é denominada McArthur Basin e a menor South Nicholson Basin. Esta última faz parte da bacia maior. A formação dessas bacias se deu pela deposição sucessiva de quatro suítes sedimentares combinadas (TRENDALL, 1973). A sequência superior, o Grupo Roper, consiste principalmente de siltito e folhelhos com unidades de arenitos proeminentes.

O Grupo Roper tem, próximo ao topo, camadas finas de minério oolítico do Membro ferrífero Sherwin, da Formação McMinn, do Subgrupo Maiwok (TRENDALL, 1973). Esse Membro Sherwin tem espessura máxima de 20 metros, e representa menos de 0,5% do total da espessura de sedimentos depositados na bacia, enquanto, na área de Constance Range, a Formação Mullera desse grupo apresenta mais de 10 camadas ferruginosas, com 12 metros de espessura cada.

A litologia desses depósitos são oólitos ferríferos e foram afetados por intemperismo recente. Para as rochas de Constance Range, o minério consiste de oólitos de hematita ocre ou finamente cristalina, siderita e/ou chamosita e grãos de sílica, em uma matriz de siderita, hematita e, quantidades subordinadas de quartzo microcristalino e carbono (TRENDALL, 1973). Os oólitos desse depósito variam de 0,2 a 3 mm de diâmetro, e os núcleos podem ser compostos por diferentes minerais de ferro. Nas rochas ferríferas de Roper Bar, o minério não oxidado consiste de grãos de quartzo em uma matriz de siderita com oólitos de hematita vermelho ocre e, ocasionalmente, tem a presença de chamosita (TRENDALL, 1973). A base da camada de minério é composta por um pacote de oólitos de hematita vermelha ocre com mais de 3 mm de diâmetro. Grãos de quartzo detríticos ocorrem na matriz e também formam o núcleo de alguns oóliotos. O teor médio de ferro nesses depósitos é de aproximadamente 45%.

3.5 Depósitos de Fe resultantes de alteração e acúmulos de superfícies

3.5.1 Depósito de Beeshoek – África do Sul (tipo conglomerático)

O depósito de Beeshoek está localizado a 70 km ao sul da Mina de Sishen, na Província de Northern Cape, na África do Sul. Consiste de quatro cavas que produzem 5 Mt de granulado, DRI e finos de minério, sendo transportado e exportado pelo Porto de Saldanha Bay, na Cidade do Cabo. Essa mina é de propriedade de Assmang Ltd (50% Avmin, 45,5% Assore), e teve início de sua exploração em 1961.

Beeshoek, assim como Sishen, está associado com a Formação Ferrífera Manganore, localizado na desconformidade entre os dolomitos da Formação Campbell Rand do Grupo Ghaap, e na desconformidade da Formação Gamagara sobrejacente,

Nesse depósito são encontrados quatro tipos de minérios, como segue:

- Minério Thaba – formação ferrífera bandada cherty hematitizada próximo à base da Formação Ferrífera Manganore;

- Minério Laminado – formação ferrífera finamente bandada hematitizada próximo ao topo da Formação Ferrífera Manganore;

- Minério Conglomerático – Conglomerado Doornfontein, unidade basal da Formação Gamagara;

- Minério Detrítico.

O maior volume de minério é do tipo conglomerático, depositado no paleo-canal de direção NNE, desenvolvido sobre a superfície erosional, na qual a Formação Gamagara foi depositada e forma a unidade basal dessa formação. Esse conglomerado consiste de mistura de seixos arredondados e angulares, pobremente sortido, em uma matriz altamente ferruginosa. Os clastos angulares mostram que estão próximos à fonte. O Conglomerado Doornfontein representa um leque aluvial que preenche com soluções os espaços vazios da superfície do paleo-karst, próximos da fonte hematitizada da Formação Ferrífera Manganore. A espessura máxima é de 55 m, com rápido afinamento do embasamento de paleo-karst irregular.

4 Caracterizações dos minerais de ferro

O ferro é o quarto elemento mais abundante da crosta terrestre. A porcentagem média na crosta é de 5,0%, e ocorre como constituinte majoritário ou minoritário em todas as classes minerais. Essa diversidade existe em decorrência de sua abundância e da alta capacidade de oxidar ou reduzir conforme o ambiente. Mais de 400 minerais apresentam Fe em teores detectáveis, cujas concentrações variam de menos de 1% a mais de 70%.

Apesar da ampla distribuição dos minerais de ferro, apenas poucas classes minerais são consideradas economicamente exploráveis. Isso ocorre pela quantidade de ferro presente nesses minerais ou pela concentração desses minerais nas rochas, que formam os corpos de minérios.

Os minérios de ferro considerados economicamente exploráveis são agrupados de acordo com a sua composição química, nas classes: óxidos, carbonatos, sulfetos e silicatos, sendo esta última de menor expressão econômica.

4.1 Minerais de ferro

Os minerais de ferro considerados economicamente exploráveis pertencem às classes já citadas, como pode ser visto na Tabela 4.1. Cada classe de minerais pode ser representada por um ou mais minerais, sendo que, destes, apenas os minerais de ferro da classe óxido, são explorados economicamente, nas condições atuais.

O atual cenário de comercialização não viabiliza os altos custos de extração dos demais tipos de minerais, visto que o preço praticado pelo mercado de minério de ferro é baixo. Apesar de serem potencialmente exploráveis, as demais classes de minerais de ferro poderão ser exploradas apenas quando forem estritamente necessárias, pois seu custo é inviável no mercado atual.

Na Figura 4.1 encontram-se representadas as estruturas cristalinas apresentadas pelos principais minerais de ferro; anexo, estão indicadas as principais

Tabela 4.1 – Principais minerais de ferro e suas classes				
Classe	Nome mineralógico	Composição química do mineral puro	Teor Fe (%)	Designação comum
Óxidos	Magnetita	Fe_3O_4	72,40	Óxido ferroso--férrico
	Hematita	Fe_2O_3	69,90	Óxido férrico
		$HFeO_2$ – Goethita	62,80	Hidróxido de ferro
		$FeO(OH)$ – Lepidocrocita	62,85	Hidróxido de ferro
Carbonatos	Siderita	$FeCO_3$	48,20	Carbonato de ferro
Sulfetos	Pirita	FeS_2	46,50	Sulfeto de ferro
	Pirrotita	FeS	63,60	Sulfeto de ferro
Silicatos	Fayalita	$Fe^{2+}_2(SiO_4)$	54,81	Grupo da Olivina
	Laihunite	$Fe^{2+}Fe^{3+}_2(SiO_4)_2$	47,64	Grupo da Olivina
	Greenalita	$Fe^{2+}_{2,3}Fe^{3+}_{0,5}Si_{2,2}O_5(OH)_{3,3}$	44,14	Grupo da Serpentina
	Grunerita	$Fe^{2+}_7(Si_8O_{22})(OH)_2$	39,03	Grupo dos Anfibólios
	Fe-antofilita	$Fe^{2+}_7(Si_8O_{22})(OH)_2$	39,03	Grupo dos Anfibólios

Fonte: Poveromo, 1999. Deer; Howie; Zussman, 1992. Dana; Hulburt, 1984.

propriedades físicas e químicas das classes mais importantes de minerais de ferro. A seguir serão descritas as principais características dos minerais de ferro de maior ocorrência em cada classe de minerais.

A magnetita tem a composição química de Fe_3O_4, correspondendo a 72,36% de ferro e 27,64% de oxigênio; tem cor que varia de cinza a preto e densidade específica de 5,16 a 5,18 gr/cm^3. É um mineral fortemente magnético, às vezes, age como magneto natural (DEER et al., 1992). A sua propriedade magnética é importante, pois auxilia na exploração por métodos magnéticos, pelos quais a magnetita é facilmente separada, via separação magnética, da ganga produzindo um concentrado de alta qualidade (DEER et al., 1992; DANA; HULBURT, 1984).

A hematita tem a composição química de Fe_2O_3, correspondendo a 69,94% de ferro e 30,06% de oxigênio; é de cor cinza azulado a vermelho, brilhante a fosca,

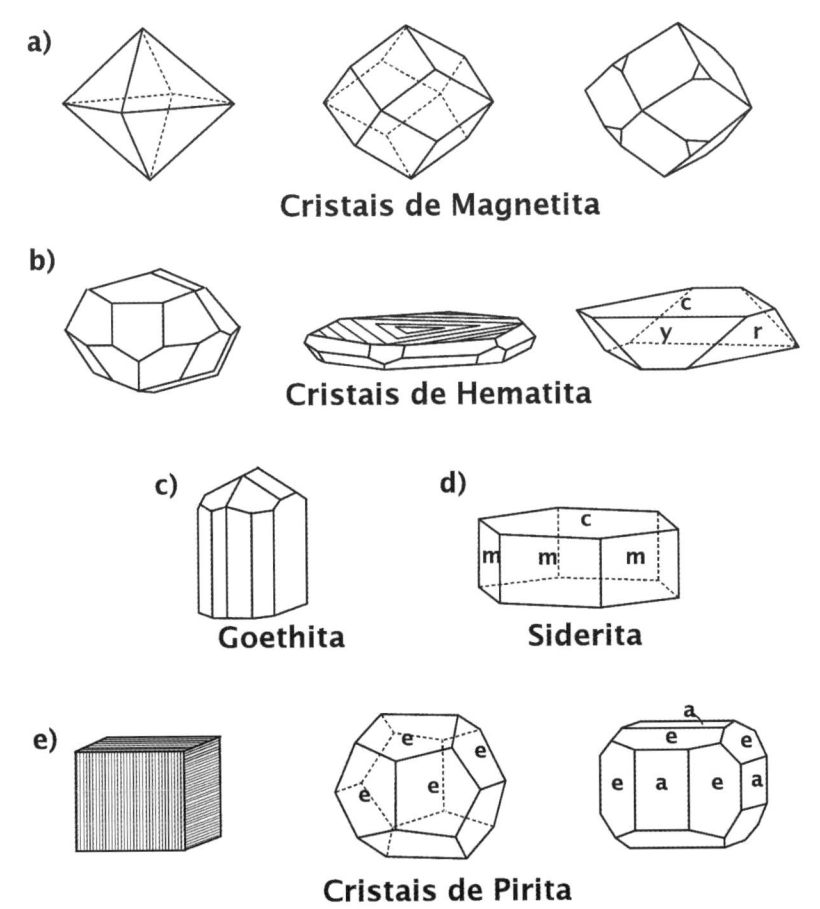

Figura 4.1 – Estrutura cristalina dos minerais de ferro. (a) Magnetita; (b) Hematita; (c) Goethita; (d) Siderita; e (e) Pirita.
Fonte: Adaptado de Dana; Hulburt, 1984.

podendo ser terrosa, compacta ou cristalina, com densidade específica de 5,26 gr/cm^3. É o mais importante mineral de ferro, em razão de sua larga ocorrência em vários tipos de rochas e suas origens diversas (DERR et al., 1992). Ocorre como mineral primário associado ao depósito de: veios, rochas ígneas, metamórficas e sedimentares, e também, como produto de alteração da magnetita (DERR et al., 1992; DANA; HULBURT, 1984).

A limonita é um nome genérico dado para os óxidos hidratados de ferro, que mineralogicamente são compostos por misturas variadas dos minerais goethita e lepidocrocita. A fórmula química da goethita é $HFeO_2$ contendo 62,85% de ferro, 27,01% de oxigênio e 10,14% de água, com densidade específica de 3,6 a 4,0 gr/cm^3; sua cor, geralmente, varia de amarela ou marrom a quase preta e pode ser compacto a terroso e ocre (POVEROMO, 1999; DANA; HULBURT, 1984). A forma da lepidocrocita é FeO(OH), sendo identificada apenas na difração de raios X (DEER et al., 1992). Assim, utiliza-se o termo limonita para denotar óxidos não identificáveis com grau de hidratação variada (DEER et al., 1992). Geralmente, é um mineral secundário, formado pelo intemperismo, e ocorre associado com outros óxidos.

A siderita tem a composição química de $FeCO_3$ que corresponde a 48,20% de Fe, 37,99% de CO_2 e 13,81% de oxigênio, densidade específica de 3,83 a 3,88 gr/cm^3; sua cor varia de branco a cinza esverdeado, chegando a marrom. Esse mineral pode conter quantidades variáveis de cálcio, magnésio e manganês (DERR et al., 1992). Os minérios com siderita são denominados minério de ferro "spathic" ou minério banda preta. Geralmente, são calcinados antes de serem introduzidos nos altos-fornos (DERR et al., 1992); pois contêm quantidade suficiente de cal e magnesita para serem autofluxantes (DEER et al., 1992; DANA; HULBURT, 1984).

A pirita é também conhecida como "ouro dos bobos" em razão de sua cor amarelada. Tem a composição química de FeS_2, que corresponde a 46,55% de Fe e 53,45% de S; sua densidade média é de 5,01 gr/cm^3; dureza de 6,5; brilho metálico, quando aquecido apresenta propriedades magnéticas. A pirita é o mineral mais abundante entre os sulfetos, além de ter uma ampla ocorrência, pode ser encontrada em grandes maciços ou veios de origens hidrotermais, tanto como mineral primário como secundário em rochas ígneas e sedimentares (DEER et al., 1992; DANA; HULBURT, 1984).

A pirrotita é um mineral com a seguinte composição química $Fe_{(1-x)}S$, com 62,33% de Fe e 37,67% de S; apresenta coloração vermelho amarelada, tons de bronze, densidade média de 4,51 gr/cm^3; tem brilho metálico e é fortemente magnética, sendo também denominada pirita magnética. Apesar de sua ampla ocorrência em rochas ígneas e metamórficas, a sua maior ocorrência está associada principalmente às rochas ígneas básicas (DERR et al., 1992; DANA; HULBURT, 1984).

Os minerais, que são denominados silicatos de ferro, quando apresentam altos teores de Fe em sua estrutura cristalina, cujos teores variam de 54,81% a 39% ou mais de Fe presente (DEER et al., 1992; DANA; HULBURT, 1984). Apesar desses altos teores, esses minerais não são utilizados para exploração comercial do Fe, por se encontrarem dentro da estrutura cristalina dos minerais e também pela sua forma de ocorrência, que se dá de maneira dispersa ou em zonas dentro da rocha, tornando difícil sua extração e posterior beneficiamento. A olivina é um mineral rico em ferro, mas seu uso no processo siderúrgico como fundente tem a finalidade de controlar a basicidade do sínter, ou seja, é utilizada mais pelo seu teor de Mg do que de Fe, sendo que a olivina mais utilizada é a variedade rica em Mg, a forsterita.

As principais características e propriedades, normalmente, utilizadas para identificação dos diferentes tipos de minerais de ferro estão apresentadas a seguir.

4.1.1 Ferro nativo

Fórmula química	Fe
Composição	Ferro sempre associado com algum níquel e, frequentemente, com pequenas quantidades de cobalto, cobre, manganês, enxofre e carvão. *Variação da Fórmula*: Ferro níquel (com 76% de Ni).
Cor	Cinzento do aço ao negro.
Traço/risco	Preto.
Dureza	4,5.
Formas do cristal e agregados	Isométrico, hexaoctaédrica. Os cristais são raros, não é encontrado em cristais naturais, mas em massas grandes e em vesículas (terrestre) e disseminado em escamas e massas lamelares (meteórico); mostra, frequentemente, um padrão octaédrico na corrosão de superfície polida.
Transparência	Opaco.
Densidade	$7,3 - 7,9$ gr/cm^3.
Brilho	Metálico.
Clivagem	{010} ruim.
Fratura	Serrilhada.
Variedades	Varia somente com relação ao teor de Ni, que pode ser de 5% a 15%, forma quase toda a massa dos meteoritos de ferro e mostra um padrão hexagonal sobre uma superfície polida e corroída.
Grupo	Elemento nativo.
Distinção de outros minerais	Fortemente magnético – Ferromagnético.
Outras feições	
Associações	Disseminado em meteoritos silicatados, em pequenos grânulos.
Locais de ocorrência	A localidade mais importante está na costa ocidental da Groenlândia, no qual estão inclusos em basaltos, cujos fragmentos variam de pequenos grãos a massas de muitas toneladas.

4.1.2 Óxidos – Magnetita

Fórmula química	$Fe^{2+}Fe^{3+}_2O_4$, óxido de ferro.
Composição	Pode conter muitas impurezas, parcialmente substituindo tanto o primeiro quanto o segundo ferro. *Variação da Fórmula:* $(Fe, Mn, Mg, Zn, Ni)^{2+}Fe(Fe, Al, Cr, Mn, V)^{3+}_2O_4$.
Cor	Preta.
Traço/risco	Preta.
Dureza	5,5 – 6,5.
Formas do cristal e agregados	Cristais são usualmente bem formados octaedros, menos comumente dodecaedros. Eles também podem ocorrer em uma interessante combinação de ambos. Raramente ocorre em cristais cúbicos. Os cristais são normalmente estriados e alguns cristais octaédricos podem conter camadas de crescimento. Também ocorrem na forma maciça, granular, em veios, como grãos acamadados grandes e como cristais arredondados.
Transparência	Opaco.
Densidade	4,9 – 5,2 gr/cm³.
Brilho	Metálico.
Clivagem	Nenhuma, pode exibir partição.
Fratura	Subconchoidal ou ausente.
Variedades	"Lodestone" – maciço, magnético (age como magneto). Titano-magnetita – variedade da magnetita rica em titânio. Cromo-magnetita – variedade da magnetita rico em cromo.
Grupo	Óxidos, múltiplo-óxido, grupo do espinélio.
Distinção de outros minerais	Franklinita – fracamente magnética. Espinélio – não é atraído por campos magnético, tem um traço branco ilmenita – traço mais claro. Cromita – tem um traço amarronzado.
Outras feições	Fortemente magnético – Ferromagnético.
Associações	Calcita, flogopita, talco pirita, ilmenita, hematita, apatita, granada, clorita.
Locais de ocorrência	A magnetita é um mineral comum, e existe em numerosas localidades. Os maiores depósitos de magnetita encontram-se no norte da Suécia, depois vem os depósitos da Noruega, Romênia e Rússia.

Figura 4.2 – Diferentes formas encontradas de magnetita: (A a D) Fotomicrografias de cristais martitizados de magnetita com forma preservada e relictos de magnetita de Carajás (A); Quadrilátero Ferrífero (B e C) e Mount Newman – Austrália (D). Fotomicrografias em luz natural. A escala está representada no canto inferior direito de cada fotomicrografia. Fotografado por L. Takehara.

4.1.3 Óxidos – Hematita

Fórmula química	Fe_2O_3, óxido de ferro.
Composição	Fe_2O_3 – 70% Fe e 30% O, pode conter titânio.
Cor	Cinza prata a preto em algumas formas e vermelho a marrom nas formas terrosas, às vezes, apresenta cor iridescente quando na forma hidratada.
Traço/risco	Traço vermelho claro a escuro.
Dureza	5 – 6.

Figura 4.3 – Exemplos de minério de ferro do Quadrilátero Ferrífero. (A) e (B) Minério da Mina de Andrade (QF), amostra de mão e fotomicrografia, respectivamente; (C) e (D) Minério de Águas Claras (QF), amostra de mão e fotomicrografia, respectivamente. Fotomicrografias (B e D) foram tiradas em luz natural. A escala está no canto inferior direito. Fotografado por L. Takehara.

Formas do cristal e agregados	Hexagonal-R, escalenoédrica-hexagonal, cristais usualmente tabulares entre espessos e delgados. Planos basais acentuados, mostrando, muitas vezes, marcas triangulares. Raramente os cristais são nitidamente romboédricos, pode ser micácea e laminada, denominada especular, e, quando em pseudomorfos octaédricos sobre a magnetita, chama-se martita.
Transparência	Opaco.
Densidade	5,3 gr/cm^3.
Brilho	Metálico nos cristais e opaco nas variedades terrosas.
Clivagem	Ausente, no entanto pode exibir partição nos dois planos.
Fratura	Ausente.

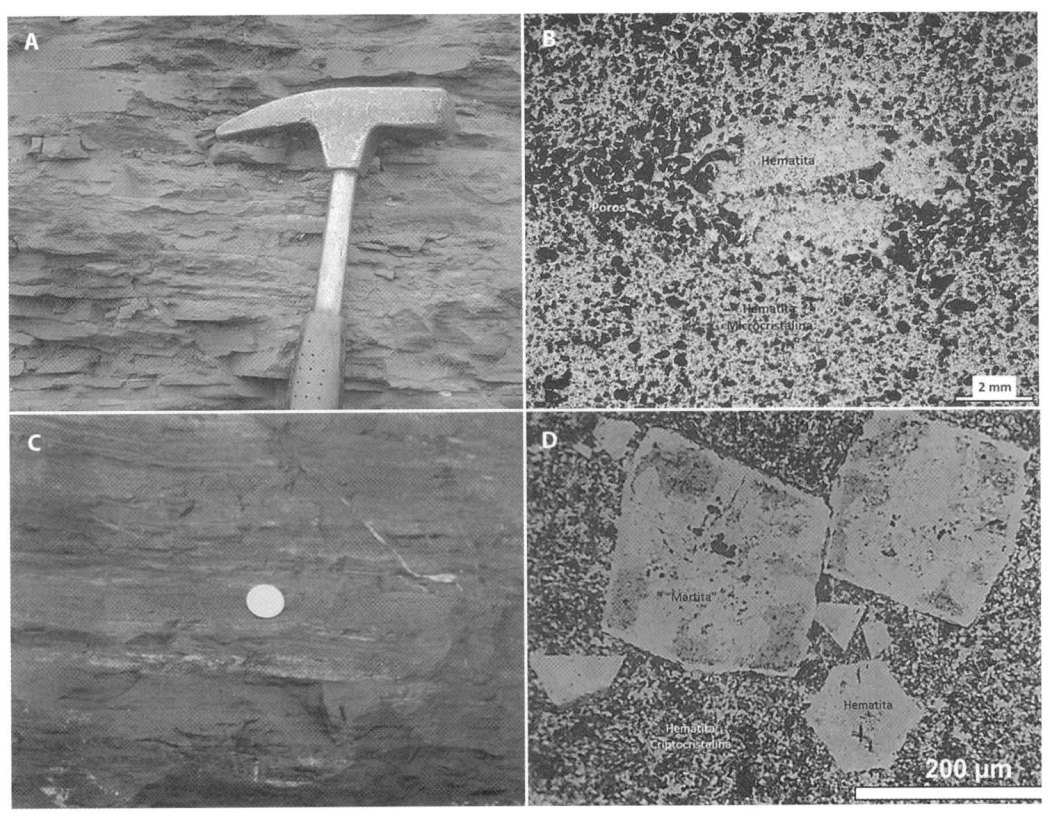

Figura 4.4 – Exemplos de minério de outros depósitos do Brasil. (A) e (B) Minério microcristalino de Urucum (MS), bandamento típico de depósito glacial, com relictos de nódulos de manganês; afloramento (fotos [A] e [B] cedidas pelo prof. Detlef Hans Walde, UnB). (C) e (D) Minério de Carajás, apresenta matriz criptocristalina cortada por cristais de magnetita martitizados e hematita granular; afloramento e fotomicrografia, respectivamente. Fotomicrografias (B) em luz natural e (D) em luz polarizada. A escala está no canto inferior direito. Fotografado por L. Takehara.

Variedades	Rosa de ferro – é um arranjo de placas de hematita na forma de rosetas.
	BIFs – é um depósito sedimentar de aproximadamente 2,2 bilhões de anos, que consiste na alternância de camadas de hematita cinza e jaspe, chert ou quartzo olho de tigre vermelho Minério tipo Rim – é uma forma maciça botroidal e com aparência de rim.
	Hematita oolítica – formação sedimentar de cor marrom avermelhado e brilho terroso, composto por pequenos grãos arredondados. Especularita – pedra micácea ou de flocos que é cinza prata cintilante, às vezes, utilizada como pedra ornamental.

Figura 4.5 – Exemplos de minérios de ferro de depósitos fora do Brasil. (A) Fotomicrografia de minérios hematíticos de Sishen (África do Sul). (B) Minério hematítico de Mount Newman (Austrália). Fotomicrografias (A e B) tiradas em luz polarizada. A escala está no canto inferior direito. Amostras da coleção do Prof. Horst Quade (Universidade de Claustal). Fotografado por L. Takehara.

Grupo	Óxido, grupo da Hematita.
Distinção de outros minerais	Distingue-se pelo seu hábito, dureza e, principalmente, por seu traço vermelho.
Associações	Jaspe nos BIFs (ferro Tigre), quartzo dipiramidal, rutilo, pirita, entre outros.
Locais de ocorrência	A hematita é um mineral amplamente distribuído em rochas de todas as idades e forma o minério de ferro mais abundante e importante. Ocorre como o produto de sublimação em atividades vulcânicas, como depósitos metamórficos de contato e como acessório em rochas ígneas. Geradores de grandes depósitos são Brasil, Austrália, África do Sul e América do Norte.

4.1.4 Goethita

Fórmula química	H.FeO$_2$, óxido de ferro e hidrogênio.
Composição	De 62,9% Fe, 27,0% O e 10,1% H$_2$, o hidrogênio atua como um cátion na coordenação 2 com o oxigênio, ou seja, não tem o grupo (OH). Isso é o que diferencia a goethita da lepidocrocita FeO(OH). O Mn pode estar presente em até 5% e a variedade maciça pode ter água adsorvida ou capilar.
Cor	Castanho amarelado a castanho escuro.

Traço/risco	Castanho amarelado.
Dureza	5 a 5,5.
Formas do cristal e agregados	Ortorrômbico, bipiramidal, raros em cristais prismáticos distintos e estriados verticalmente, muitas vezes, encontrada achatada paralelamente ao pinacoide lateral; cristais aciculares, também maciça, reniforme, em agregados fibrosos radiais, laminado. Geralmente de pouca consistência e de textura porosa.
Transparência	Subtranslúcida.
Densidade	4,37 a 3,3 gr/cm^3 (material impuro).
Brilho	Adamantino a opaco e sedoso em variedades escamosas ou fibrosas.
Clivagem	Clivagem {010} perfeita.
Fratura	Ausente.
Variedades	
Grupo	Hidróxido.
Distinção de outros minerais	Pela cor de seu traço, distingue-se da limonita por sua clivagem, crescimento radial e outras evidências de cristalinidade.
Associações	Inclui uma vasta lista de minerais, principalmente depósitos secundários de minerais.
Locais de ocorrência	A goethita é um dos minerais mais comuns e se forma sob condições de oxidação como produto de intemperismo dos minerais portadores de ferro e, também, como precipitado direto inorgânico ou biogênico existente na água. A goethita com a limonita forma o chapéu de ferro sobre os filões metalíferos. Os depósitos de goethita também são conhecidos como minério de ferro do pântano, formados por solução, transporte pela ação das águas superficiais e nova precipitação de minerais de ferro preexistentes. A goethita é o principal constituinte do depósito de minério de ferro da Alsácia-Lorena, encontrados também na Eiserfeld (Westphalia); Cornwall (Inglaterra), e em Mayari e Moa (Cuba) formam grandes depósitos lateríticos ricos em ferro.

4.1.5 Limonita

Fórmula química	$FeO(OH).nH_2O$, hidróxido de ferro.
Composição	$FeO(OH).nH_2O$ com algum $Fe_2O_3.nH_2O$ muitas vezes impuro. Em virtude de pequenas quantidades de hematita, minerais argilosos e óxidos de manganês, o seu conteúdo de água varia amplamente. É provável que seja uma forma amorfa da goethita, com água capilar e de adsorção.

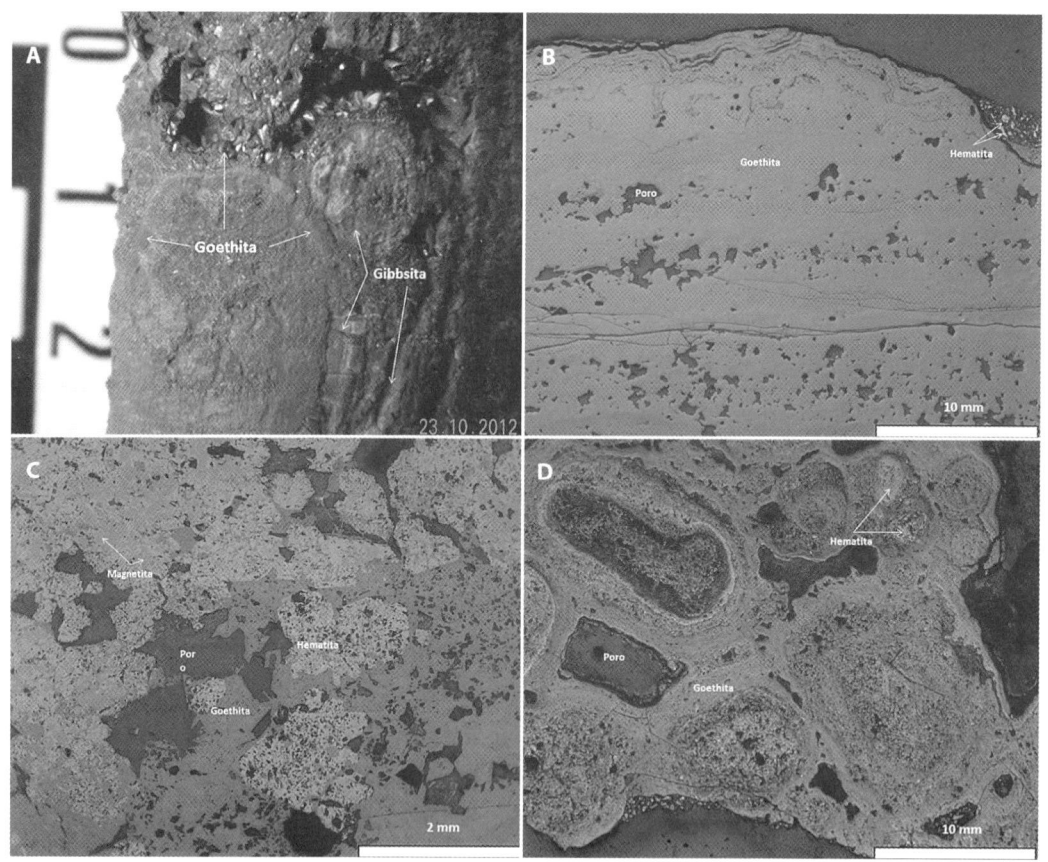

Figura 4.6 – (A) Exemplo de ocorrência dos cristais de goethitas, cristais dentro das cavidades e crescimento de cristais aciculares, realçados pela gibsita; (B) Fotomicrografia do minério goethítico de Alegria (QF); (C) Fotomicrografia do Minério hematítico com relictos de magnetita e intenso processo de hidratação (Alegria, QF); (D) Fotomicrografia do Minério oolítico com goethita contornando os oólitos porosos de hematita e goethita (Alegria, QF). Fotomicrografias foram tiradas em luz natural e a escala está no canto inferior direito. Fotografado por L. Takehara.

Cor	Castanho escuro e preto.
Traço/risco	Castanho amarelado.
Dureza	5 a 5,5.
Forma do cristal e agregado	Amorfa, forma massas mamilares a estalactíticas, também em concreções, nodular e terrosa.
Transparência	Subtranslúcida.
Densidade	2,9 – 4,3 gr/cm^3.

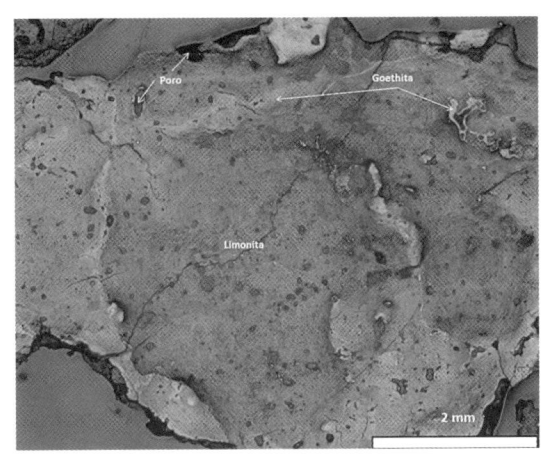

Figura 4.7 – Fotomicrografia de minério limonítico, goethita transformando-se em limonita (Mutum, MS). Foto em luz natural e escala no canto inferior direito. Fotografado por L. Takehara.

Brilho	Vítreo.
Clivagem	Ausente.
Fratura	Ausente.
Grupo	Hidróxido.
Distinção de outros minerais	A limonita não é considerada um mineral verdadeiro, mas sim uma mistura de similares hidratados de minerais óxido de ferro. A maior parte da limonita é feita de goethita, sendo difícil distingui-las. A limonita é encontrada ou está próxima ao ferro oxidado e outros depósitos de metais e como camadas sedimentares.
Outras feições	A limonita também é conhecida como pseudomorfos de outros minerais, como a pirita, substituindo a pirita, mas mantendo a sua forma.
Associações	Inclui uma vasta lista de minerais, principalmente depósitos secundários de minerais.
Locais de ocorrência	É originada sempre por processo supérgeno e forma-se por meio da alteração e solução de minerais portadores de ferro previamente existentes. Pode-se formar, como resultado da oxidação direta ou precipitação inorgânica e biogênica em depósitos aquosos. Presente em muitas minas de minérios no mundo, mas as amostras mais bonitas vêm da Europa, do México, do Canadá e do nordeste dos Estados Unidos.

4.1.6 Carbonato – Siderita

Fórmula química	$FeCO_3$ – com 48,2% de Fe, FeO (62,1%) e CO_2(37,9%).
Composição	Carbonato de ferro, usualmente contém Mg e Ca. Às vezes, contém Mn, Zn e Co. A combinação desses elementos não existe, podendo existir apenas combinações simples.
Cor	Branco, amarelo claro, verde, marrom amarelado, marrom claro a escuro, marrom avermelhado e cinza.
Traço/risco	Branco.
Dureza	3,5 – 4.
Formas do cristal e agregados	Hexagonal, ocorre como cristais romboédricos, usualmente com faces curvas a arredondadas. Raramente ocorre em cristais escalenoédricos. Em concreções globulares, botriodal, compacta e terrosa.
Transparência	Raramente transparente, usualmente translúcida a quase opaco.
Densidade	$3,7 – 3,9 \ gr/cm^3$.
Brilho	Vítreo a perolado.
Clivagem	Romboédrico perfeito.
Fratura	Conchoidal a ausente.
Variedades	Oligonita $((Fe,Mn)CO_3)$ – variedade rica em manganês, contendo maior quantidade de Fe sobre Mn. Se Mn for maior que o Fe, é chamado de Mangansiderita (rodocrosita – $(Mn, Fe)CO_3$ rica em ferro). Sideroplesita ou Magniosiderita $((Fe,Mg)CO_3)$ – variedade da siderita rica em Mg, contêm uma maior quantidade de Fe sobre Mg. Se Mg exceder o Fe, é chamado de Breunerita (Magnesita (Mg, Fe)CO_3 rica em ferro). Esferosiderita – variedade esferulítica, forma massas arredondadas de cristais fibrosos.
Grupo	Carbonatos, grupo da calcita.
Distinção de outros minerais	Dolomita – mais leve e não é magnético quando aquecido. Calcita – mais leve. Esfalerita – clivagem diferente, não efervesce no ácido hidroclórico, e não é magnético quando aquecido.
Associações	Barita, calcita, calcopiritia, limonita, quartzo, calcedônica, rodocrosita, esfalerita, galena, stibnita, fluorita, criolita.

Locais de ocorrência	É um mineral comum encontrado sob a forma de minério de ferro argiloso, misturada com materiais argilosos, pode ser encontrado como minério em camadas negras, situadas em folhelhos e associadas com camadas de carvão. Era explorado como principal fonte de ferro na Grã-Bretanha. Atualmente, é explorado apenas em North Staffordshire e na Escócia.

4.1.7 Sulfetos – Pirita

Fórmula química	FeS_2 – com 53,4% de S e 46,6% de Fe.
Composição	Bissulfeto de ferro, com 46,5% de Fe e 53,4% de S. Pode conter pequenas quantidades de Ni e Co. Algumas amostras podem apresentar uma solução sólida completa entre a pirita e a bravoíta (Ni, Fe)S_2. Contém pequenas quantidade de Au, Cu, geralmente como impurezas microscópicas.
Cor	Amarelo pálido.
Traço/risco	Preto esverdeado.
Dureza	6,0 – 6,5.
Formas do cristal e agregados	Isométrica, diploédrica, frequentemente em cristais, as formas mais comuns são os cubos, tendo as faces, usualmente, estriadas. As estrias nas faces adjacentes são geralmente perpendiculares entre si, encontrado como piritoedro e octaedro. Podem ser combinadas entre si. Apresenta geminação de penetração, conhecida como cruz de ferro (com {011} sendo o plano de geminação). Apresenta-se também na forma maciça, granular, reniforme, globular e estactítica.
Transparência	Opaco.
Densidade	5,02 gr/cm^3.
Brilho	Metálico.
Clivagem	Muito indistinto.
Fratura	Conchoidal.
Grupo	Sulfeto.
Distinção de outros minerais	Calcopirita – cor mais pálida e não ser riscada pelo aço. Ouro – pela fragilidade e dureza. Marcassita – cor mais escura e forma cristalina.

Outras feições	Altera-se facilmente gerando óxidos de ferro, geralmente limonita, mas é mais estável que a marcassita, sendo comum a presença de pseudomorfos de limonita sobre a pirita. Apresenta estrias nas faces cúbicas.
Associações	Quartzo, calcita, ouro, esfalerita, galena, fluorita e muitos outros minerais.
Locais de ocorrência	É o sulfeto mais comum e disseminado, forma tanto nas temperaturas altas como baixas, mas as massas maiores são formadas em temperatura alta. Ocorre como segregação magmática direta e como mineral acessório na rocha ígnea, também em depósito de filões e metamórficos de contato. Ocorrem como grandes depósitos em Rio Tinto e Alhures (Espanha), Portugal, Prince William, Louisa Pulaski (Nova York – Estados Unidos). São mais explorados pelo ouro ou cobre associado, e para a fabricação de ácido sulfúrico e sulfato ferroso, do que como minério de ferro.

4.1.8 Pirrotita

Fórmula química	Fe_{1-x} S, com o x variando de 0 a 0,2 – piritas magnéticas.
Composição	Sulfeto de ferro, a maior parte das pirrotitas tem composição variada, mas apresentam uma deficiência em Fe.
Cor	Bronze pardacento.
Traço/risco	Preto.
Dureza	4.
Formas do cristal e agregados	Hexagonal, bipiramidas-di-hexagonal. Os cristais são, usualmente, tabulares, em alguns casos, piramidais. Praticamente sempre maciça, com hábito granuloso ou lamelar.
Transparência	Opaca.
Densidade	$4,58 – 4,65$ gr/cm^3.
Brilho	Metálico.
Clivagem	Ausente.
Fratura	Ausente.
Grupo	Sulfeto.

Distinção de outros minerais	Reconhecida pela sua natureza maciça, cor de bronze e propriedades magnéticas.
Associações	Ocorre em grandes massas associadas com pentlandita, calcopirita e outros sulfetos nas rochas ígneas básicas, das quais pode ter sido segregada pela diferenciação magmática.
Locais de ocorrência	É um constituinte comum, de menor importância nas rochas ígneas, encontrados também, nos depósitos de metamorfismo de contato, nos depósitos de filões e nos pegmatitos. É encontrada em grandes quantidades na Finlândia, na Noruega, na Suécia, e em Sudbury (Canadá); neste último, a pirrotita é extraída pelos minerais de níquel associados.

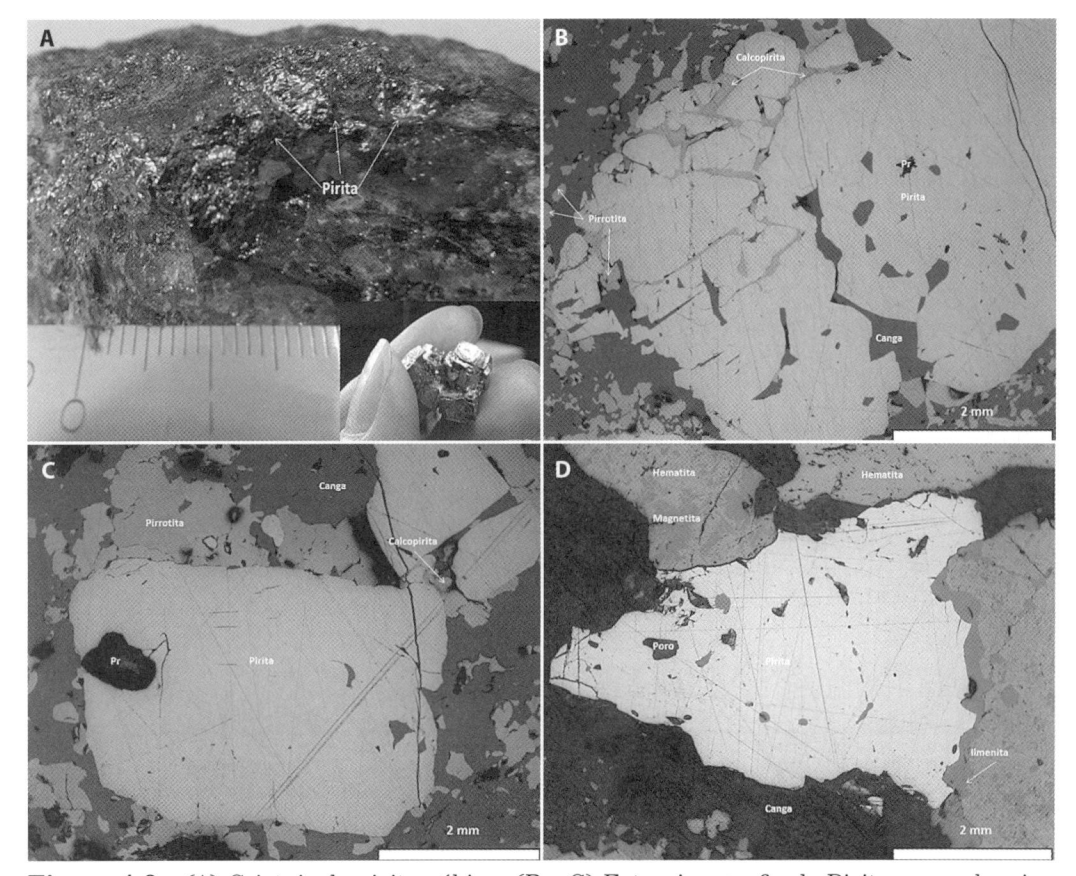

Figura 4.8 – (A) Cristais de pirita cúbica; (B e C) Fotomicrografia de Pirita com calcopirita e pirrotita associada, Palmeirópolis (TO); (D) Fotomicrografia de pirita com ilmenita e magnetita com processo martitização, Campo Alegre de Loudes (BA). Amostras cedidas pela Prof. Sylvia Maria de Araújo (UnB). LN. Fotografado por L. Takehara.

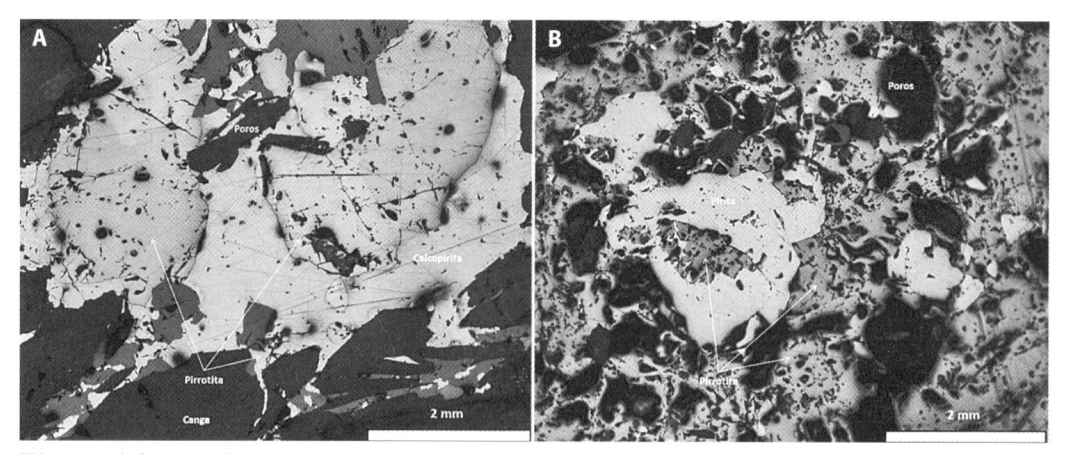

Figura 4.9 – (A) Fotomicrografia de pirrotita com calcopirita associada, Crixás (GO); (B) Fotomicrografia de pirita em matriz de pirrotita, Campo Alegre de Loudes (BA). Amostras cedidas pela Profa. Sylvia Maria de Araújo (UnB). LN. Fotografado por L. Takehara.

5
Preparação de amostra para estudos geometalúrgicos

5.1 Considerações iniciais

O procedimento de preparação de amostra inicia-se com a delimitação do(s) corpo(s) geológico(s) a ser(em) amostrado(s); e deve estar associado a um objetivo específico ou amplo. Ou seja, se, para fins geológicos, a forma de coleta da amostra difere da coleta para fins metalúrgicos. Além disso, deve-se ter em mente que a amostragem é muito restrita quando comparada com a diversidade textural e estrutural do minério do ferro geológico e metalúrgico.

Já o procedimento de coleta de amostra baseia-se em um banco de dados de informações geológicas e metalúrgicas sobre os depósitos de minério de ferro, caso exista estudo prévio. Os tipos de análises a que serão submetidas as amostras coletadas influenciarão em: como e onde coletar, e quanto de amostra deverá ser coletado.

A forma da coleta deve obedecer a uma sistemática e a um critério bem definidos, para que não influenciem na obtenção dos resultados finais. Sendo assim, serão colocados aqui alguns critérios utilizados para a coleta de amostras para estudo geológico.

5.2 Amostragem de minério geológico

O procedimento de coleta de uma amostra geológica tem início com a localização geográfica da amostra nos mapas geológicos, utilizando-se, para isso, o GPS (Global Position Satellite), com objetivo de obter-se as coordenadas geográficas (latitude, longitude e altitude). A partir disso, é feito o procedimento a seguir.

5.2.1 Como coletar?

Orientação das amostras: nos minérios que apresentam estruturas orientadas [acamamento (s_0); foliação (s_1); lineação mineral etc.], as amostras devem ser coletadas de forma orientada (Figura 5.1). Essa orientação é importante, pois poderá trazer informações sobre o corpo de minério e ser correlacionado com a estruturação regional ou, então, com uma estrutura de microescala. Esses dados auxiliarão em uma interpretação posterior, quando da integração dos dados.

O pré-requisito básico para qualquer estudo que relacione as propriedades direcionais de uma amostra deve ser orientado de forma muito precisa, usualmente ± 1°, apesar de que amostras não orientadas também podem ser utilizadas para a determinação de magnitudes das propriedades petrológicas e anisotrópicas. São necessárias duas medidas para orientar uma amostra de forma completa: o ângulo de mergulho da superfície da amostra e a direção do mergulho.

5.2.2 Onde coletar?

Sistemática de coleta: deverá observar alguns fatores: (a) variação dos tipos de rochas; (b) variação estrutural da rocha; (c) variação de profundidade etc., as amostras deverão ser representativas dos vários tipos de rochas e/ou estruturas existentes na área de estudo. Por meio desse critério, podem ser estabelecidas as relações e as associações das rochas e estruturas. As amostras coletadas devem ser as mais representativas, que seja possível coletar, do tipo de minério estudado, devendo-se excluir as que apresentem alterações, a não ser que queira conhecer os diversos graus de alteração que afetam o minério. Para amostras friáveis e pul-

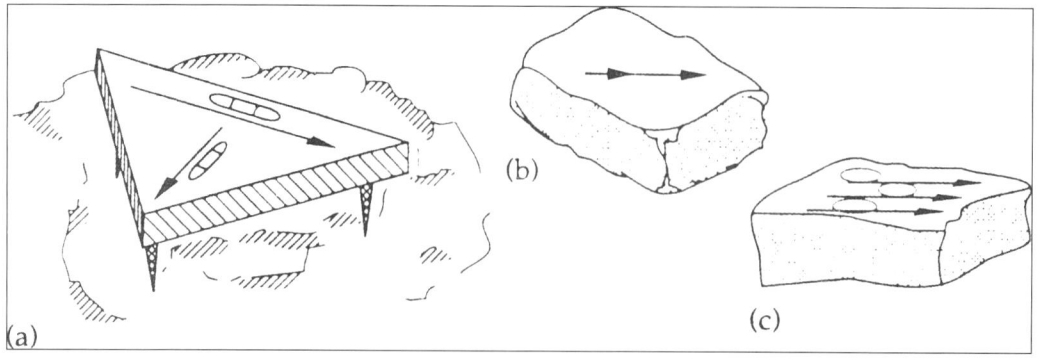

Figura 5.1 – Amostras de mão. A direção e o mergulho podem ser marcados das seguintes formas: se a superfície for quase plana, a amostra é orientada com auxílio de um triângulo (a); se for suficientemente plana, pode ser marcada sobre a própria amostra (b); e (c) no laboratório, a amostra pode ser cortada em tarugos.
Fonte: Tarling; Hrouda, 1993.

verulentas recomenda-se a utilização de recipientes (Figura 5.2) (por exemplo, latas de alumínio ou latão com 0,25 l a 1,0 l) para a coleta *in situ* "cortando" a rocha com a boca da lata e retirando o material, evitando-se que a amostra perca as relações entre os grãos (trama). No laboratório, devem ser impregnadas com resina, para confecção de lâminas minerográficas.

Algumas análises só podem ser feitas em amostra de rocha fresca, daí deve-se levar em conta a possibilidade de encontrar o material adequado para a realização da coleta dessa amostra para submetê-la à análise. Caso não seja possível encontrar a amostra de rocha fresca, devem-se buscar outras técnicas de análise que produzam resultados semelhantes, levando-se em conta o grau de alteração da rocha, sem prejuízo da qualidade do trabalho.

5.2.3 Quanto coletar?

Quantidade de amostra: a quantidade a ser coletada em cada ponto de amostragem dependerá dos tipos de análise que serão necessárias para o estudo em questão. Para estudo minerográfico e estudos químicos, são necessários amostras com alguns centímetros cúbicos. Para estudo geometalúrgico de minério geológico, devem ser coletados em torno de 2.000 kg ou mais, para a realização de pelo menos 3 níveis de queima. Portanto, dependendo do enfoque adotado para o estudo, deve-se coletar grande quantidade de amostra.

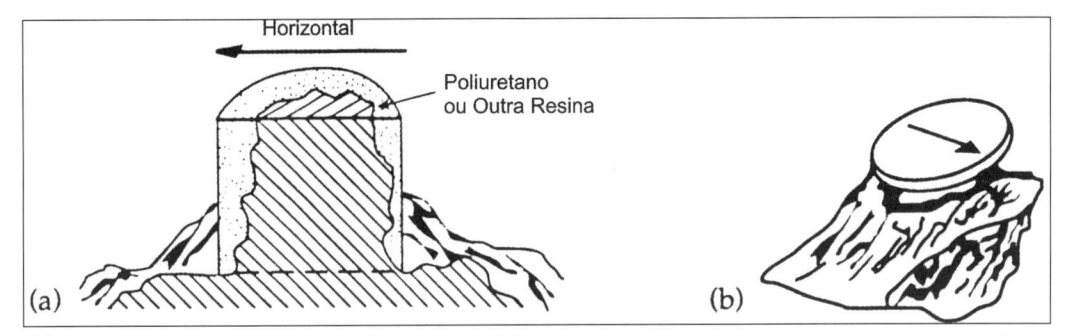

Figura 5.2 – Amostra em rochas friáveis. (a) Se o material for friável para perfurar e duro para puxar a amostra com o porta-amostra, deve-se cavar o material com uma coluna ou pilar com material não magnético, e orientar o material pelo topo do tubo, para, então, remover o material, ou, então; (b) Colar um disco sobre a área a ser amostrada e marcar as direções sobre o disco; nesse caso, deve-se cuidar para manter a amostra na forma original, para isso, deve-se embeber a amostra com cola para que mantenha a forma.
Fonte: Tarling; Hrouda, 1993.

5.3 Amostragem do minério de ferro metalúrgico

O minério de ferro é classificado de acordo com a sua granulometria, dividido em três grandes grupos: Granulados ou Bitolados; Fino ou *Sinter* e *Pellet Feed*.

O minério *Run-of-mine* (ROM) é o minério bruto até 200 mm que passa por beneficiamento; o fino vai para sinterização e a fração grossa é rebritada na granulometria desejada e/ou vai direto para o alto-forno.

O minério **granulado** apresenta uma granulometria entre 12,5 a 200 mm, e subdivide-se em:

- *Pebble* – (de 12,5 a 75 mm), pequena tolerância na fração < 12,5 mm, após o peneiramento, a fração grossa vai direto para o alto-forno;

- *Gravel* – (de 12,5 a 75 mm), permite maior porcentagem de finos que o *pebble*;

- *Rubble* – (de 38 a 50 mm), vai direto para o alto-forno;

- *Pellet Ore* ou *Natural Pellet*, aceita até 10% < 6 mm e superior até 31 mm, cujas utilizações principais são: alto-forno a coque, alto-forno a carvão vegetal e fornos de redução direta.

Finos ou *sinter feed*: são minérios de granulometria inferior a 12,5 mm e porcentagem máxima na fração – 0,15 mm até 50%. Desse modo, o tamanho médio varia entre 0,15 mm até 4,0 mm. São destinados, exclusivamente, para a sinterização e, em alguns casos, a pelotização.

Pellet Feed: são minérios finos que apresentam elevada porcentagem na granulometria; abaixo de 0,15 mm são chamados "superfinos". Destinam-se ao processo de pelotização em casos excepcionais e, em pequena parcela, o *pellet* tem sido usado em sinterização.

O minério de ferro a ser utilizado na usina siderúrgica passa, inicialmente, por processo de beneficiamento dentro da própria mineração, no qual o minério que sai no estado bruto na mina (ROM), passa por processos de britagem, peneiramento e lavagem, até tornar-se produto compatível com sua utilização na siderurgia ou no processo de aglomeração (CASTRO, 1989). A Figura 5.3 mostra uma sequência esquematizada das etapas do processo de beneficiamento do minério de ferro.

Após essas fases de preparação e classificação nas usinas de beneficiamento das minerações, os minérios são transportados para os pátios de estocagem das usinas siderúrgicas (nacionais) ou para os portos, onde serão exportados.

Nos pátios de estocagem nas usinas, os minérios classificados de acordo com as suas características químicas, físicas e granulométricas. Podem ser utilizados

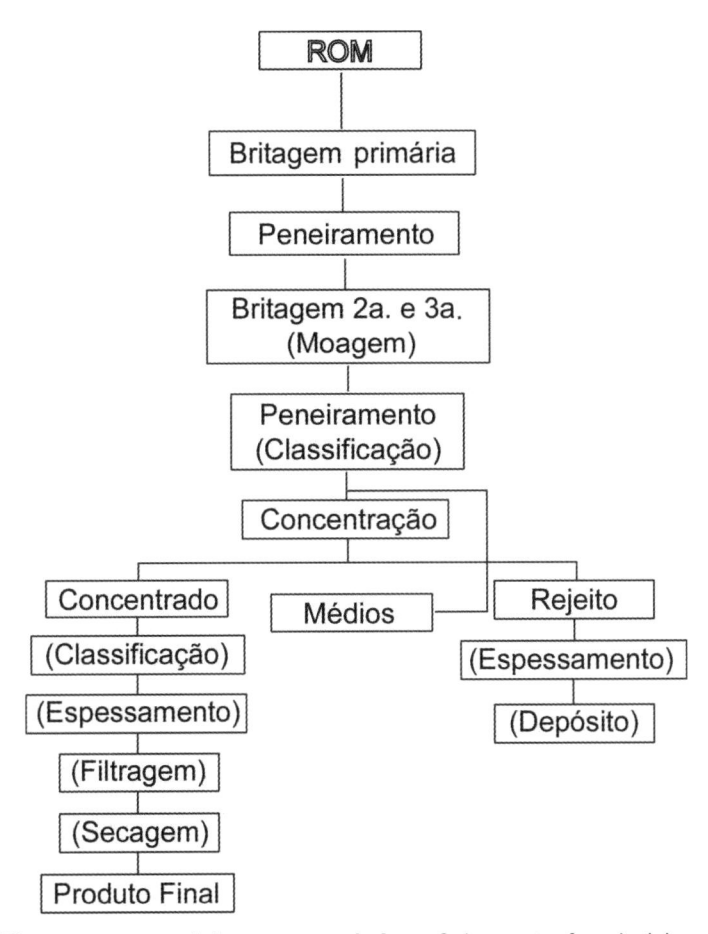

Figura 5.3 – Fluxograma geral do processo de beneficiamento de minério.
Fonte: Adaptado de Castro, 1989.

como minérios base ou de adição. Essa variação depende do tipo de sínter (no caso de *sinter feed*) ou ferro esponja (no caso de granulados).

Para os ensaios de sinterização, as amostras recebidas são catalogadas e testadas nas plantas pilotos para averiguar os seus comportamentos siderúrgicos. O processo de preparação das amostras constitui-se de duas etapas principais: o processo de peneiramento e a britagem posterior, das frações maiores que 10 mm, até atingirem a fração adequada ao processo.

O processo de peneiramento, geralmente, é realizado em peneira vibratória de dois *decks*. O material passante foi dividido em duas frações (0 a 5 mm e 5 a 10 mm); o material retido, acima de 10 mm, é britado no britador de mandíbulas, sendo novamente, peneirado na peneira vibratória de dois *decks*. Esse processo é repetido até que todo o material fique abaixo de 10 mm (para a fração *sinter feed*).

5.4 Preparação das amostras geológicas

A forma de preparação da amostra, bem como a quantidade de amostra necessária, está associada ao tipo de técnica que será empregado no estudo. Geralmente, são utilizadas, além das análises químicas e microscopia ótica, as técnicas descritas a seguir, no sentido de melhor caracterizar o material e auxiliar no entendimento do problema estudado. Qualquer trabalho geológico, geralmente, é iniciado com as confecções das lâminas delgadas (minerais transparentes) e/ou seções polidas (minerais opacos) e moagem do material para análise química.

Após, a obtenção dos resultados dessa parte inicial, o estudo é direcionado para a utilização de outras técnicas analíticas complementares, mais apropriadas para o tipo de material averiguado e que aprofundem o conhecimento das amostras, além de proporcionarem esclarecimento ao problema em questão.

As técnicas analíticas complementares geralmente utilizadas são: microssonda eletrônica, microscópio eletrônico de varredura (MEV), micro Raman, difração de raios X, fluorescência de raios X, Mössbauer, termogravimetria etc. Dependendo da técnica escolhida, a amostra passa por um tipo de preparação.

A preparação das amostras pode ser a mesma para ser utilizada em diferentes técnicas, como, por exemplo: as lâminas delgadas e seções polidas podem ser preparadas de tal forma que possam ser utilizadas em microscopia ótica, microssonda eletrônica, MEV e micro Raman; as amostras moídas podem ser utilizadas em análises químicas, difração de raios X, fluorescência de raios X, Mössbauer, termogravimetria, sendo que, nas três últimas técnicas, as amostras são preparadas na forma de briquetes para serem analisadas.

O preparo da amostra para microssonda eletrônica é semelhante ao das seções polidas, visto que a superfície deve ser plana e sem rugosidade para que não haja dispersão do feixe de elétrons e dos raios X característicos, emitidos pela amostra. As amostras utilizadas são recobertas por uma fina camada de grafite (carbono), que serve para evitar o carregamento de elétrons na amostra.

No MEV, pode ser utilizado qualquer tipo de material, desde fragmento de rocha até seções polidas, dependendo do que se quer observar e/ou analisar no MEV, determina o tipo de material a ser analisado. As amostras planas são utilizadas para observação mineralógica e sua textura. As amostras *in natura* são utilizadas para observação de sua superfície, obtendo-se informações sobre grau de rugosidade, porosidade aparente, quantidade de finos aderidos etc. Para o uso no MEV, as amostras são recobertas por ouro ou carbono, que tem a função de conduzir os elétrons do feixe de elétrons e evitar o carregamento da amostra.

5.4.1 Lâminas delgadas

A rocha orientada é cortada em fatias no sentido de interesse do usuário e colada com adesivo massa epóxi sobre uma lâmina de vidro; essa fatia de rocha é desbastada (lixada e polida) até atingir a espessura de 0,3 mm, que é utilizada como a espessura padrão na determinação das propriedades óticas dos minerais.

Caso a rocha seja friável (pulverulenta) e quebradiça, inicia-se com o processo de impregnação da amostra, ou seja, coloca-se a amostra em uma vasilha com adesivo e coloca-se em aquecimento, até que a amostra fique totalmente embebida pelo adesivo. Isso evita que a rocha se desagregue e permite que seja fatiada e desbastada. Esse procedimento também é feito em rochas que contêm minerais higroscópicos, visto que o processo de corte e desbaste é feito com água.

5.4.2 Seções polidas

O procedimento é semelhante ao das lâminas delgadas, a diferença consiste no processo de polimento, que é mais refinado. Nesse processo, a superfície deve ser a mais plana e lisa para que os minerais reflitam a luz do microscópio e apresentem suas características óticas.

As seções são cortadas nas três direções perpendiculares entre si, tendo como referência a orientação da amostra. Isso permite que tenhamos o conhecimento do comportamento dos minerais presentes segundo a foliação. Esse dado auxilia muito no entendimento do grau e direção de deformação da rocha.

O procedimento para a confecção das seções polidas são os seguintes:

- Corta-se a rocha segundo três direções perpendiculares entre si: duas paralelas e uma perpendicular à foliação. Caso a rocha seja friável ou granulada, este procedimento não será possível; para que a rocha seja friável, a amostra deverá ser embutida em resina e, se for granulada, deve-se fazer o quarteamento da amostra e utilizar a quantidade necessária para colocar na forma de embutimento.

- As seções polidas dos minérios metalúrgicos são feitas com as amostras quarteadas até a quantidade suficiente para encher as formas. Para as amostras de granulação mais grosseira, utilizam-se formas maiores (tubos de PVC de 5 cm de diâmetro) ou se produz um maior número de seções polidas, para aumentar a representatividade da amostra. Para as amostras de granulações mais finas (< 1,00 mm) podem ser utilizadas as formas padronizadas de 1" (uma polegada) para a confecção de seções polidas normais.

- Após o preenchimento das formas, faz-se a preparação da resina a ser utilizada no preenchimento dos espaços vazios entre as partículas primárias das seções, com seis partes de cola e uma de endurecedor. As seções preenchidas são colocadas na estufa a 40 °C para secar, por 24 horas. Após a secagem, as seções são retiradas das formas e é iniciado o processo de lixamento.

- O processo de lixamento é feito para desbastar a amostra até que fique na espessura desejada da seção, entre 5 a 10 mm. O processo tem início com o pó de carbeto de silício na granulação 150, utilizada para fazer o desbaste inicial. Depois que a amostra estiver com a superfície plana, passa-se para o pó de carbeto de silício na granulação 400 e, depois, para o de granulação 1.000 e, por último, para a lixa de 1.200 ou 1.500. A passagem de uma lixa para outra é feita quando a lixa de granulação mais fina consegue apagar os vestígios da anterior, e apresente uma superfície de aspecto homogêneo.

- Após o lixamento, inicia-se o processo de polimento. O processo de lixamento é iniciado com pastas de diamante granulação de 15 µ, passando para as pastas de 9, 4, 1 e 1/4µ. O procedimento de troca de pastas é o mesmo do processo lixamento, ou seja, devem-se tirar os vestígios da pasta anterior e deixar a superfície mais lisa possível. A etapa mais demorada é a que usa a pasta de 1/4, pois esta é a empregada no polimento final, no qual se devem tirar todos os riscos e a superfície deve ser deixada mais plana para que a reflexão dos minerais, ou seja, o resultado deve ser o melhor possível.

5.4.3 Moagem da amostra

As amostras para análises químicas, difração de raios X, fluorescência de raios X, termogravimetria e Mössbauer, passam por processo de moagem. O procedimento empregado é o da moagem da amostra bruta na fração que varia de 80# a 40#. Para a análise química, a amostra é levada ao laboratório, em que é dissolvida, e são analisados os elementos/óxidos presentes na rocha.

5.5 Preparação do minério metalúrgico

Para o estudo geometalúrgico dos minérios, as amostras são separadas nas granulações pré-especificadas pelo processo a ser utilizado, sendo peneiradas e confeccionadas seções polidas de cada fração granulométrica.

As seções polidas de cada fração granulométrica confeccionada, são utilizadas para a caracterização interna e externa das partículas primárias presentes. As características internas observadas são: mineralogia, textura e microestrutura. As características externas observadas são a superfície de contorno, o grau de elongação e a dispersão granulométrica das partículas primárias, dentro de cada fração granulométrica. O conhecimento dessas características auxilia no melhor entendimento do comportamento dos minérios, durante os processos de microaglomeração e sinterização.

6 Caracterização do minério de ferro

A tecnologia de utilização de minério de ferro é um processo que envolve desde o conhecimento do depósito do minério, com a produção do ferro primário na forma de ferro-gusa ou ferro esponja, até o seu produto final, o aço.

A evolução na tecnologia da indústria do aço, nas últimas décadas, viabilizou a utilização de maior variedade de tipos de minérios, nos diversos tipos de usinas de aço. Além disso, os tipos de minérios de ferro ofertados no mercado variaram ao longo do século XIX, em decorrência da exaustão dos minérios de melhores qualidades, fazendo que os processos metalúrgicos se adaptassem ao tipo de minério disponível. Esses fatos geraram uma necessidade global de especificar e classificar melhor os tipos de minério de ferro existentes.

Grandes avanços têm se voltado ao conhecimento científico e de engenharia, desenvolvidos e aplicados na indústria, no sentido de otimizar o processo de sinterização. Mais recentemente, há uma preocupação em estabelecer a correlação entre as características mineralógicas e texturais do minério de ferro e a qualidade do produto sínter gerado (BEUKES et al., 2003). Atualmente, tem-se buscado a caracterização do minério de ferro sob o enfoque da ciência dos materiais e engenharia dos materiais, no qual o minério passa a ser tratado como um material policristalino (ROSIÈRE et al., 1996a; SOUZA NETO; CAPOLARI; SILVA NETO, 1998). Essa correlação conjuga os parâmetros caracterizados por diferentes estruturas e texturas resultantes da atuação dos processos geológicos durante sua evolução, com as propriedades e/ou características granulométricas, químicas, físicas e metalúrgicas.

Os siderúrgicos classificam o minério, principalmente, de acordo com a granulometria e qualidade química adequado ao seu processo siderúrgico. Os mineradores o classificam pelo tipo de tratamento e forma de beneficiamento, relacionados, principalmente, à friabilidade do minério e ao teor médio de ferro; os geólogos apresentam uma caracterização mais intrínseca do minério, associando o corpo de minério com sua gênese e seu contexto tectônico, por meio de sua composição mineralógica, de suas microestruturas e das texturas apresentadas.

A homogeneização dessas classificações tornaria mais fácil a linguagem entre os diferentes setores envolvidos, visto que se trata de um mesmo produto. Além disso, essa homogeneização pode conduzir a uma melhoria dos processos na produção do aço. Como alguns estudos têm demonstrado que minérios compostos por diferentes tipos de minerais predominantes apresentam comportamento siderúrgico diferenciado (CVRD, 1998; SANTIAGO et al., 1999; TAKEHARA, 2004; entre outros). ROSIÈRE, VIEIRA e SESHADRI (1996) observaram que alguns minérios com características metalúrgicas semelhantes, apresentam mineralogia, anisotropia magnética e trama textural diferentes. Esses fatos demonstram que outros fatores, além das características metalúrgicas, devem influenciar na qualidade sínter produzido, e que, provavelmente, estão relacionados às características mineralógicas, microestruturais e texturais do minério (ZAVAGLIA, 1995; ROSIÈRE; VIEIRA; SESHADRI, 1996; TAKEHARA, 2004). A seguir, serão descritas as principais formas de caracterização de minério de ferro feitas por geólogos e metalúrgicos.

6.1 Caracterização geológica do minério

A caracterização geológica do minério é feita pela observação das características mineralógicas e do arranjo textural dos minérios dentro de um contexto local e regional, tendo como base a influência e os efeitos dos eventos geológicos que afetaram as rochas.

Esta caracterização do minério deve ser iniciada com o minério *in situ*, denominado minério geológico, que apresenta as características que podem ser relacionadas com a geologia local.

As variações mineralógicas, texturais e microestruturais são características geológicas do minério e são observadas por meio de amostras de mão; amostras moídas *in natura* e seções polidas montadas para esse fim. Os diferentes tipos de amostras poderão ser estudados com lupas binoculares e MEV, sendo extraídas informações pertinentes a cada tipo de amostra. As amostras de mão, geralmente estudadas no campo, são caracterizadas a olho nu e com lupas de mão. As seções polidas são estudadas, geralmente com microscópio ótico de luz refletida (MOLR) (com luz natural e polarizada) e, também, com o uso de microscopia eletrônica de varredura (MEV).

O minério deve ser descrito de acordo com as principais características geológicas, e geralmente são estudadas em lâminas delgadas. Seções polidas da rocha são observadas com as técnicas de MOLR, para minerais opacos, e microscopia ótica de luz transmitida (MOLT), para minerais transparentes e MEV. Além disso, deve-se fazer a caracterização química do minério, por meio de análises químicas via úmida e com técnicas de difração de raio X, absorção atômica, fluorescência ou outra técnica disponível, de forma a conhecer a presença de elementos/minerais traços que podem comprometer ou não a qualidade do minério.

A superfície de contorno externa das partículas primárias é uma característica mais bem visualizada em partículas *in natura* observada no MEV no modo de elétrons secundários, que permite visualizar objetos em três dimensões, sendo possível a observação do relevo da amostra. O uso de microscopia ótica pode ser feito em amostras de superfície plana (seções polidas e lâminas delgadas). Em virtude do problema de focalização, não é possível estudar amostras *in natura*.

As características geológicas observadas são: distribuição mineralógica, grau de porosidade, tamanho e forma dos minerais e poros e superfície de contorno entre os minerais. No entanto, o estudo dos produtos *sinter feed* e *pellet feed* necessitam da caracterização externa das partículas primárias, tais como: grau de arredondamento, rugosidade da superfície e elongação, distribuição granulométrica, grau de liberação das partículas (principalmente nas partículas primárias aderentes da fração *sinter feed* e do *pellet feed*). Isso porque, essas características externas influenciam durante o processo de aglomeração.

A caracterização inicia-se com a descrição das partículas primárias de minério, que podem ser diferenciadas em tipos, de acordo com as características internas e externas apresentadas por cada minério. Alguns minérios, de locais diferentes, podem ser classificados como sendo de um mesmo tipo, em virtude da semelhança nas características apresentadas, e pode ter acrescentada a sua denominação local ou não. Outros minérios, de mesmo local, apresentam tanto a mineralogia quanto a forma das partículas primárias diferentes, sendo classificados como tipos diferentes.

6.1.1 Características das partículas de minério

A forma das partículas primárias é caracterizada com a aplicação dos critérios de grau de arredondamento, tipos de superfície (rugosidade) e grau de elongação, conforme descritos a seguir.

A caracterização da forma das partículas primárias pode ser baseada na terminologia utilizada em petrologia sedimentar, que utiliza como critério o grau de arredondamento das partículas (Figura 6.1). A classificação utilizada é adaptada a partir da classificação de *Russel-Taylor-Pettijohn* (EL-HINNAWI, 1966):

a) Anguloso: bordas e contornos bem definidos e retos;
b) Subanguloso: as bordas e contornos são retos a levemente arredondados;
c) Subarredondado: as bordas e contornos são arredondados a levemente retos;
d Arredondado: as bordas e contornos são bem arredondados.

O grau de angulosidade é uma característica importante, porque, durante a movimentação das partículas no processo de aglomeração, essa característica

Figura 6.1 – Fotomicrografia das partículas primárias com diferente grau de arredondamento e superfície. Tipos de grau de arredondamento: (Ar) – Arredondado; (SAr) – Subarredondado; (SAg) – Subanguloso; e (Ag) – Anguloso. Tipos de superfícies: (CLs) – Liso; (CSRg) – Semirrugoso; e (CRg) – Rugoso.
Fonte: Takehara, 2004.

influencia na aderência de partículas menores sobre a sua superfície (partículas nucleantes) ou na aderência, na superfície, de partículas maiores (partícula aderente). Takehara (2004) observou que as partículas nucleantes angulosas apresentam reentrâncias mais abruptas, que permitem aderência maior de partículas mais finas sobre sua superfície, gerando grânulos maiores e mais resistentes aos testes metalúrgicos.

O grau de porosidade dos minérios é outro fator de grande relevância, exigindo-se assim, uma subclassificação, segundo o tipo e forma de porosidade presente. Os poros podem ser encontrados na forma de bandas ou como porções granulares distribuídas de forma aleatória. A porosidade é uma característica importante; uma vez que influencia na rugosidade da superfície, na elongação das partículas e também na resistência das partículas.

A porosidade cria pequenas reentrâncias na superfície da partícula, cuja presença auxilia também no processo de aglomeração, visto que retém uma determinada umidade, auxiliando na união entre as partículas pela força capilar da água. A presença de poros grandes, no entanto, apresenta o efeito contrário, visto que há necessidade de quantidade de água muito maior para preencher os poros e, quando é iniciado o processo de aglomeração, essa água adicional aumenta muito a umidade da mistura, gerando grânulos muito grandes, que são facilmente deformáveis, prejudicando a permeabilidade do leito durante o processo de sinterização e/ou pelotização (HINKLEY et al., 1994 VENKATARAMANA; GUPTA; KAPUR, 1999).

O grau de elongação é definido pela razão comprimento/largura (C/L), medida em cada partícula primária, e pode ser dividido em: Granular (C/L < 1,50); Subgranular (1,50 > C/L < 1,75); Subalongado (1,75 > C/L < 2,00); Alongado (C/L > 2,00). Essa característica, também, influencia no processo de aglomeração, visto que partículas muito alongadas são mais difíceis de aglomerar, porque a área de contato entre as superfícies das partículas nucleantes e aderentes é muito estreita, e permite que as partículas sejam facilmente arrancadas durante o processo de rotação do misturador.

As informações sobre as características externas das partículas podem ser facilmente extraídas por processos automáticos de quantificação por meio de suas imagens digitais, que podem ser adquiridas tanto na forma *in natura*, quanto de seções polidas.

6.1.2 Características dos minerais de ferro

As formas dos cristais dependem tanto do seu sistema cristalográfico, quanto das condições que prevaleceram durante sua formação. Os minerais geralmente são descritos de acordo com o tipo de contato entre os cristais, sugerindo o grau de cristalinidade. Quando apresentam faces bem definidas, indicam que ocorreram condições adequadas para sua cristalização, ou seja, que os cristais tiveram tempo para sua cristalização e que o processo de cristalização desses cristais atingiu o ponto de equilíbrio. Por outo lado, quando os contornos entre os cristais estão interdigitados, indicam condição de cristalização rápida, não permitindo o desenvolvimento de suas faces cristalinas (Figura 6.2A e 6.2B).

Os cristais dos minerais, baseados na definição de suas faces cristalinas, podem receber as denominações a seguir:

a) *Euédrica*: minerais apresentam suas faces cristalinas bem definidas, ou seja, contornos e bordas retas (contato entre as faces cristalinas de cada cristal, formando poliedros e com pontos tríplices) – minerais bem cristalizados.

b) *Subeuédrica*: minerais apresentam apenas parte de suas faces cristalinas bem definidas, ou seja, contornos e bordas irregulares a retas.

c) *Anédrica*: as faces cristalinas não estão bem definidas (baixo grau de cristalinidade) – contornos e bordas irregulares a interdigitados entre si, indicando que não houve tempo suficiente de cristalização, ou seja, o processo de cristalização não se encontrava em equilíbrio.

O tamanho e a forma dos poros variam de acordo com o tipo de rocha, e estão intimamente associados à mineralogia presente na rocha. A porosidade pode ser dividida em dois tipos: intraminerais e interminerais (Figura 6.3). A porosidade

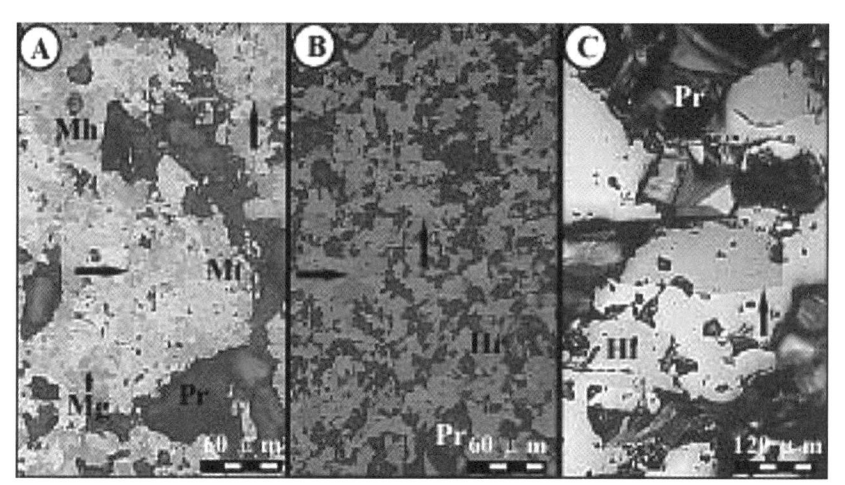

Figura 6.2 – Critério utilizado para definição do grau de cristalinidade de um cristal. A superfície de contato entre os cristais pode ser (as setas pretas indicam os tipos citados): (A) Tipo Interdigitado; (B) Tipo Irregular; e (C) Tipo Reto. Fotomicrografias de luz polarizada. Hr – Hematita granular; Hl – Hematita lamelar; Mg – Magnetita; Mh – Mineral Hidratado; Mt – Martita e Pr – Poro.
Fonte: Takehara, 2004.

intraminerais é a que ocorre dentro dos minerais de ferro, que são de tamanhos menores e gerados, principalmente, pela deformação da rede cristalina causada, como ocorre durante a transformação da magnetita em martita (Figura 6.3). E,

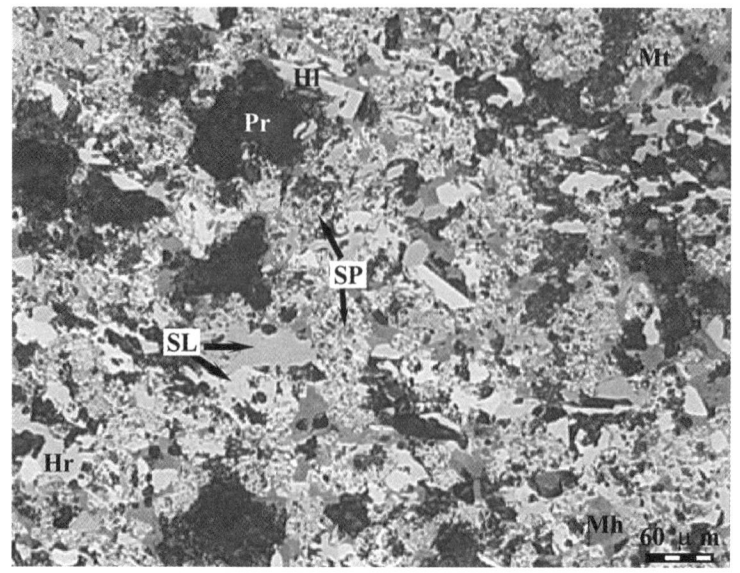

Figura 6.3 – Tipos de superfície que os cristais podem apresentar. (SL) Superfície Lisa e (SP) Superfície Porosa, como indicado pelas setas. (Fotomicrografia de luz polarizada.)
Fonte: Takehara, 2004.

a porosidade interminerais são os espaços vazios que ocorre no contato entre os cristais de minerais, normalmente gerados pela lixiviação de minerais mais friáveis, e são de dimensões maiores.

A forma dos poros também varia com o tipo de mineralogia associada, ou seja, com minerais de hematita lamelares, os poros tendem a ser mais alongados e com contornos mais angulosos; enquanto, com minerais granulares, os poros tendem a ser mais granulares, tamanhos variados e contorno mais suave.

A granulação das fases minerais mostra ter grande influência na distribuição e tamanho dos poros, desde que não tenham sido obliterados por eventos deformacionais posteriores. Os minérios de granulação fina, como das Minas de Carajás e Urucum, apresentam porosidade muito fina dispersa interminerais de hematita e podem apresentar-se em camadas alternadas mais e menos porosas, indicando ser uma característica do bandamento primário original de deposição do minério.

O grau de porosidade é fortemente influenciado pela presença de ganga e minerais hidratados, que são dissolvidos e/ou lixiviados durante processo intempérico; como observado nos minérios de origem itabiríticos, cujos poros foram gerados pela dissolução e/ou lixiviação dos minerais de quartzo e outros silicatos. Nesse caso, os espaços vazios foram compactados, em decorrência da pressão do peso das camadas superiores, gerando os corpos ricos de minérios.

6.1.3 Características geológicas dos minérios de ferro

O conhecimento geológico do minério é baseado na história registrada pela rocha durante a sua evolução. Os diferentes eventos geológicos que afetaram os corpos de minérios permitem gerar minérios com mineralogias e sequência de cristalização distintos; bem como morfologia, tamanho e distribuição e/ou arranjo dos cristais e poros e textura dos minerais diferenciadas (MORRIS, 1980).

O minério de ferro brasileiro, apesar da homogeneidade química, apresenta uma grande variação textural de seus minerais, cujo arranjo estrutural indica ser gerado por diferentes eventos geológicos. A sua caracterização por métodos automatizados é dificultada em virtude do fato de as técnicas atuais não permitirem contraste de diferentes texturas, mas sim de minerais com contraste atômico relativamente alto. A utilização de métodos modernos de microscopia eletrônica de varredura (MEV) e o próprio QEMSCAN (fabricado pela CSIRO), nos minérios brasileiros não mostrarão resultados satisfatórios. Isso não permite uma variação para a classificação dos minérios brasileiros de forma rotineira. Por outro lado, nos minérios australianos essas são técnicas muito utilizadas, pois esses minérios apresentam uma diversidade de minerais com diferentes quantidades e graus de hidratação, que podem ser facilmente diferenciados no MEV pelo modo de elétrons retroespalhados.

A melhor forma de caracterização dos minérios brasileiros é feita com o uso do microscópio ótico, sob luz refletida, que permite a discriminação dos diferentes tipos de hematita, bem como distinguir esse mineral da magnetita. No entanto, a sua caracterização automática ainda não é possível em virtude da falta métodos de aquisição de imagens e programas computacionais adequados, e também pela complexidade de interpretação (pelo computador) de imagens com intensidades de iluminação variável (BORGES DA COSTA, 2007; BERNI, 2007; PICKARD; BARLEY; KRUPEZ, 2004).

A caracterização do minério de ferro pode ser feita de diferentes formas, as quais, dependendo do parâmetro genérico utilizado para sua classificação permitem a inclusão de minérios com diferentes origens dentro de um mesmo grupo, não apresentando uma identidade precisa para o minério. Por outro lado, a especificação demasiada de parâmetros pode levar à infinidade de tipos de minérios, cujos atributos de comportamento siderúrgico não permitem sua diferenciação.

As minerações adotam classificações de minérios próprias, de forma a oferecer produtos com as principais características e que, principalmente, atendam os interesses de seus clientes. Assim, as minerações apresentam um portfólio com os seus produtos que são ofertados ao mercado. No entanto, é muito comum, serem feitas blendagens de minérios, de acordo com as características químicas e físicas exigidas pelas usinas siderúrgicas. Nos minérios, a distribuição dos elementos químicos menores é importante, pois a presença desses elementos interfere em seu desempenho siderúrgico, conforme pode ser visto na Tabela 6.1.

A exemplo disso, tem-se a classificação pela CVRD (Companhia Vale do Rio Doce), adotada para a caracterização de diferentes minérios, feita pelo centro de pesquisa da empresa da CVRD(1998), Figura 6.4. Essa classificação apresenta, de forma resumida, os principais tipos de minérios de ferro brasileiros, e tem como vantagem a simplicidade e correlação da mineralogia e da textura. As denominações utilizadas são dadas de acordo com os tipos de cristais de hematita (especular, martita, granular e microgranular) presentes.

A classificação geológica utiliza critérios genéticos para divisão dos tipos de minérios, em que são feitas análises do desenvolvimento do depósito, desde sua deposição até os processos de enriquecimento na qual é considerada uma jazida viável economicamente. As análises são feitas por meio dos conhecimentos da evolução mineralógica e suas inter-relações com as rochas de contexto local e regional.

A mineralogia primária do minério de ferro depende basicamente do ambiente de formação. Os grandes depósitos comercializados são formados geralmente, por processos diagenéticos, que passaram por processos deformacionais, metamórficos e/ou intempéricos, que são responsáveis pelas gerações das diferentes fases minerais encontradas nos corpos de minérios explorados economicamente.

Tabela 6.1 – Observações relativas aos teores de sílica, alumina, fósforo e PPC de minérios para sinterização		
Faixa	**Distribuição granulométrica**	**Observações relevantes**
Sílica — Varia em função da basicidade e do volume de escória do sínter.	• A sílica deve estar presente nas frações mais finas (<1,0 mm) – contribui para diminuir o tempo de sinterização e aumentar a produtividade, por auxiliar na formação de SFCA. • A sílica não deve estar oclusa dentro das partículas nucleantes de minérios.	• O menor desvio padrão da basicidade do sínter é obtido quando o teor de sílica na mistura não precisa ser ajustado pela adição de fundentes. • Deve-se evitar a presença de sílica nas frações > 1,0 mm, pois pode não participar das reações de sinterização, diminuindo o volume real de escória e fragilizando o sínter (aumento de RDI). • Baixo teor de sílica implica menor volume de escória no alto-forno e menor consumo de fundentes.
Alumina — Varia em função da basicidade e do volume de escória do sínter.	• Deve-se evitar concentração nas frações mais finas dos minérios (<150 *mesh*). • A alumina não deve estar oclusa dentro das partículas primárias nucleantes de minérios.	• Uma maior quantidade de alumina nas frações mais finas aumenta fortemente o RDI do sínter. • A alumina, nas frações mais grossas, pode não participar das reações de sinterização. • A alumina, na forma de gibbsita, associa-se à hematita secundária mais facilmente do que a caulinita. • Um baixo teor de alumina implica um menor volume de escória no alto-forno.
Fósforo — Varia em função do processo de cada empresa.	• Normalmente, a sua concentração é maior nas frações mais finas dos minérios. • É predominante nas partículas primárias aderentes.	• É prejudicial à qualidade do aço, pois todo fósforo presente na carga ferrífera do alto-forno, vai para o ferro-gusa, prejudicando a qualidade final do aço. • Geralmente, o teor de fósforo aumenta quando se aumenta a quantidade de goethita nos minérios. • Alto teor de fósforo implica custos adicionais, com o processo de desfosforização do ferro-gusa ou do aço.
PPC — Varia em função do balanço de massa no alto-forno de cada empresa.	• Os minérios hidratados, também chamados de goethíticos, apresentam valores maiores de PPC do que os minérios anidros.	• Um aumento do PPC dos minérios da mistura provoca contração do bolo na sinterização, formando trincas grandes que favorecerão a passagem preferencial de ar no leito. • Uma dosagem adequada dos minérios goethíticos e anidros favorece a etapa de microaglomeração e aumenta a produtividade da máquina de sinterar.

Fonte: Adaptado de Carneiro, Vidal; Najar, 1985. Vieira et al., (1998).

Companhia Vale do Rio Doce
Superintendência de Tecnologia

PRINCIPAIS TIPOS DE TEXTURAS DE ÓXIDOS/HIDRÓXIDOS DE Fe

TIPO	CARACTERÍSTICAS	FORMA/TEXTURA
HEMATITA CRIPTOCRISTALINA	- Cristais muito pequenos < 0,01 mm; - textura porosa; - contatos pouco desenvolvidos.	
MAGNETITA	- Cristais euédricos, isolados ou em agregados; - cristais compactos.	
MARTITA	- Hematita com hábito de magnetita; - oxidação segundo os planos cristalográficos da magnetita; - geralmente porosa.	
HEMATITA RECRISTALIZADA	Formatos irregulares inequidimensionais; - contatos irregulares geralmente imbricados.	
HEMATITA GRANULAR	- Formatos regulares equidimensionais; - contatos retilíneos e junções tríplices; - cristais compactos.	
HEMATITA LAMELAR	- Cristais inequidimensionais, hábito tabular; - contatos retilíneos; - cristais compactos.	
HIDRÓXIDOS DE FERRO (Goethita-Limonita)	- Material amorfo e/ou cripto cristalino; - estrutura coloforme, hábito botrioidal; - textura porosa.	

Figura 6.4 – Tipos de texturas de óxido e hidróxido de ferro e suas características principais.
Fonte: Adaptado de CVRD, 1998.

Os depósitos de origem magmática estão restritos a alguns países (ver Capítulo 3) e são relacionados a processos orogenéticos com intemperismo associado, geralmente de origem mais jovem. Esses processos formam pequenos depósitos e são explorados para consumo local.

Os minerais de ferro são bem cristalizados, quando o ambiente químico estiver em equilíbrio e quando tiverem maior tempo para sua cristalização. Os minerais com menor grau de cristalinidade ocorrem quando o ambiente não está em equilíbrio e/ou quando tiverem pouco tempo para sua cristalização. O grau de recristalização está condicionado ao grau de oxidação e ao metamorfismo, associado à deformação, envolvendo processos físicos e químicos (ROSIÈRE; CHEMALE; GUIMARÃES, 1993; MORRIS, 1980).

A temperatura e a pressão durante cristalização influenciam fortemente na morfologia e no tamanho dos cristais de minerais de ferro. O tamanho dos cristais apresenta uma relação direta com a temperatura, ou seja, quanto maior a temperatura de cristalização, maior será o tamanho dos cristais e menor o grau de hidratação dos minerais de formação do depósito (GOLDRING; FRAY, 1989; CAPOLARI et al., 1998). Sob alta temperatura os minerais sofrem processo de homogeneização e volatilização de compostos, fazendo que a reestruturação da rede cristalina elimine os elementos contaminantes, e também elimine a água do sistema, diminuindo a presença de minerais hidratados. Os minérios com minerais de ferro maiores apresentam teores menores de alumina (CAPOLARI et al., 1998), provavelmente, por apresentarem menor quantidade de minerais hidratados, que são os maiores portadores de elementos deletérios do minério (SANTOS; BRANDÃO, 2003).

A predominância de uma fase mineral sobre as outras está associada à intensidade do processo geológico dominante sofrido pela rocha, responsável pela sua geração. É possível estabelecer uma sequência de cristalizações de fases minerais de um minério, decorrentes dos vários processos que atuaram sobre ele (ROSIÈRE et al., 1993).

No Brasil, a hematita ocorre como mineral predominante, sendo que, no QF, é observada a presença de diferentes gerações de hematita, bem como de outros minerais de ferro. Nos depósitos de Carajás, ocorre o predomínio da hematita microcristalina (Figura 6.5A), com porções localizadas de cristais maiores de hematita bem cristalizados; enquanto, no depósito de Urucum, ocorre somente a presença de hematita criptocristalina.

A magnetita tem ocorrência secundária, por exemplo, encontrada como mineral primário como relictos dentro de cristais de hematita (Figura 6.5B) e também como cristais grandes bem formados, com a forma cristalina preservada, que foram gerados próximos aos veios de rochas máficas. Nos depósitos de Carajás, também são encontrados cristais grandes de magnetita bem formados, gerados da mesma forma que as magnetitas do QF, cortando a textura microcristalina desse minério.

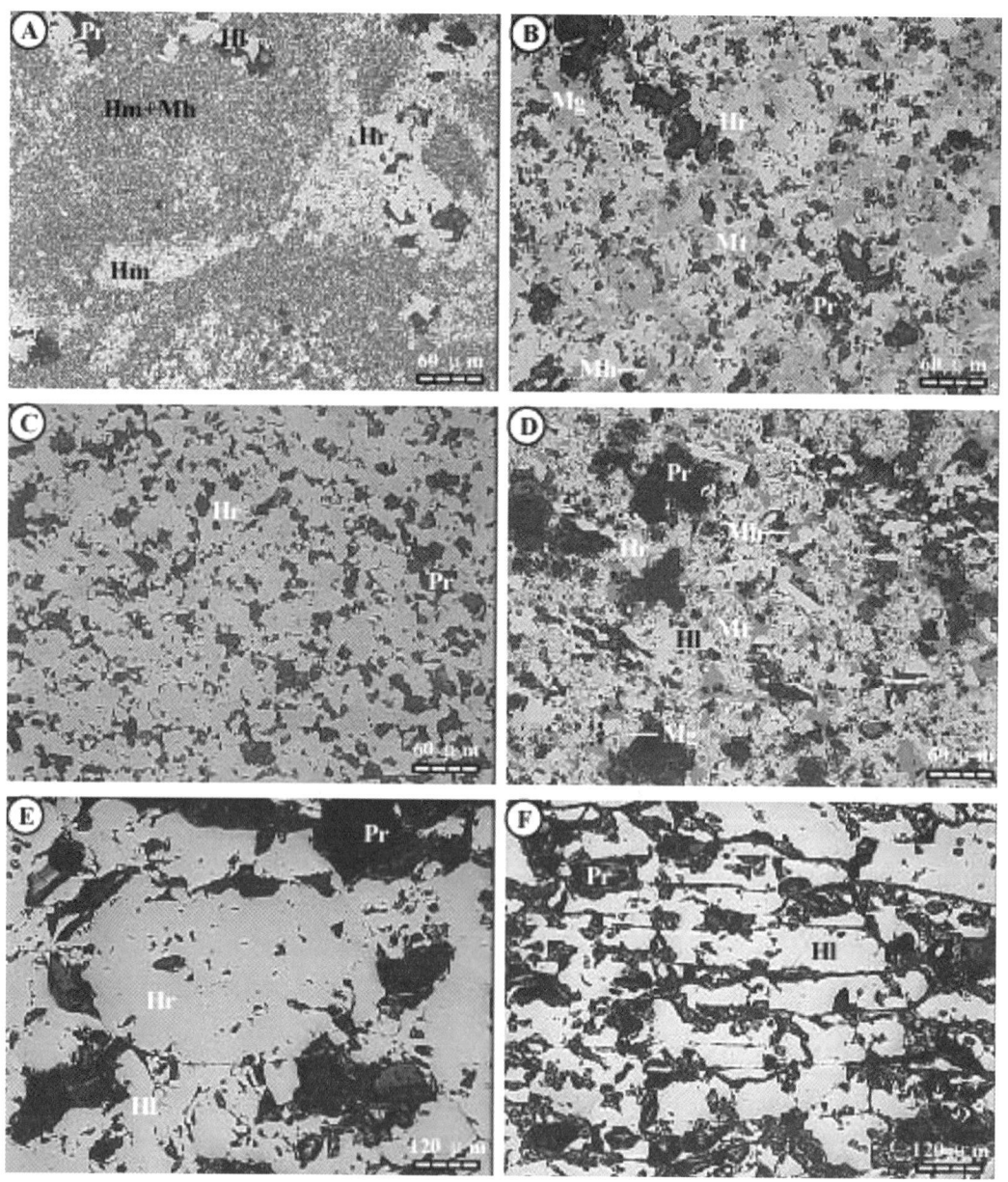

Figura 6.5 – Fotomicrografia de diferentes tipos de ocorrência de hematita. (Luz natural.)
Fonte: Takehara, 2004.

A presença da martita se dá quando, no início do metamorfismo, ocorre o aumento da fugacidade de oxigênio, gerada pela mobilização de fluidos, que é responsável pelo desencadeamento do processo de martitização das magnetitas primárias (MORRIS, 1980; ROSIÈRE; CHEMALE; GUIMARÃES, 1993). Esse processo gera agregados xenomorfos de martita, que são um pseudomorfo de hematita, ricos em inclusões e po... Com o aumento do grau de metamorfismo ou um tempo maior de estabilidade metamórfica, ocorre a estabilização da rede cristalina da martita para hematita, formando os minerais de hematita granulares e/ou lamelares, de granulação média e sem poros internos. O aumento da temperatura faz que ocorra a geração de cristais de hematita maiores.

O efeito da tectônica é observado pelos corpos de minério em áreas de alta deformação, nas quais desenvolvem cristais bem orientados de hematita lamelar, que definem a foliação. O mesmo ocorre com a temperatura, cujos efeitos são observados na estrutura dos minérios, como na extremidade oriental do QF, onde atingiu metamorfismo da fácies anfibolito, comparado com a extremidade ocidental, onde predomina fácies xisto-verde (ROSIÈRE et al., 1993). Nesse caso, os minérios do leste do QF apresentam cristais grandes bem cristalizados, com ampla ocorrência de cristais de hematita lamelares fortemente orientados, enquanto, a oeste, as hematitas são granulares de granulação média a fina, sendo comum a presença de magnetita primária.

Assim, minérios em regiões com maior grau de metamorfismo apresentam cristais bem cristalizados (Figura 6.5E e 6.5F), em decorrência de processos de homogeneização provocados pela temperatura maior, enquanto minérios com menor grau de metamorfismo apresentam cristais menos cristalizados e com maior influência de processo intempérico associado, podendo ter a presença de minerais de ferro hidratados associados.

A ocorrência de maior sequência de gerações de minerais indica que o minério foi submetido a um maior número de eventos geológicos e/ou intempéricos. No entanto, é observado que eventos de maior intensidade podem obliterar características de eventos anteriores. O posicionamento do corpo de minério dentro de uma estrutura regional possibilita compreender e interpretar a geração de diferentes sequências de cristalizações de fases minerais, bem como sua associação diferenciada com o processo de hidratação (Figura 6.5D), quando correlacionado com a geologia regional. Além disso, a geração de estruturas orientadas, o tipo e o grau de orientação preferencial das fases minerais estão condicionados às características deformacionais e às condições dúcteis a rúpteis (magnitude e tipo do *strain*) às quais, as rochas foram submetidas.

A textura do minério varia de acordo o tipo de deposição dos minerais e com a magnitude de deformação sofrida pela rocha. E, a partir do processo diagenético, associado à deformação e recristalização dos minerais de ferro, constatou-se o desenvolvimento de alguns tipos de texturas nos minérios: textura granular; granular a lamelar e lamelar, muito presentes no Quadrilátero Ferrífero (Figura 6.5B a 6.5F); a textura microgranular e criptocristalina(Figura 6.5A), de ocorrência mais restrita, presente nos depósitos de Carajás (PA) e no depósito de Urucum (MS), respectivamente.

A textura granular pode ser encontrada tanto nos minérios de alto grau e baixo grau de deformação (Figura 6.5E e 6.5F). Os minérios de alto grau apresentam, geralmente, textura mais grosseira, formado por minerais bem cristalizados e cristais grandes; enquanto nos de baixo grau, a textura é de granulação média a fina, com minerais apresentando baixo grau de cristalinidade (Figura 6.5C). As temperaturas mais altas do metamorfismo permitiram a geração de cristais maiores bem cristalizados, cujo crescimento ocorre nos espaços vazios gerados pelo processo de lixiviação dos minerais silicáticos (Figura 6.5E e 6.5F).

Em locais onde ocorreu maior grau de deformação, os cristais de hematitas lamelares estão fortemente orientados (Figura 6.5F), preferencialmente, perpendiculares à direção de deformação. Isso ocorre em virtude dos hábitos cristalinos da hematita (Trigonal – Hexagonal), que, sob tensão, orienta-se facilmente e também pelo comportamento dúctil dos cristais. Em locais onde não sofreram deformação, podem ocorrer cristais de hematita lamelares não orientados. Rosière; Chemale; Guimarães (1993) e Zavaglia (1995) observaram que minérios que apresentam textura granular (grosseira) e lamelar ocorrem nas bordas das zonas de cisalhamento ou em áreas fortemente dobradas, enquanto as texturas lamelares são típicas de zonas de cisalhamento.

Os minérios friáveis ou pulverulentos apresentam texturas semelhantes aos minérios compactos, embora o arranjo dos cristais, adquirido durante a deformação e o metamorfismo, perde sua coesão, em razão, principalmente, da superposição dos fatores intempéricos.

A morfologia dos minerais de ferro e o grau de porosidade das partículas primárias são importantes por definirem a rugosidade apresentada por sua superfície. O tipo de superfície da partícula primária influencia na eficiência do minério no processo de micropelotização (TAKEHARA, 2004) e na sua reatividade durante o processo de sinterização (CAPOLARI et al., 1998).

A presença de diferentes tipos de minerais, texturas e microestruturas, certamente influencia no comportamento do minério durante o processo de beneficiamento e, consequentemente, no processo de aglomeração (ZAVAGLIA et al., 1995; MOURÃO et al., 1996; CAPOLARI et al., 1998; TAKEHARA, 2004). Takehara (2004) observou que minérios hematíticos granulares de granulação grosseira geram sínteres com maior grau de resistência mecânica.

6.2 Características metalúrgicas dos minérios de ferro

A caracterização metalúrgica tem como enfoque principal simular o comportamento dos minérios durante o processo siderúrgico. Os diferentes produtos de minérios são testados em escala piloto para serem utilizados nos processos industriais.

Os procedimentos normalmente adotados para o estudo das amostras dos diferentes produtos de minérios podem contemplar as seguintes etapas:

1. Preparação dos minérios – classificação granulométrica e determinação da composição granuloquímica;
2. Testes de sinterização/pelotização – produtividade e rendimento do processo;
3. Testes de qualidade dos produtos gerados.

6.2.1 Granulados

Os minérios granulados podem ser utilizados diretamente em todos os processos siderúrgicos existentes, apresentam faixa granulométrica de 32 a 6 mm, devem ter alto teor de Fe (>67%) e baixo nível de impurezas. Apesar de apresentarem vantagem de uso em virtude de sua granulação, apresentam a desvantagem de ter custo maior. Geralmente, esse produto é utilizado diretamente nos altos-fornos e nos fornos de redução direta, para melhorar o rendimento do alto-forno e no caso dos fornos elétricos, garantir a qualidade da carga metálica. Independentemente da forma de sua utilização, as propriedades químico-metalúrgicas do minério são testadas de forma a garantir e/ou manter a qualidade do produto gerado.

Os procedimentos adotados para o estudo das amostras de minérios granulados, passam pela determinação da composição química e pelos testes metalúrgicos, visto que é um produto utilizado diretamente no processo siderúrgico.

6.2.2 *Sinter feed*

O produto *sinter feed* é o minério de granulação 12,5 mm e > 0,15 mm (até 50%), com teor de ferro em torno de 67% e baixos níveis de impurezas. É destinado, exclusivamente, para o processo de sinterização e/ou aglomeração e, ocasionalmente, a pelotização.

No processo de sinterização do minério, a presença de combustível sólido e ligante, gera um granulado denominado sínter, empregado na carga de altos-fornos. O sínter sai na forma de um "bolo" que é quebrado e peneirado, sendo utilizado os fragmentos na granulação entre 5,0 a 50,0 mm. O aumento na granulação do minério é feito para que seja utilizado no alto-forno sem prejudicar a permeabilidade do leito.

6.2.3 *Pellet feed*

O produto *pellet feed* é o minério de granulação < 0,15 mm, também chamado de "superfino". Esse produto necessita passar por processo denominado pelotização para a formação de pelotas de 5,0 a 15,0 mm, para, então, ser utilizado no processo siderúrgico.

No processo de pelotização, o minério superfino é aglomerado na forma de pelotas cruas que são queimadas em fornos a altas temperaturas. A pelota, dependendo da composição química, das propriedades e características metalúrgicas, é utilizada tanto em altos-fornos como em reatores de redução direta.

6.2.4 Indicadores de qualidade

O aumento das capacidades de produção dos altos-fornos fez que fossem necessários controles mais rígidos da qualidade do produto aglomerado, visando sempre a maior eficiência da produção do ferro-gusa e, consequentemente, melhor qualidade do produto final, o aço. Os testes de escala piloto, também estão se desenvolvendo, buscando reproduzir o processo industrial da melhor forma possível.

Os produtos gerados nos processos de aglomeração, geralmente devem apresentar as características indicadas na Tabela 6.2. Esses produtos são avaliados por meio de indicadores de qualidade determinados por meio de testes que reproduzem em escala piloto as condições pelos quais passam até serem utilizados nos altos-fornos. Os parâmetros medidos são formas de garantir homogeneidade dos produtos para manter a produtividade e rendimento na produção de ferro-gusa.

Os ensaios realizados seguem normas internacionais e devem ser de baixo custo, facilidade de execução e, principalmente, apresentar resultados que reproduzam o fenômeno metalúrgico de como os aglomerados se comportariam nos

Tabela 6.2 – Propriedades adequadas dos produtos gerados pelo processo de aglomeração	
PROPRIEDADES DOS AGLOMERADOS	
Sínter 57% a 61% de ferro	Pelotas 64% a 67% de ferro
Aproveitamento dos finos de mineração abaixo de 8 mm até 0,15 mm e de resíduos siderúrgicos (pó de coletor, carepa etc.).	Aproveitamento dos finos de mineração abaixo de 0,5 mm.
Resistência mecânica média e possível à degradação durante o transporte.	Elevada resistência e baixa degradação no transporte.
Tamanho do sínter: 0 a 50 mm, em formato irregular.	Tamanho da pelota: 10 a 12 mm, de formato esférico.
Gera 7% a 10% de finos de retorno no transporte da sinterização ao alto-forno.	Gera de 5% a 10% de finos de retorno.
Redutibilidade alta.	Redutibilidade alta.

altos-fornos. Os tipos de ensaios utilizados em cada empresa são padronizados de acordo com as características de seus processos e equipamentos.

Além da qualidade química, os aglomerados devem apresentar qualidades físicas e metalúrgicas que são:

- **Resistência a frio** – os testes utilizados são o de tambor e o de queda (*tumbler* e *shatter tests*) para a determinação da resistência a frio, que constitui um dos principais indicadores de qualidade do sínter. Suas variações indicam alterações sensíveis na operação de sinterização.

- **Resistência a quente** – o teste utilizado é o RDI (*Reduction Degradation Index*), mede a degradação do sínter quando submetido às condições redutoras no alto-forno. Apesar de o sínter apresentar uma menor resistência que o minério e as pelotas, essa deficiência aparente é minimizada com um controle mais severo desse parâmetro, diminuindo-se a faixa de variação.

- **Redutibilidade do sínter** – indica a disposição do sínter em liberar o oxigênio pelo agente de redução; considerado um fator de suma importância, procura-se manter esse índice acima de 65%; para isso, devem ser controlados: a basicidade, o volume de escória e o teor de FeO.

Os métodos desenvolvidos para testar a qualidade dos aglomerados variam de uma usina para outra, apresentando metodologias diferentes, cujos resultados somente poderão ser comparados caso os critérios utilizados sejam os mesmos (LEMOS et al., 1978), ou seja, obedeçam as mesmas normas internacionais. Esses métodos estão em constante desenvolvimento, sempre buscando resultados que melhor representem o processo siderúrgico. Também, são muito utilizados para testar a qualidade de novos minérios que são ofertados no mercado.

O aglomerado produzido apresenta a qualidade química necessária para melhorar ou apenas manter o rendimento do alto-forno. Em razão das características de cada produto aglomerado, eles são usados em diferentes processos siderúrgicos. O sínter é mais utilizado no alto-forno, enquanto as pelotas são mais utilizadas em processos de redução direta. Em relação às características físicas, ambos os aglomerados devem ser resistentes e com alto grau de redutibilidade, de forma a aumentar a produtividade e o rendimento do processo.

6.2.5 Sínter

A tendência atual é a produção do sínter com constituintes necessários à produção do ferro-gusa nos altos-fornos. Apesar de ocorrer uma diminuição no teor de ferro no sínter, as adições melhoram a resistência do sínter gerado, aumentando o rendimento, além de diminuir as adições, fundentes e os combustíveis adicionados nos altos-fornos. Isso porque a melhoria nas propriedades físicas adquiridas por meio da composição química do sínter tem considerável influência no desempenho, no consumo de energia e na qualidade do ferro-gusa.

O controle da composição do sínter produzido é baseado no teor de ferro, na basicidade binária (dada pela razão CaO/SiO_2) e no volume de escória. As fases de ferro consideradas são: hematita, magnetita e cálcio-ferritas, enquanto a escória é dada pelos silicatos que são formados pela combinação dos compostos CaO, SiO_2 e compostos menores Al_2O_3, MgO, MnO etc. A quantidade de sílica e alumina na mistura a sinterizar determina a quantidade e a composição da escória nos altos-fornos. A alumina pode ocorrer na estrutura da hematita secundária e a sua presença em quantidade maior pode causar tensão na magnetita produzida durante a redução (DAWSON, 1993) e também diminuir o espaçamento dos planos da rede cristalina da hematita secundária, que pode ser a causa do maior RDI encontrado nos sínteres (SAKAMOTO, et al. 1984, apud DAWSON, 1993).

O conteúdo de MgO influencia na qualidade do sínter, no comportamento da mistura na sinterização e na propriedade de fusão do sínter nos altos-fornos, por isso devem ser controlados os minerais com MgO utilizados na mistura, que podem ser dolomita, dunito e olivina. Esses minerais são escolhidos de acordo com o balanço de massa de cada usina siderúrgica. A presença de MgO, no sínter, aumenta a temperatura de fusão das escórias com alto teor de ferro, melhorando as propriedades de amolecimento e fusão, visto que aumenta a permeabilidade do leito durante a redução de alta temperatura.

Os componentes deletérios (P, S, Mn, Pb, Zn e álcalis) devem constar em nível mais baixo possível, pois limitam a produção de aços com qualidade especiais, bem como podem apresentar problemas ambientais.

O TiO_2, por sua vez, apresenta a propriedade de proteger a parte interna dos altos-fornos, no entanto, sua presença na fase vítrea é prejudicial ao RDI do sínter (DAWSON, 1993).

O aumento da basicidade influencia no aumento do teor de calcioferrita e diminui a presença de hematita secundária, fases silicáticas e porosidade (HSIEH; WHITEMAN, 1993) e também forma escória com menor ponto de fusão, gerando maior quantidade de material fundido, que obstrui os poros, diminuindo a permeabilidade do leito e, consequentemente, a produtividade, deteriorando a qualidade do sínter. O RDI é muito influenciado pela basicidade, sendo positivo quanto maior for a basicidade, pois o seu aumento faz que a hematita presente esteja circundada por SFCA, o que diminui a intensidade de redução para magnetita, pois na transformação da hematita para magnetita ocorre aumento de volume, gerando fissuras e facilitando o processo de desintegração do sínter. Outro fator positivo é a diminuição do tempo de sinterização; com isso, gera-se menos hematita secundária, formada a partir da fase fundida.

A contribuição positiva desses compostos ocorre se estes estiverem contidos nas fases minerais que facilitem o processo de redução dentro dos altos-fornos, bem como, deem resistência mecânica do sínter. Por meio da caracterização mineralógica e microestrutural do sínter, é possível observar se este está de acordo com a qualidade desejada. Atualmente, existem microscópios, com processadores de imagens acoplados, que fazem a identificação e quantificação das fases minerais presentes (p. ex., o Quantimet – analisador contínuo de fases).

A caracterização mineralógica do sínter consta da descrição das diferentes fases minerais presentes e poros nos sínteres, bem como da sua distribuição nesses minerais, que normalmente são hematita, magnetita, ferritos de cálcio e silicatos de cálcio, além de sua porosidade total (poros abertos e fechados).

A hematita é a principal fase de ferro presente no sínter e o seu tipo de ocorrência é importante, pois influencia diretamente na resistência e na redução do sínter. A hematita primária é o mineral não reduzido e as suas características estão associadas ao tipo de minério, cujo arranjo morfológico e textural dos minerais influenciam na resistência e nas propriedades metalúrgicas do sínter. Minérios porosos podem diminuir a resistência do sínter e melhorar sua redutibilidade, enquanto os minérios compactos podem apresentar comportamento contrário. A ocorrência da hematita secundária e residual é prejudicial ao RDI, pois a concentração dessa hematita torna o sínter frágil, em decorrência de fraturas presentes na sua parte mais estreita (ISHIKAWA et al., 1983) e apresenta efeito positivo na redutibilidade (OLIVEIRA; MEDEIROS, 1998). Por outro lado, alguns trabalhos demonstram que o RDI não está relacionado com a quantidade e nem com o tipo de hematita (DAWSON, 1993).

A presença da magnetita é dada pelo minério e durante o processo, pela redução da hematita primária e também dos cálcio-ferritos com o aumento da temperatura. Praticamente todo teor de FeO do sínter está relacionado com esse mineral (OLIVEIRA; MEDEIROS, 1998), no entanto, parte do Fe^{2+} pode ser da ferro presente na parte vítrea (LOO, 1998). O teor de FeO é o parâmetro de controle mais importante do processo de sinterização, visto que teores maiores conduzem a uma aumento no consumo de calor, ou seja, maior consumo de combustível; e também, por ser utilizado como indicador do valor do sínter de RDI (LOO, 1998), embora deva ser levada em consideração a possibilidade de presença dos compostos menores. O FeO influi positivamente na qualidade do sínter, tanto em relação à resistência quanto às propriedades de redução, e influi de forma negativa na redutibilidade (OLIVEIRA; MEDEIROS, 1998).

Os silicatos ferritos de cálcio e alumínio (SFCA) podem ocorrer na forma acicular, colunar e maciços, que influenciam no comportamento do sínter nos testes físicos e metalúrgicos. Geralmente, por serem as primeiras fases a se formar, são reflexos diretos da composição da mistura, são fases muito importantes por darem a resistência aos sínteres, pois formam a fase de ligação entre os diferentes minerais. Daí a importância de sua forma de ocorrência.

A forma acicular do SFCA apresenta benefícios em relação à colunar (VIEIRA et al., 2003), pois, como o SFCA colunar é formado em temperaturas mais altas, geralmente é coberto por material vítreo, tornando-se menos redutível (DAWSON, 1993); também pelo fato de que a superfície plana contínua do SFCA colunar facilita a propagação de fissuras, tornando o sínter mais frágil.

A geração de diferentes tipos de silicatos SFCA depende da composição da mistura e, também, da temperatura à qual foi submetido o material, sendo, assim, importante o controle da temperatura durante o processo, a fim de evitar a geração de SFCA colunares (PEREIRA, 1994). Os SFCA aciculares são formados, principalmente, a baixa temperatura. Enquanto o SFCA maciço inicia a sua formação a temperatura baixa, por meio de deposição de precipitados na periferia das partículas maiores de ferro ou de cal, com o aumento da temperatura ocorre formação de cristais maciços de SFCA bem definidos, junto com óxidos secundários e fases vítreas (PEREIRA, 1994). A presença de SFCA de natureza ácida contornando cristais grandes de partículas de minerais aumentam a reatividade do sínter (VIDAL; MEUNIER; POOT, 1985).

O volume de escória influencia nos parâmetros de controle operacionais e na qualidade do sínter, que, dependendo da basicidade, variam em direções opostas. Vidal , Meunier e Poot (1985) observaram que as escórias básicas atacam os óxidos de ferro mais rapidamente que a escória ácida; além disso, os minérios porosos compostos por hematita com granulação mais fina são mais reativos que os minérios de granulação grossa e compactos.

A porosidade do sínter é um fator importante, pois permite que os gases penetrem dentro da estrutura do sínter, aumentando o grau de redução do sínter, e esse grau deve ser máximo possível e o suficiente para suportar as cargas dentro do alto-forno. Por isso, as outras fases são importantes para garantir a resistência do sínter com maior grau de porosidade. Além disso, os poros agem como obstáculos para a propagação de fissuras no sínter e como o RDI está fortemente associado com propagação de fissuras, a sua presença auxilia na obtenção de melhor RDI (DAWSON, 1993). O aumento no grau de porosidade é diretamente proporcional ao índice de redutibilidade, pois os poros permitem melhor difusão dos gases dentro da estrutura do sínter.

O arranjo apresentado pelas fases minerais e pelos poros é importante para dar uma estrutura do sínter. As características das estruturas apresentadas possibilitam a identificação de sínteres mais ou menos resistentes. A mineralogia e estrutura do sínter estão relacionadas com os parâmetros operacionais do processo e, também, com os produtos utilizados para compor a mistura.

A estrutura do sínter, tipos de ligações intergranulares são extremamente dependentes da basicidade e do volume da escória; sínteres com baixo volume de escória têm os óxidos de ferro em contato mais íntimo, facilitando as ligações metálicas (entre os óxidos), no entanto, é necessário temperatura de fusão mais alta. Sínteres com alto teor de fundentes têm temperatura de fusão mais baixa, gerando sua ligação pela escória; necessitam de menos energia e quase não ocorre transformação de hematita para magnetita.

Além da composição mineralógica e estrutural, o sínter é submetido a testes de qualidade física e metalúrgica, sendo que, nos testes de qualidade física, verificam-se as resistências ao impacto (teste de queda) e à abrasão (teste de tamboramento). Esses testes são realizados procurando-se reproduzir as condições de manuseio do sínter até sua utilização nos altos-fornos. Nos testes de qualidade metalúrgica, verificam se o RDI (Índice de Degradação sob Redução) e sua redutibilidade. Esses ensaios são de grande importância, pois indicam o comportamento da carga metálica na zona de preparação do alto-forno.

A eficiência do processo também pode ser medida por determinação das propriedades a alta temperatura e das características de amolecimento e fusão dos diferentes sínteres, quando submetidos a condições termorredutoras semelhantes às encontradas no interior do alto-forno. Geralmente, esses testes são feitos segundo ensaios aprovados por normas internacionais, e cada indústria siderúrgica adota aqueles ensaios que mais reproduzem a sua realidade. Algumas usinas siderúrgicas fazem ensaios seguindo protocolos próprios, que reproduzem o seu processo industrial, sendo utilizados apenas para controle interno.

A resistência física do sínter depende tanto da propriedade da fase líquida formada quanto do tipo de minério utilizado; o minério não fundido com alto teor de água combinada é menos resistente. Uma maior formação de SFCA, com consequente aumento do volume de escória, gera mais ligações por escória, que são responsáveis pelo aumento da resistência à abrasão.

O RDI indica a geração de finos, durante a redução da carga, e a redutibilidade indica a capacidade de ceder oxigênio para o gás redutor, estando diretamente relacionada ao seu comportamento na zona coesiva[1]. Os testes laboratoriais mostram resultados de RDI menores do que os obtidos nos altos-fornos, visto que, em laboratórios, são utilizados gases puros, enquanto os gase utilizados nas plantas industriais apresentam impurezas que se depositam na forma de sal sobre a superfície do sínter, reduzindo o contato dos gases e inibem a redução (DAWSON, 1993).

A redutibilidade do sínter é fortemente influenciada pela estrutura do mineral e porosidade do sínter (DAWSON, 1993), sínteres com boa redutibilidade reduz o consumo de coque nos altos-fornos. Os minerais presentes no sínter apresentam diferentes índices de redutibilidade, que podem ser colocados na ordem decrescente de redução: hematita, SFCA, magnetita e olivinas (silicatos) (DAWSON, 1993). A magnetita reduz mais lentamente que a hematita, porque o processo de redução é topoquímico, no qual os grãos são rapidamente circundados por metal, o que retarda o desenvolvimento da redução (DAWSON, 1993).

---

1 Zona coesiva – região do alto-forno na qual os componentes da carga metálica e fundentes iniciam o amolecimento e se fundem.

Os ensaios de amolecimento e fusão avaliam as condições termorredutoras às quais os sínteres são submetidos, reproduzindo condições semelhantes às encontradas no interior do alto-forno (DAWSON, 1993). Apesar de haver um ensaio realizado pelas diversas empresas siderúrgicas, ainda não há um teste padrão internacional. O princípio é o mesmo – observar o processo de amolecimento e fusão do sínter –, no entanto a composição dos gases, a taxa de aquecimento, a velocidade dos gases superficiais etc. são diferentes, não sendo, assim, possível a comparação dos resultados obtidos pelas diferentes empresas (DAWSON, 1993).

Esses ensaios são importantes porque permitem o monitoramento contínuo da contração do leito e da perda de pressão do gás na zona coesiva; seu resultado permite conhecer o comportamento da carga metálica nessa região, que deve ser o mais estreita possível. Ou seja, as cargas metálicas devem fundir rapidamente e em temperaturas mais elevadas, favorecendo sua redução indireta e gerando uma zona coesiva menos espessa, com baixa resistência ao fluxo gasoso; o líquido gerado deve apresentar boa fluidez para facilitar seu escoamento para a zona de gotejamento (PIMENTA et al., 2007).

Os parâmetros escolhidos para a caracterização do comportamento da carga metálica a altas temperaturas e das variáveis que as influenciam são, geralmente, os seguintes:

- A T_A é definida como a temperatura na qual a contração do leito atinge 10% da altura inicial da carga metálica.

- A T_S é a temperatura que corresponde ao início da elevação brusca da perda de carga do gás. Nesse ponto, a fase líquida, constituída predominantemente por FeO, penetra na camada de coque, dando início à redução direta da wustita líquida.

- A T_F é definida como a temperatura na qual a perda de pressão do gás retorna aos valores iniciais, ao mesmo tempo em que a contração da amostra é concluída, ou seja, atinge 100%. Nos testes em que um dos fatores não seja satisfeito – retorno da perda de pressão e contração total da amostra – a temperatura de fim de fusão será dada por apenas um deles.

- A T_{AF} é uma estimativa feita com base na diferença entre as temperaturas correspondentes ao fim de fusão e ao início de amolecimento da carga metálica sob avaliação. Quanto maior for esse gradiente, maior será a espessura da zona coesiva resultante, a se considerar a carga como constituída apenas pela matéria-prima individual.

- O índice % R representa a proporção (%) de material carregado que não gotejou durante o ensaio de amolecimento e fusão, permanecendo retido no interior do cadinho.

- O índice h representa a contração total do leito (mm), ou seja, relaciona-se à intensidade de amolecimento e fusão do material.

- O índice S representa a perda de carga acumulada do gás durante o ensaio de amolecimento e fusão, ou seja, é um indicador da permeabilidade global do leito durante o ensaio.

6.3 Abordagem geometalúrgica

A integração maior entre a geologia e a metalurgia é uma ideia relativamente recente. Os primeiros trabalhos feitos nesse sentido demonstram que, para os diversos tipos de minérios de ferro utilizados em altos-fornos, as propriedades e/ou características metalúrgicas (crepitação, RDI, redutibilidade e parâmetros de amolecimento e fusão) estão intimamente relacionadas com a sua microestrutura e textura (HSIEH, 2005; DEBRINCAT; LOO; HUTCHENS, 2004; GOLDRING, 2003; VIEIRA et al., 2003;CAPOLARI; OLIVEIRA; OTTONI, 2002; ISHIKAWA et al., 1983). Outros estudos da literatura têm discutido a importância da relação entre as características microestruturais e a eficiência nos estágios de aglomeração a frio e a quente nos processos de sinterização (GOLDRING; FRAY, 1989).

O termo geometalurgia é utilizado para designar a correlação entre a geologia e a metalurgia, integrando o conhecimento geológico do minério de ferro e o comportamento dos diferentes tipos de minério durante o processo metalúrgico (HSIEH, 2005; VIEIRA et al., 2003).

A correlação entre o tipo de minério e suas características metalúrgicas auxiliaria na escolha dos minérios para compor a mistura a ser utilizada, visando o aumento na eficiência do processo metalúrgico e na qualidade do produto gerado. Essa seria uma nova abordagem do controle do processo de operação das usinas siderúrgicas, sendo, então, determinados parâmetros geometalúrgicos (Tabela 6.3) (VIEIRA et al., 2003; PIMENTA; PACHECO; CARDOSO, 1999).

O conhecimento dos parâmetros, que mostram a identidade estrutural desses minérios, facilitará a otimização da produtividade, da qualidade e do custo, que são os alicerces do processo de sinterização (ROSIÈRE; VIEIRA; SESHADRI, 1996; ROSIÉRE et al., 1996b; VIEIRA et al., 2003; PIMENTA; PACHECO; CARDOSO, 1999; TAKEHARA, 2004). A finalidade do estudo geometalúrgico do minério de ferro é prever a qualidade do produto final, a partir da matéria-prima, facilitando, assim, a escolha do minério a ser adquirido para compor a mistura adequada ao processo siderúrgico de cada empresa (SOUZA NETO; CAPOLARI; SILVA NETO, 1998; VIEIRA et al., 2003; TAKEHARA, 2004).

O controle integrado de qualidade do minério desde a mina até o produto final (aço) poderá ser realizado por meio da construção de modelo geológico-tipológico tridimensional, estabelecendo as relações espaciais nas jazidas das diversas categorias tipológicas de minérios. Atualmente, algumas minerações implantaram o modelamento geológico-tipológico tridimensional para orientar o planejamento da lavra e controlar a qualidade dos concentrados de minério (VERÍSSIMO, 1999).

Atualmente, já vêm sendo realizados trabalhos integrados entre mineradores e siderúrgicos, nos quais fornecedor e cliente do minério procuram encontrar minérios e produtos (granulados, sínter e/ou pelotas) que apresentem carga metálica com comportamento adequado, de forma a viabilizar a mistura de minérios que melhor atenda ao processo siderúrgico do cliente (PIMENTA et al., 2007).

Tabela 6.3 – Principais parâmetros recomendados para identificação do *sinter feed* e como afetam o produto sínter e o processo de sinterização

	Parâmetro de controle	Método de análise	Propriedade do sínter	Influência no processo de sinterização
Fases minerais	Constituintes mineralógicos.	Caracterização das fases – microscopia ótica. Mineral de ganga – difração de raio X.	Microestrutura, porosidade, propriedades físicas e metalúrgicas.	Aglomerabilidade; produtividade; e consumo de energia.
Fases minerais	Tamanho dos cristais.	Valor modal por microscopia ótica e MEV.	Redutibilidade.	Aglomerabilidade; produtividade; e consumo de energia.
Partículas primárias	Trama.	Avaliação por microscopia ótica e MEV.	Propriedades físicas e metalúrgicas.	Aglomerabilidade; produtividade; e consumo de energia.
Partículas primárias	Forma.	Microscopia ótica e MEV.	Propriedades físicas e metalúrgicas.	Aglomerabilidade; produtividade; e consumo de energia
Partículas primárias	Porosidade (distribuição, tamanho e forma).	Microscopia ótica e MEV.	Propriedades físicas e metalúrgicas.	Aglomerabilidade; produtividade; e consumo de energia.
Partículas primárias	Relação entre partículas nucleantes e aderentes.	Análise granulométrica.	Propriedades físicas e metalúrgicas.	Aglomerabilidade; produtividade; e consumo de energia.

Fonte: Adaptado de Vieira et al., 2003; Pimenta, Pacheco; Cardoso 1999.

A definição do parâmetro geometalúrgico pode, nos estágios mais avançados, contribuir para definição do parâmetro(s) numérico(s) quantificável(eis) para uso tanto das empresas mineradoras quanto das usinas siderúrgicas. A sua plena realização é dificultada pelas diversas variáveis inerentes tanto no processo de sinterização, quanto na extração sistemática de minério homogêneo.

Referências Bibliográficas

AGUILERA, F.; TAMBLEY, C. *Active volcanoes and geothermal fields along central Andean volcanic zone, northern Chile Field Guide*. Post Conference Field Trip, n. 2, Antofagasta, 20 p., 2011.

ALEXANDROV, E. A. Precambrian Iron-Formations of the Soviet Union. *Economic Geology*, Precambrian Iron-formations of the World, v. 68, n. 7, p. 1035-1062, 1973.

ALKMIM, F. F.; NOCE, C. M. (Eds.). The Paleoproterozoic Record of the São Francisco Craton. In: IGCP 509 FIELD WORKSHOP, Bahia and Minas Gerais, Brasil. *Field Guide & Abstracts*, 114 p., 2006.

ALKMIM, F. F.; MARSHAK, S. The Transamazonian orogeny in the Quadrilátero Ferrífero, Minas Gerais, Brazil: Paleoproterozoic Collision and Collapse in the Souhtern São Francisco Craton region. *Precambrian Research*, v. 90, p. 29-58, 1998.

ALMEIDA, F. F. M.; HASUI, Y.; BRITO NEVES, B. B. The Upper Precambrian of South America. *Bol. Inst. Geoc*, USP, v. 7, p. 45-80, 1976.

ALVA-VALDÍVIA, L. M. et al. Rock-Magnetic and Oxide Microscopic Studies of the El Laco Iron Ore Deposits, Chilean Andes, and Implications for Magnetic Anomaly Modeling. *International Geology Reviews*, v. 45, p. 533-547, 2003.

ARAÚJO, O. J. B. et al. A megaestruturação arqueana da Folha Serra dos Carajás. In: 7° Congresso Latino-Americano de Geologia, SBG, Belém. *Resumo...*, 1988, p. 392.

ARMSTRONG, R.A.; COMPSTON, W. RETIEF, E. A., WILLIAMS, I.S., WELKE, H. J. Zircon ion microprobe studies bearing on the age and evolution of the Witwatersrand triad, Precambrian Research, V. 53, n.3-4, p. 243–266, 1991.

BABINSKI, M., CHEMALE JR., F.; VAN SCHMUS, W. R. The Pb-Pb age of the Minas Supergroup carbonate rocks, Quadrilátero Ferrífero, Brazil. *Precambrian Research*, v. 72, p. 235-245, 1995a.

_____; Cronoestratigrafia do Supergrupo Minas e provável correlação de suas formações ferríferas com similares da África do Sul e Austrália. *Geochimica Brasiliensis*, IX v. 1, p. 33-46, 1995b.

BAYLEY, R. W.; JAMES, H. L. Precambrian iron-formations of the United States. *Economic Geology*. Precambrian Iron-formations of the World. v. 68, n. 7, p. 934-959, 1973.

BDMG – Banco de Desenvolvimento de Minas Gerais S.A. *Minas Gerais do Século XXI*. Consolidando posições na mineração / Banco do Desenvolvimento de Minas Gerais, v. 5. Belo Horizonte: Ed. Rona, 2002.

BEISIEGEL, V. R. Distrito ferrífero da Serra dos Carajás. In: I Simpósio de Geologia da Amazônia, SBG, Belém. *Anexo dos Anais...*, 1982. p. 21-46.

BEISIEGEL, V. R. et al. Geologia e os recursos minerais da Serra dos Carajás. *Revista Brasileira de Geociências*, v. 3, p. 215-242, 1973.

BELLIZZIA, C. M.; BELLIZIA, A. *Imataca* Séries. Disponível em: <http://www.pdvsa.com/lexico/1edic/i3ii.htm>. Acesso em: 28 mar. 2005.

BELOUSSOVA, E. A. et al. Rejuvenation vs. recycling of Archean crust in the Gawler Craton, South Australia: Evidence from U-Pb and Hf isotopes in detrital zircon. *Lithos*, v. 113, p. 570-582, 2009.

BERGE (1974) Geology, Geochemistry, and Origin of the Nimba Itabirite and Associated Rocks, Nimba County, Liberia. Economic Geology; February 1974; v. 69; no. 1; p. 80-92

BERNI, J. C. Desenvolvimento e implementação de métodos de correção de iluminação para imagens digitais. 2007. Trabalho de Graduação, Orientador:

BORGES DA COSTA, J. A. T. Curso de Ciência da Computação da Universidade Federal de Santa Maria, 2007.

BEUKES, N. J. Precambrian iron-formations of Southern Africa. *Economic Geology*. Precambrian Iron-formations of the World. v. 68, n. 7, p. 960-1004, 1973.

BEUKES, N. J.; GUTZMER, J.; MUKHOPADHAYAY, J. The geology and genesis of high-grade hematite iron ore deposits. *Applied Earth Science* (Trans. Inst. Min. Metall. B), v. 112, B18-B25, 2003.

BEUKES, N. J.; KLEIN, C. Models for iron-formation deposition. Eds. Schopf e Klein. *The Proterozoic Biosphere – a multidisciplinary study*. New York, Cambridge University Press, p. 147-152, 1992.

BUTTON, A. et al. Sedimentary iron deposits, evaporites and phosphorites – State of the art report. In: HOLLAND, H. D.; SCHIDLOWSKI, M. (Eds.). *Mineral deposits and the evolution of the biosphere*. New York: Springer-Verlag, 1982, p. 259-273.

CAPOLARI, L. et al. Relação microestrutura-propriedades-desempenho de minérios de ferro na sinterização. In: XXIX Seminário de Redução de Minério de Ferro – XIII Seminário de Controle Químico em Metalurgia – IX Seminário de Carboquímicos, Belo Horizonte. *Anais...*, 1998. p. 701-717.

CAPOLARI, L.; OLIVEIRA, D.; OTTONI, R. The concept of iron ore sinter reactivity. In: *Ironmaking Conference Proceedings*, AIME 61st, p. 741-758, 2002.

CARNEIRO, M. A.; VIDAL J. A. N.; NAJAR, F. J. Avaliação de matérias-primas e sua influência na produtividade da sinterização. *Metalurgia*, ABM, v. 40, n. 321, p. 429-433, 1985.

CARNEY, M. D.; MIENIE, P. J. A geological comparison of the Sishen and Sishen South (Welgevonden) iron ore deposits, Northern Cape Province. *South Africa Applied Earth Science* (Trans. Inst. Min. Metall. B) 2003, v. 112, p. B81-B88, 2003.

CASTRO, L. A. Minério de Ferro. In: ABM (Ed.). *Curso sobre matérias-primas – aglomeração e operação de altos-fornos*. São Paulo: ABM, 1989, p. 5-58.

CAWOOD, P. A., KORSCH, R. J. Assembling Australia: Proterozoic building of a continent. *Procambrian Research*, v. 166, n. 1-4, p. 1-35, 2008.

CHEMALE Jr., F. 2000 Depósitos de Ferro da Serra dos Carajás. Relatório de Pesquisa Interno, Universidade Federal do Rio Grande do Sul, Porto Alegre, 12 pp. (inédito)

CHEMALE Jr., F.; QUADE, H.; CARBONARI, F. S. Economic and structural geology of the Itabira iron district, Minas Gerais, Brazil. *Zbl. Geol. Paläont. Teil 1*, Stuttgart, H. 7/8, p. 743-752, 1987.

CHEMALE Jr., F.; ROSIÈRE, C. A.; ENDO, I. Evolução tectônica do Quadrilátero Ferrífero, Minas Gerais – Um Modelo. *Pesquisas*, UFRGS, Porto Alegre, v. 18, n. 2, p. 104-127, 1991.

_____; The tectonic evolution of the Quadrilátero Ferrívero, Minas Gerais, Brazil. *Precambrian Research*, v. 65, p. 25-54, 1994.

CLIFF, R. A.; RICKARD, D.; BLAKE, K. Isotope systematics of the Kiruna magnetite ores, Sweden; Part 1, Age of the ore. *Economic Geology*, v. 85 n. 8, p. 1770-1776, 1990.

CLOUD, P. Banded iron-formation – A gradualist's dilemma. In: TRENDALL, A. F.; MORRIS, R. C. (Eds.). *Iron Formations*: Facts and Problems. Developments in Precambrian Geology, v. 6. Amsterdam: Elsevier, 1983, p. 401-416.

COELHO, C. E. S. Depósitos de Ferro da Serra dos Carajás, Pará. Capítulo III. In: SCHOBBENHAUS C.; COELHO, C. E. S. (Eds.). *Principais depósitos minerais do Brasil*: Ferro e metais da Indústria do aço. v. II. Brasília: C. E. S. DNPM-CVRD, 1986, p. 29-64.

COLLAO, S.; ALFARO, G.; HAYASHI, K. Banded Iron Formation and Massive Sulfide Orebodies, South-Central Chile: Geologic and Isotopic Aspects. In: FONTBOTÉ, L. et al. (Eds.). *Stratabound Ore Deposits in the Andes,* Springer-Verlag, p. 209-219, 1999.

COLLÃO, S. et al. *Estudio genético de las mineralizaciones de hierro de Mahuilque.* Univ. Conception. Departamento de Geociências 4, 160p., 1980.

CVRD. Características estruturais dos finos SECA, SECE, e ALEGRIA que compuseram pilhas de desempenho ruim e excelente na Usiminas. Relatório Interno, v. 1, 1998, 22 p.

DANA, J. D.; HURLBUt Jr., C. S. *Manual de Mineralogia.* 9. ed. Rio de Janeiro: Ed. Livros Técnicos e Científicos, 1984.

DARDENNE, M. A.; SCHOBBENHAUS, C. The metallogenesis of the South American Platform. In: CORDANI, U.G. et al. (Eds.). *Tectonic evolution of South América.* 31st International Geological Congress, Rio de Janeiro, 2000. p. 755-850.

DAWSON, P. R. Research studies on sintering and sinter quality. In: Ironmaking and Steelmaking Proceedings, Part 2, Recent Developments in iron ore sintering. *Proceedings...,* v. 20, n. 2, p.137-143, 1993.

DE RONDE, C.E.J.; DE WIT, M.J. Tectonic history of the Barberton greenstone belt, South Africa : 490 million years of Archean crustal evolution. *Tectonics,* V. 13, N. 4, p. 983-1005, 1994.

DEBRINCAT, D.; LOO, C. E.; HUTCHENS, M. F. Effect of iron ore particles assimilation on sinter structure. *ISIJ International,* v. 44, n. 8, p. 1308-1317, 2004.

DEER, W. A.; HOWIE, R. A.; ZUSSMAN, J. *An introduction to the rock-forming minerals.* 2. ed. London: Ed. Longmans Scientific & Technical, 1992.

DNPM. Informe Mineral – Primeiro semestre 2008. Brasília: Departamento Nacional de Pesquisa Mineral, 2008, 27 p.

_____; Informe Mineral – Segundo semestre 2011. Brasília: Departamento Nacional de Pesquisa Mineral, 2011, 27 p.

DOCEGEO. Equipe – Distrito Amazônia Revisão Litoestratigráfica da Província Mineral de Carajás. In: XXXV Congresso Brasileiro de Geologia, SBG, Belém. *Anexo dos Anais...,* 1988, p. 11-56.

DORR II, J. V. N. Iron-Formation in South America. *Economic Geology.* Precambrian Iron-formations of the World. v. 68, n. 7, p. 1005-1022, 1973.

DORR, J. V. N. *Esboço geológico do Quadrilátero Ferrífero de Minas Gerais, Brasil.* Rio de Janeiro: DNPM-USGS, 1959. Publicação especial.

EICHLER, J. Origin of the precambrian banded iron formations. In: WOLF, F. H. (Ed.). *Handbook of stratabound and stratiform ore deposits*. Elsevier, Amsterdam, v. 7, p. 157-202, 1976.

EISBACHER, G.H. Sedimentary tectonics and glacial record in the Windermere Supergroup, Mackenzie Mountains, Northwestern Canada. Geological Survey of Canada Paper 80, p. 1-41, 1981.

EL HABAAK, G. H. Pan-African skarn deposits related to banded iron formation, Um Nar area, central Eastern Desert, Egypt. 2004. *Journal of African Earth Sciences*, v. 38, p. 199-221, 2004.

EL-HINNAWI, E. E. *Methods in chemical and mineral microscopy*. Amsterdam-London – New York: Elsevier Publishing Company, 1966.

EL AREF, M. M et al. Geological setting and deformational history of Umm Nar BIF and associated rocks, Eastern Desert, Egypt. *Egyptian Journal of Geology*, v. 37, p. 205-230, 1993.

ESPINOZA, S. The Atacama-Coquimbo ferriferous belt, northern Chile. In: FONTBOTÉ, L. et al. (Eds.). *Stratabound ore deposits in the Andes*. Berlin: Springer-Verlag, 1990, p. 353-364.

EVANS, A. *Ore geology and industrial minerals*: an introduction. 3. ed. New York: Blackwell Science, 1992.

FRIETSCH, R., PERDAHL, J. A., Rare earth elements in apatite and magnetite in Kiruna-type iron ores and some other iron ore types. *Ore Geology Review*, v. 9, p. 489-510, 1995.

FRIMMEL, H. E. Archaean atmospheric evolution: evidence from the Witwatersrand gold fields, South Africa. *Earth-Science Reviews*, V. 70, n. 1-2, p. 1–46, 2005.

FRUTOS, J.et al. The El Laco magnetite lava flow deposits, northern Chile: an up-to-date review and new data. In: Fontboté, L. et al. (Ed.). *Stratabound ore deposits in the Andes*. Berlin: Springer-Verlag 1999, p. 681-690.

GEIJER, P. The iron ores of the Kiruna type: geographical distribution, geological characters, and origin. *Sver. Geol. Unders.*, Ser. C (367), 1931, 39 p.

GEIJER, P. Internal features of the apatite-bearing magnetite ores. *Sver. Geol. Unders.*, Ser. C (624), 1967, 32 p.

GIBBS, A. K. et al. Age and composition of the Grão Pará Group volcanics, Serra dos Carajás. *Revista Brasileira de Geociências*, v. 16, n. 2, p. 201-211, 1986.

GOLDRING, D. C.; FRAY, T. A. T. The caracterization of iron ores for production of high quality sinter. *Ironmaking and Steelmaking*, v. 16, n. 2, p. 83-89, 1989.

GOLDRING, D. C. Iron ore categorization for the iron and steel industry. *Applied Earth Science* (Trans. Inst. Min. Metall. B), v. 112, B5-B17, 2003.

GOLUBOVSKAYA, E. V. Facies and geochemical features of the iron ore complex of the Kerch Peninsula. *Lithol. Miner. Resour.*, v. 36, n. 3, p. 224-235, 2001.

GOODWIN, A. M. Archaean iron formations and tectonic basins of the Canadian Shield. *Economic Geology*, V. 68, p. 915-933, 1973.

GOODWIN, A. M. Distribution and origin of precambriam banded iron formation. *Revista Brasileira de Geociências*, v. 12, n. 1-3, p. 457-462, 1982.

GROSS, G. A. A classification of iron formations based on depositional environments. *Canadian Mineralogist*, v. 18, p. 215-222, 1980.

_____; Industrial and genetic models for iron ore in Iron Formations. In: KIRKHAM, R. V. et al. (Eds.). *Mineral deposit modeling*: Geological Association of Canada, Special Paper, v. 40, p. 151-170, 1993.

GUTZMER, J. et al. Origin of high-grade iron ores at the Thabazimbi deposit, South Africa. In: *Proceedings of Iron ore 2005,* ppt presentation, 2005.

HARLOV et al. Apatite-monazite relations in the Kiirunavaara magnetite-apatite ore, northern Sweden. *Chemical Geology*, v. 191, p. 4772, 2002.

HALVERSON, G. P et al. Fe isotope and trace element geochemistry of the Neoproterozoic syn-glacial Rapitan iron formation. *Earth and Planetary Science Letters*, v. 309, p. 100-12, 2011.

HERZ, N. Metamorphic rocks of the Quadrilátero Ferrífero, Minas Gerais, Brasil. *U.S. Geological Survey*. Professional Paper, 641-C, 1978, 78 p.

HINKLEY J. et al. Voidage of ferrous sinter beds: new measurement technique and dependence on feed characteristics. *International Journal of Mineral Processing*. v. 41, p. 53-69, 1994.

HIRATA, W. K. et al. Geologia Regional da Província Mineral de Carajás. In: I Simpósio de Geologia da Amazônia, Belém. *Anais...*, 1982. p. 100-110.

HOEFS, J.; MÜLLER, G.; SCHUSTER, A. K. Polymetamorphic relations in iron ores from the Iron Quadrangle Brazil: the correlation of oxigen isotope variations with deformation history. *Contributions to Mineralogy and Petrology*, v. 79, p. 241-251, 1982.

HSIEH, L-H.; Whiteman, J. A. Effect of Raw Material Composition on the Mineral Phases in Lime-fluxed Iron Ore Sinter. *ISIJ International*, v. 33, n. 4, p. 462-473, 1993.

HSIEH, L-H. Effect of Raw Material Composition on the Sintering Properties. *ISIJ International*, v. 45, n. 4, p. 551-559, 2005.

HUNDERTMARK, A. Reflexões sobre o desenvolvimento do tratamento de minério de ferro e perspectivas sobre a tecnologia do futuro. In: I Simpósio Brasileiro de Minério de Ferro, Ouro Preto. *Anais...*, 1996. p. 629-654.

ISHIKAWA, Y. et al. Improvement of sinter quality based on the mineralogical properties of ore. *Ironmaking Conference Proceedings*, AIME, v. 42, p. 17-29, 1983.

JAMES, H. L.; TRENDALL, A. F. Banded iron formation: Distribution in time and paleoenvironmental significance. In: HOLLAND, H. D.; SCHIDLOWSKI, M. (Eds.). *Mineral deposits and the evolution of the biosphere*. Berlin: Springer-Verlag, 1982. p. 199-218.

JAMES, H. L. Sedimentary facies of iron formation. *Economic Geology*. v. 49, n. 3, p. 235-293, 1954.

JOHNSON, C. M. et al. Iron isotopes constrain biologic and abiologic processes in banded iron formation genesis. *Geochimica et Cosmochimica Acta*, v. 72, p. 151-169, 2008.

KALLIOKOSKI, J. The metamorphosed iron ore of El Pao, Venezuela. *Economic Geology*, v. 60, p. 100-116, 1965.

KANEN, R. *The Hamerseley Basin*. Melbourne: MinServ (Mineral Services), 2001.

KLEIN, C.; LADEIRA, E. A. Geochemistry and Mineralogy of Neoproterozoic Banded Iron-Formations and some selected Siliceous Manganese Formation from the Urucum district, Mato Grosso do Sul, Brazil. *Economic Geology*, v. 99, p. 1233-1244, 2004.

KLEIN, C. Some Precambrian banded iron-formations (FFBs) from around the world: Their age, geologic setting, mineralogy, metamorphism, geochemistry, and origin. *American Mineralogist*, v. 90, p. 1473-1499, 2005.

KLEIN, C.; BEUKES, N.J. Sedimentology and Geochemistry of the Glaciogenic Late Proterozoic Rapitan Iron-Formation in Canada. Economic Geology, vol. 88, p. 542-565, 1993.

KLEINHANNS, I.C, KRAMERS, J. D., KAMBER, S. B. Importance of water for Archaean granitoid petrologya comparative study of TTG and potassic granitoids from Barberton Mountain Land, South Africa. *Contribution to Mineralogy and Petrology*, v. 145, p. 377-389, 2003.

KNOLL, A. H., BEUKES, N.J. Introduction: Initial investigations of a Neoarchean shelf margin-basintransition (Transvaal Supergroup, South Africa). *Precambrian Research*, v. 169, p. 1-14, 2009.

KOSITCIN, N., KRAPEŽ B. Relationship between detrital zircon age-spectra and the tectonic evolution of the Late Archaean Witwatersr and Basin, South Africa. *Precambrian Research*, v. 129, p. 141-168, 2004.

KRAPEZ, B.; BARLEY, M. E.; PICKARD, A. L. Hydrothermal and resedimented origins of the precursor sediments to banded iron formation: sedimentological evidence from the Early Palaeoproterozoic Brockman Supersequence of Western Australia. *Sedimentology*, v. 50, p. 979-1011, 2003.

KULIK, D. A.; KORZHNEV, M. N. Lithological and geochemical evidence of Fe and Mn pathways during deposition of Lower Proterozoic banded iron formation in the Krivoy Rog Basin (Ukarine). In: NICHOLSON, K. et al. (Eds.): *Manganese mineralization*: geochemistry and mineralogy of terrestrial and marine deposits. London: Geological Society of London, 1997. p. 43-79.

KUMBA IRON ORE, 2011. Disponível em: http://www.kumba.co.za/reports/kumba_ar2011/integrated/pdf/integrated_report.pdf, acesso em 08/02/2013

LADEIRA, E. A.; VIVEIROS, J. F. M. de Hipótese sobre a estruturação do Quadrilátero Ferrífero com base nos dados disponíveis. In: *SBG-Núcleo Minas Gerais, Belo Horizonte*, Boletim, v. 4, 1984, 12 p.

LEMOS, M. R. C. et al. Avaliação técnica de matérias-primas para sinterização e alto-forno. *Metalurgia*. ABM, v. 35, n. 257, p. 235-242, 1978.

LEPP, H.; GOLDICH, S. S. Origin of precambrian iron formations. *Economic Geology*, v. 59, p. 1025-1060, 1964.

LKAB, 2009. Disponível em: <http://www.lkab.com/?openform&id=44CE>. Acesso em: 28 jul. 2009.

LOO, C. E. Some progress in understanding the science of iron ore sintering. In: ICSTI/Ironmaking Conference Proceedings, *Proceedings...*, 1998. p. 1299-1316.

MACAMBIRA, J. B. et al. Projeto Serra Norte. Convênio Seplam/Docegeo/UFPA e Projeto Pojuca. Convênio DNPM/Docegeo/UFPA. *Relatório Final*. DGL/CG/UFPA, 1990, 150 p.

MACHADO N.; NOCE, C. M. A evolução do setor sul do Cráton do São Francisco entre 3,1 a 0,5 Ga, baseada em geocronologia U-Pb. In: SBG/BA, 2° Simp. Cráton do São Francisco, Salvador. *Anais...*, 1993. p. 100-102.

MACHADO, J. B. et al. U-Pb geochonology of Archean magmatism and basement reactivation in the Carajás area, Amazon Shield, Brazil. *Precambrian Research*, v. 49, p. 329-354, 1991.

MARSHAK, S.; ALKMIM, F. F. Proterozoic extension/contraction tectonics of the southern São Francisco Craton and adjacent regions, Minas Gerais, Brasil: A kinemtic model relating Quadrilátero Ferrífero, São Francisco Basin and Cordilheira do Espinhaço. *Tectonics*, v. 8, n. 3, p. 555-571, 1989.

MARTINSSON, O.; WANHAINEN, C. *Excursion Guide, GEODE Work shop*, August 28 to September 1, 2000. Disponível em: <http://www.gl.rhbnc.ac.uk/ geode/ KirunaGuide.pdf>. Acesso em: 26 out. 2012.

McLELLAN, J. G.; OLIVER, N. H. S.; SCHAUBS, P. M. Fluid flow in extensional environments; numerical modelling with an application to Hamersley iron ores. *Journal of Structural Geology*, v. 26, p. 1157-1171, 2004.

METALBULLETIN, 2005. Disponível em: <http://www.metalbulletin.com/ speakerpapers/ironore/presentations/Levan%20Merabishvili%20Karelsky%20Okatysh%20of2.pdf>. Acesso em: 09 maio 2005.

MIRANDA-GASCA, M. A. The metallic ore-deposits of the Guerrero Terrane, western Mexico: an overview. *Journal of South American Earth Sciences*, v. 13, p. 403-413, 2000.

MITROFANOV, F., TOROKHOV, M; ILJINA, M. Ore deposits of the Kola Peninsula, northwestern Russia. *Excursion Guide Book*, 4th Bienal SGA Meeting, Espoo, 1997.

MORRIS, R. C. A textural and mineralogical study of the relationship of iron ore to banded iron formation in the Hammersley Iron Province of Western Australia. *Economic Geology*, v. 75, p. 184-209, 1980.

_____; Genetic modeling for banded iron formation of the Hamersley Group, Pilbara Craton, Western Australia. *Precambrian Research*, 60: 243–286, 1993.

MOURÃO, J. M. et al. Influência da gênese dos minérios de ferro na etapa de formação de pelotas cruas no processo de pelotização. In: I Simpósio Brasileiro de Minério de Ferro: Caracterização, Beneficiamento e Pelotização, Ouro Preto. *Anais...*, 1996. p. 75-93.

NEAL, H. E. Iron Deposits of the Labrador Trough. *Exploration and Mining Geology*, v. 9, n. 2, p. 113-121, 2000.

NEWHOUSE, W. H.; ZULOAGA, G. Gold deposits of the Guayana Highlands, Venezuela, *Econ. Geol.*, v. 24 (8), p. 797-810, 1929.

NOCE C. M.; MACHADO N.; TEIXEIRA W. U-Pbgeochronology of gneisses and granitoids in the Quadrilátero Ferrífero (southern São Francisco craton): age constraints for Archean and Paleoproterozoic magmatism and metamorphism. *Revista Brasileira de Geociências*, v. 28, p. 95-102, 1998.

NOCE C. M. et al. Age of felsic volcanism and the role of ancient continental crust in the evolution of the Neoarchean Rio das Velhas Greenstone belt (Quadrilátero Ferrífero, Brazil): U-Pb zircon dating of volcaniclastic graywackes. *Precambrian Research*, 141, 67-82, 2005.

NYSTROM, J. O., HENRIQUEZ, F. Magmatic features of iron ores of the Kiruna type in Chile and Sweden: ore textures and magnetite geochemistry. *Economic Geology*, v. 89, p. 820-839, 1994.

OLENOGORSK, 2009. Disponível em: <http://www.globalsecurity.org/wmd/ world/ russia/olenegorsk.htm>. Acesso em: 28 jul. 2009.

OLIVEIRA, R. J.; MEDEIROS, F. T. P. Relação entre composição química e mineralógica e qualidade do sinter. In: XXIX Seminário de Redução de Minérios de Ferro, ABM. *Anais...*, 1998. p. 499-515.

OYARZÚN, J.; H. CLEMMEY, H.; COLLAO; S. Geologic and metallogenic aspects-concerning the Nahuelbutamountains banded Iron Formation, Chile. *Mineralium Deposita*, v. 21, p. 244-250, 1986.

OYARZÚN, R. et al. The Cretaceous iron belt of northern Chile: role of oceanic plates, a superplume event, and a major shear zone. *Mineralium Deposita*, v. 38, p. 640-646, 2003.

OYARZÚN, J. Andean Metallogenesis a Synoptical Review and Interpretation. In: CORDANI, U. G. et al. (Eds.). *Tectonic Evolution of South América*, Rio de Janeiro, (31st International Geological Congress), 2000, p. 725-753.

PEREIRA, E. A. C. Reações entre fase líquida e núcleos em sinterização de minérios de ferro. In: XXV Seminário de Redução de Minérios de Ferro, ABM. *Anais...*, 1994, p. 347-371.

PERELLÓ, J. et al. Porphyry-Style Alteration and Mineralization of the Middle Eocene to Early Oligocene Andahuaylas-Yauri Belt, Cuzco Region, Peru. *ECONOMIC GEOLOGY*, v. 98; n. 8; p. 1575-1605; DOI: 10.2113/98.8.1575, 2003.

PETRANEK, J., VAN HOUTEN, F.B. Phanerozoic ooidal ironstone. Czech Geological Survey Special, Papers 7, p. 70, 1997.

PICKARD, A. L.; BARLEY, M. E.; KRUPEZ, B. Deep-marine depositional setting of banded iron formation: sedimentological evidence from interbedded clastic sedimentary rocks in the early Palaeoproterozoic Dales Gorge Member of Western Australia. *Sedimentary Geology*, v. 170, p. 37-62, 2004.

PIMENTA, H. P.; PACHECO, T. A.; CARDOSO, M. B. Caracterização tecnológica de minérios de ferro para sinterização. In: ABM, II Simpósio Brasileiro de Minérios de Ferro. *Anais...*, 1999, p. 1-21.

PIMENTA, H. P. et al. Desenvolvimento integrado de carga metálica para sinterização e alto forno. *Tecnologia em Metalurgia e Materiais*, v. 4, n. 1, p. 1-7, 2007.

PINHEIRO, R. V. L.; HOLDSWORTH, R. E. reactivation of Archaean strike-slip fault systems, Amazon region, Brazil. *Journal of the Geological Society*, London, v. 154, p. 99-103, 1997b.

_____; The structure of the Carajás N-4 Ironstone deposit and associated rocks: relationship to Archaean strike-slip tectonics and basement reactivation in the Amazon region, Brazil. *Journal of South American Earth Science*, v. 10, n. 3-4, p. 305-319, 1997a.

PIRARD, E. Multispectral imaging of ore minerals in optical microscopy. *Mineralogical magazine*. v. 68, n. 2, p. 323-333, 2004.

POVEROMO, J. J. Iron Ores. In: The Aise Steel Foundation. (Ed.). *Ironmaking Volume* – Chapter 8. Pittsburgh, 1999, p. 547-642.

PUFAHL, P. K.; HIATT, E. E.; KYSER, T. K. Does the Paleoproterozoic Animikie Basin record the sulfidic ocean transition? Geology, vol. 38, n. 7, p. 659-662, 2010.

QUADE, H. Genetic problems and environmental features of volcano-sedimentary iron-ore deposits of the Lahn-Dill type. In: WOLF, K. H. (Ed.). *Handbook of Strata-Bound and Stratiform Ore Deposits*. v. 7. Amsterdam: Elsevier, 1976, p. 255-294.

RAMANAIDOU, E.; MORRIS, R. C. E; HORWITZ, R. C. Channel iron deposits of the Hamerley Province, Western Austrália. *Australian Journal of Earth Sciences*, v. 50, p. 669-690, 2003.

RAMOS, V. A. The basement of the Central Andes: The Arequipa and Related Terranes. Annual Review of Earth and Planetary Sciences, Vol. 36, p. 289-324, 2008

RAY, G. E. Fe Skarns, in Selected British Columbia Mineral Deposit Profiles. In: LEFEBURE, D. V.; RAY, G. E. (Eds.). *Metallics and Coal.* v. 1. British Columbia Ministry of Energy of Employment and Investment, Open File 1995, p. 63-65.

RÍOS, J. H.; Benaim, H. Guia de la Excursion Maiquetia-Ciudad Guayaba-El Pão--Upata-Guasipati-Tumeremo-Santa Elena de Uairen-Canaima Maiquetia. In: V Congreso Geológico Venezolano. *Memorias*, Tomo V, 1977, p. 77-124. Disponível em: <http://www.pdv.com/lexico/excursio/exc-77b.htm>. Acesso em: 28 mar. 2005.

ROMER, R. L.; MARTINSSON, O.; PERDAHL, J. A. Geochronology of the Kiruna iron ores and hydrothermal alterations. *Economic Geology*, v. 89 n. 6 p. 1249-1261, 1994.

ROSIÈRE, C. A.; VIEIRA, C. B.; SESHADRI, V. Caracterização microestrutural e textural de minérios de ferro para controle de processo em altos-fornos com ênfase em geometalurgia e engenharia dos materiais. In: I Seminário de Redução de Minério de Ferro, ABM, Santos. *Anais....*, 1996, p. 175-189.

ROSIÈRE, C. A. et al. As características mineralógicas, texturais e de anisotropia dos minérios de ferro como parâmetros geometalúrgicos. In: I Simpósio Brasileiro de Minério de Ferro: Caracterização, Beneficiamento e Pelotização, ABM, Ouro Preto. *Anais....*, 1996a, p. 163-179.

_____; Um modelo para a evolução microestrutural dos minérios de ferro do Quadrilátero Ferrífero. Parte II: Trama, Textura e Anisotropia de Susceptibilidade Magnética. *Geonomos*, v. 4, n. 1, p. 61-75, 1996b.

ROSIÈRE, C. A.; CHEMALE JR., F.; GUIMARÃES, M. L. V. Um modelo para a evolução microestrutural dos minérios de ferro do Quadrilátero Ferrífero. Parte I: Estruturas e Recristalização. *Geonomos*, v. 1, n. 1, p. 65-84, 1993.

ROSIÈRE, C. A.; CHEMALE Jr., F. Textural and structural aspects of iron ores from Iron Quadrangle, Brazil. In: Pagel, M.; Leroy, J. (Eds.). *Source, transport and deposition of metals*. Balkema, Rotterdam, 1991, p. 485-488.

SANTIAGO, T. c.et al. Caracterização físico-metalúrgica dos minérios granulados das minas de Alegria e da Serra da Piedade – Quadrilátero Ferrífero – MG.

In: XXX Seminário de Redução de Minérios de Ferro, ABM, Ouro Preto. *Anais...*, 1999. p. 387-404.

SANTOS, J. O. S. et al. Metasedimentary rocks of the Imataca Complex, Venezuela: Orosirian not Archean in age. XII CONGRESO LATINOAMERICANO DE GEOLOGIA, QUITO, Ecuador, Resumos..., 2005, p. 1-4.

SANTOS, L. D.; BRANDÃO, P. R. G. Morphological varieties of goethite in iron ores from Minas Gerais, Brazil. *Minerals engineering*, v. 16, p. 1285-1289, 2003.

SCHAETZL, R. J. *Geography of Michigan and the Great Lakes Region*: Iron Mining: Where and Why? Michigan State University, p. 4, 20 aug. 2004. Disponível em: <http://www.geo.msu.edu/geo333/iron.html>.

SCHORSCHER, H. D. Komatiítos na estrutura "greenstone belt", Série Rio das Velhas, Quadrilátero Ferrífero, Minas Gerais, Brasil. In: 30º Cong. Brasileiro de Geologia, Recife, SBG. *Resumos...*, 1978, p. 292-293.

SIMONSON, B. M. Origin and evolution of large Precambrian iron formations. In: Eds. Chan, M. A. and Archer, A. W., Extreme depositional environments: Mega end members in geologic Time: Boulder, Colorado, *Geological Society of America Special Paper*, v. 370, p. 231-244, 2003.

SNIM, 2009. Disponível em: <http://www.mining-technology.com/projects/ snim/ snim1.html>. Acesso em: 28 jul. 2009.

SOUZA NETO, A. N.; CAPOLARI, L.; SILVA NETO, P. P. Ênfase da pesquisa de minério de ferro no centro de pesquisas da CVRD. In: XXIX Seminário de Redução de Minério de Ferro – XIII Seminário de controle Químico em Metalurgia – IX Seminário de Carboquímicos, ABM, Belo Horizonte. *Anais...*, 1998, p. 681-687.

STURESSON, U. Lower Palaeozoic iron oolites and volcanism from a Baltoscandian perspective. *Sedimentary Geology*, v. 159, p. 241-256, 2003.

SUMNER, D. Y.; BEUKES, N. J. Sequence stratigraphic development of the Neoarchean Transvaal carbonate platform Kaapvaal, South Africa. *South African Journal of Geology*, v.109, p. 11-22, 2006.

TAKEHARA, L. *Caracterização geometalúrgica dos principais minérios de ferro brasileiros* – fração sinter feed. 2004. 403 f.Tese (Doutorado) – PPGEO – Instituto de Geociências, Universidade Federal do Rio Grande do Sul, Porto Alegre, 2004.

TARLING, D. H.; HROUDA, f. *The magnetic anisotropy of rocks*. **Sulfok**, Ed. Chapman & Hill, 1993.

TEIXEIRA, W. et al. Pb, Sr and Nd isotope constraints on the Archaean evolution of gneissic-granitoid complexes in the southern São Francisco Craton, Brazil. *Precambrian Research*, v. 78, n. 1-3, p. 151-164, 1995.

TRENDALL, A. F. Precambrian Iron-Formations of Australia. *Economic Geology*. Precambrian Iron-formations of the World. v. 68, n. 7, p. 1023-1034, 1973.

The Hamerley Basin. In: TRENDALL, A. F.; MORRIS, R. C. (Eds.). Iron Formations: Facts and Problems. *Developments in Precambrian Geology*, Elsevier, Amsterdam. v. 6, 1993, p. 69-129.

TRENDALL, J. *The significande of iron-fromation in the Precambian stratigraphic record*. Special publication International Association of Sedimentologists. v. 33, p. 33-66, 2002.

TRENDALL, A.F.; COMPSTON, W.; NELSON, D.R.; DE LAETER, J.R.; BENNETT, V.C. SHRIMP zircon ages constraining the depositional chronology of the Hamersley Group, Western Australia. *Australian Journal of Earth Sciences*, V. 51, p. 621–644, 2004.

TROMPETTE, R.; DE ALVARENGA, C. J. S.; WALDE, D. Geological Evolution of Neoproterozoic Corumbá graben System (Brazil). Depositional Context of the Stratified Fe e Mn ores of the Jacadigo Group. *J. South American Earth Science*, v. 11, n. 6, p. 587-597, 1998.

UCRÂNIA, 2009. Disponível em: <http://www.ukrexport.gov.ua/eng/ economy/ukr/195.html>. Acesso em: 28 jul. 2009.

URBAN, H.; STRIBRNY, B.; LIPPOLT, H. J.1982. Iron and manganese deposits of the Urucum District, Mato Grosso do Sul, Brasil. *Economic Geology*, v. 87, p. 1375-1392, 1992.

USGS, 2011. Disponível em: <http://minerals.er.usgs.gov/minerals/pubs/ commodity/iron_ore/mcs-2009-feore.pdf>. Acesso em: 26 out. 2009.

VADIS, M.; JORDAN, D. Explore Minnesota: Iron ore. *Minnesota Minerals Coordinating Committee*, mar. 2008.

VEIZER, J. et al. 87Sr/86Sr, d13C and d18O evolution of Phanerozoic seawater. *Chemical Geology*, v. 161, p. 59-88, 1999.

VENKATARAMANA, R.; GUPTA, S. S.; KAPUR, P. C. A combined model for granule size distribution and cold bed permeability in the wet stage of iron sintering process. *International Journal of Mineral Processing*, v. 57, p. 43-58, 1999.

VERÍSSIMO, C. U. V. *Jazida de Alegria: Gênese e Tipologia dos Minérios de Ferro (Minas 3,4 e 5) – Porção Ocidental*. 1999. 234 f. Tese (Doutorado em Geociências/Geologia Regional) – IGCE-Unesp, Rio Claro, 1999.

VIDAL, R.; MEUNIER, G.; POOT E. Investigations into the rational constitution of sinter blend with a view to production of high quality sinter. In: 44th Ironmaking Conference, AIME, *Proccedings...*, 1985, p. 181-189.

VIEIRA, C. B. et al. Avaliação técnica de minérios de ferro para sinterização nas siderúrgicas e minerações brasileiras: Análise crítica. In: XXIX Seminário de Redução de Minério de Ferro – XIII Seminário de controle Químico em Metalurgia – IX Seminário de Carboquímicos, ABM, Belo Horizonte. *Anais...*, 1998, p. 555-565.

_____ Avaliação técnica de minérios de ferro para sinterização nas siderúrgicas e minerações brasileiras: uma análise crítica. *REM – Revista da Escola de Minas*, v. 56, n. 2, p. 97-102, 2003.

WALDE, D. H.G.; HAGEMANN, S. G. The Neoproterozoic Urucum/Mutún Fe and Mn deposits in W-Brazil/SE-Bolivia: assessment of ore deposit models. Zeitschrift der Deutschen Gesellschaft für Geowissenschaften, V 158, N. 1, p. 45-55, 2007.

Western Australia. Minister for Mines. Iron ore in Western Australia. *Geological Survey of Western Austrália*, Perth, 1995, 24 p.

WILLIAMS, G. E.; SCHMIDT, P. W. Paleomagnetism of the 1.88-Ga Sokoman Formation in the Schefferville-Knob Lake area, Québec, Canada, and implications for the genesis of iron oxide deposits in the central New Québec Orogen. *Precambrian Research*, v. 128, p. 167-188, 2004.

WIRTH, K. R.; GIBBS, A. K.; OLSZEWSKI JR., W. J. U-Pb ages of zircons from the Grão Pará Group and Serra dos Carajás granite, Pará, Brazil. *Revista Brasileira de Geociências*, v. 16, n. 2, p. 195-200, 1986.

WORDSTEEL. Steel Statistical Yearbook 2011. Worldsteel Association, Bruxelas, 124 p., 2011.

YOUNG, G. M. Iron-formation and glaciogenic rocks of the Rapitan Group, Northwest Territories, Canada. *Precambrian Research*, v. 3, p. 137-158, 1976.

ZAVAGLIA, G. *Condicionantes geológicos do comportamento dos minérios de ferro do Depósito de Tamanduá (MG) no processo metalúrgico de redução direta*. 1995. 200 f. Dissertação (Mestrado em Geologia) – Departamento de Geologia, Universidade Federal de Ouro Preto, Ouro Preto, 1995.

IMPRESSÃO E ACABAMENTO

GRÁFICA E EDITORA LTDA.
WWW.YANGRAF.COM.BR
(11) 2095-7722